# 日本酒

## 世界を魅了する国酒たち

東京農業大学 蔵元&銘酒案内

学校法人東京農業大学

# 日本酒 東京農業大学 蔵元 & 銘酒案内
世界を魅了する国酒たち

## CONTENTS

# 発刊にあたって

学校法人東京農業大学 理事長　**大澤 貫寿**

　日本酒の歴史は古く、今から千年以上も前に日本で造られ、日本の風土と食生活に相まって独自に発展してきたものです。西暦千二百年頃、室町時代には個人々が自前の酒蔵を持ち、様々な地酒を造り販売し始めたとされています。その後、国内各地の神事や祭事の際に用いられるようになり、多くの造り酒屋が誕生し広く庶民にまで普及していきました。海外で初めて日本酒が出品されたのはオーストリア万国博覧会（1873年）です。それ以前は、オランダとの交易を通してアジアの各地で日本酒が飲まれていたようです。

　その後、時代と共に種々様々な日本酒が製造され、今では千五百軒の醸造元で数千の銘柄を製造、販売するに至っています。それらは、豊富な湧水と人々の好みに合わせ原料である米や酵母の品種や醸造技術の改良によって、特徴ある香りと味を各銘柄に持たせています。

　東京農業大学は、1953年に醸造学科を設立し、日本酒製造に関する科学・技術的研究を進めながら造り酒屋の後継者養成にも努めています。本学醸造科学科は、日本酒に関する教育研究の中心的役割を担う人材養成機関です。本学の卒業生は広く醸造界で活躍し、国内はもとより広く海外でも活躍しています。特に国内における造り酒屋の５割を本学卒業生が占めており、そこで生産された日本酒は、日本を代表する銘柄となっています。

　和食が世界文化遺産に指定された今、世界各地の食に合う日本酒のよさを世界の多くの食通に知ってもらうために本書を刊行しました。

# 酒蔵一覧

本書で掲載している東京農業大学卒業生が活躍する酒蔵がこちら。
北から南まで、その数は全268社になります。

# 世界における日本酒

　近年、日本の気候風土、日本人の忍耐強さ・丁寧さ・繊細さを象徴した「日本らしさの結晶」として、オールジャパンで「世界の日本酒」を目指そうという動きがより一層活発化している。

　それを表しているのが、右肩上がりで伸びている海外での日本酒市場である。日本酒の輸出量は 1989 年で約 6,700kl であったのが、その後の順調な輸出増により、2008 年には約 12,000kl にまで増加した。この間の 20 年間で約 2 倍になったが、この数量は単なる通過点のようであった。2010 年には約 12,800kl、さらに「和食」がユネスコの世界無形文化遺産に登録された 2013 年（平成 25 年）では 約 16,200kl にまで増加している。財務省統計データを見ると、この時期が大きな分岐点になっているようである。1989 年からの 2013 年までの約 25 年間での伸びは、輸出数量で 9,500kl と 2.3 倍まで増加している（単純計算で年平均約 4％の増加率）。しかしこの 2013 年以降の増加はそれ以上の伸びを示している。2014 年（平成 26 年）約 16300kl、2015 年（平成 27 年）約 18,200kl、2020 年（令和 2 年）約 21,800kl である。実に 2014 年からの 7 年間で約 6,000kl の増加である。また 2014 年からの 7 年間の増加率も年平均約 10％とコンスタントに増加している。先の 25 年間での増加量の倍以上のスピードである。これはすでに日本酒が世界各国で飲まれ始めてからの時代と、「和食」が無形文化遺産に登録され世界に知られるようになってからの時代との差ともいえる。また輸出金額も量と同様の傾向にあり、2003 年の 39.2 億円が 2012 年には 89.6 億円と、この間の 10 年間での増加額は約 50 億円である。その後 2013 年には 105.2 億円、2014 年には 115.1 億円になり、2020 年 241.4 億円にまで増加している。2013 年から 125 億円の増加額である。数量の増加もあるが、

それ以上に1本当たりの単価の高い高級酒（吟醸酒や大吟醸酒）が増加したことになる。これらの消費を支えている国の上位の変動はあまりなく、第1位米国、第2位中国（香港を含む）、第3位韓国となるようである。

さらに日本酒の知名度向上に大きな役割を果たしているのが米国、英国、仏国にある審査会である。日本酒の最大輸出国、米国において2001年から開催されている全米日本酒歓評会（本部；米国ハワイ）は、年々その出品数が増加しており、また米国内はじめ海外での注目度も高く、Joy of Sake（一般向ききき酒会）を日米各都市で開催し、この会を通じて日本酒の魅力を発信している。欧州においては、IWC（インターナショナル・ワイン・チャレンジ、本部：英国）のSAKE部門が2007年に設立されて以来、このコンペに多くの日本酒が出品されている。このコンペは言うまでもなくワインのコンペにSake部門が追加されたこともあり、その注目度はもとより権威ある賞として扱われている。その影響は大きく、受賞後の注文は国内外問わない。さらにクラ・マスター（ソムリエ及びシェフによる審査会、本部：フランス）も新たな「フレンチ」に合う「日本酒」の審査会として注目を集めている。この審査会は、お酒を扱う人が審査員であるところに大きな特徴がある。そのためこの審査会に出品する新たな酒造会社が増えてきていることも興味深い。

このようにいくつかの要素が「日本酒の海外展開」の追い風になっているが、新たな海外からの注文的な要素も見られている。特に欧州ではこれからの需要が期待される中で、フランスを中心に農産物やその加工品にみられる考え方「テロワール」である。日本酒においては、今まで気にしていなかった言葉であるが、フランスなどでは重要な考え方となっている。たとえばお米一つにとっても、「どのような環境で」、「どのような品種で」、「どのような栽培で」と言うようなことである。またフランス等ワイン文化ではブドウ栽培とワイン造りが一体である

のが当たり前である。日本酒についても同じ考え方で問うてくる。酒造会社でどこまでできるかは別であるが、世界を視野に入れたとき、この考え方は必要になってくると思われる。

　日本酒が地理的表示（GI）保護制度にて登録されて以降、国内の米、水、製造により取り組む酒造会社が増えてきたと思う。これらを基本に地域に根差した酒造会社は、積極的に地域性を発揮した戦略を立てていけば、「世界における日本酒」はこう言うものだと胸を張って展開していけるのではないかと思っている。

　日本酒はクールジャパンのコンテンツとして輸出戦略の一翼を担いつつあるが、市場構造が違う相手国に合わせた戦略の必要性や、関税等の影響で輸出先での販売価格が日本国内の３～５倍になり、国外商品と競争するには不利な商品となってしまうなどの問題もあるが、前述の審査会における認知度が増すにつれ、輸出先の富裕層を中心に高価格ながら消費が伸びていることは、その良さを理解されたものと言える。とは言え引き続き有効なプロモーション戦略、地域単位、地域性を活かした日本酒の輸出体制の整備等が求められる。

　国内市場の成長に限界もあるという見方もあるが、海外における日本酒の認知度向上を考慮すれば、今後も海外を意識した販路展開は当然である。しかし海外認知度の向上が、改めて日本酒の良さ国内に向けつつあるのも事実である。日本の伝統文化そのものである日本酒が世界の人々に愛飲される機会が大きく広がりを見せている今日、今以上に国内外に向けその類い稀なる日本伝統の発酵物の賜物として世界に羽ばたいてほしい。

穂坂　賢
（東京農業大学 応用生物科学部 醸造科学科 教授）

# 世界で愛される東京農業大学の日本酒（SAKE）

東京農業大学卒業生が醸している酒が、SAKE として世界中で飲まれている。
ここではその酒蔵と輸出先国をマップで紹介。
SAKE はこれからも世界の食通を唸らせてくれるだろう。

| | | | |
|---|---|---|---|
| 1 小林酒造株式会社（北海道） | 40 宇都宮酒造株式会社 | 79 加賀の井酒造株式会社 | 119 株式会社萬乗醸造 |
| | 41 小林酒造株式会社（栃木県） | 80 菊水酒造株式会社 | 120 山崎合資会社 |
| 2 日本清酒株式会社 | | 81 君の井酒造株式会社 | 121 株式会社大田酒造 |
| 3 尾崎酒造株式会社 | 42 株式会社島崎酒造 | 82 久須美酒造株式会社 | 122 瀧自慢酒造株式会社 |
| 4 株式会社鳴海醸造店 | 43 天鷹酒造株式会社 | 83 八海醸造株式会社 | 123 合名会社早川酒造 |
| 5 鳩正宗株式会社 | 44 株式会社松井酒造店 | 84 株式会社マスカガミ | 124 元坂酒造株式会社 |
| 6 株式会社盛田庄兵衛 | 45 渡邊酒造株式会社 | 85 宮尾酒造株式会社 | 125 笑四季酒造株式会社 |
| 7 赤武酒造株式会社 | 46 浅間酒造株式会社 | 86 合名会社渡辺酒造店 | 126 北島酒造株式会社 |
| 8 岩手銘醸株式会社 | 47 近藤酒造株式会社 | 87 三笑楽酒造株式会社 | 127 木下酒造有限会社 |
| 9 株式会社南部美人 | 48 株式会社釜屋 | 88 高澤酒造場 | 128 月桂冠株式会社 |
| 10 廣出酒造店 | 49 株式会社小山本家酒造 | 89 立山酒造株式会社 | 129 齊藤酒造株式会社 |
| 11 株式会社わしの尾 | 50 北西酒造 | 90 株式会社小堀酒造店 | 130 株式会社増田德兵衛商店 |
| 12 株式会社一ノ蔵 | 51 株式会社矢尾本店 酒づくりの森 | 91 鹿野酒造株式会社 | 131 向井酒造株式会社 |
| 13 株式会社角星 | 52 株式会社飯沼本家 | 92 菊姫合資会社 | 132 茨木酒造 |
| 14 株式会社佐浦 | 53 亀田酒造株式会社 | 93 櫻田酒造株式会社 | 133 此の友酒造株式会社 |
| 15 株式会社新澤醸造店 | 54 木戸泉酒造株式会社 | 94 株式会社白藤酒造店 | 134 櫻正宗株式会社 |
| 16 萩野酒造株式会社 | 55 鍋店株式会社 | 95 橋本酒造株式会社 | 135 沢の鶴株式会社 |
| 17 秋田酒類製造株式会社 | 56 石川酒造株式会社 | 96 東酒造株式会社 | 136 田治米合名会社 |
| 18 秋田銘醸株式会社 | 57 小澤酒造株式会社 | 97 株式会社福光屋 | 137 辰馬本家酒造株式会社 |
| 19 刈穂酒造株式会社 | 58 熊澤酒造株式会社 | 98 株式会社吉田酒造店 | 138 灘菊酒造株式会社 |
| 20 天寿酒造株式会社 | 59 中沢酒造株式会社 | 99 黒龍酒造株式会社 | 139 白鷹株式会社 |
| 21 舞鶴酒造株式会社 | 60 武の井酒造株式会社 | 100 田嶋酒造株式会社 | 140 株式会社本田商店 |
| 22 鯉川酒造株式会社 | 61 谷櫻酒造有限会社 | 101 真名鶴酒造合資会社 | 141 ヤヱガキ酒造株式会社 |
| 23 香坂酒造株式会社 | 62 大信州酒造株式会社 | 102 真名鶴酒造合資会社 | 142 梅乃宿酒造株式会社 |
| 24 合資会社後藤酒造店 | 63 岡崎酒造株式会社 | 103 三宅彦右衛門酒造有限会社 | 143 喜多酒造株式会社 |
| 25 株式会社小屋酒造 | 64 黒澤酒造株式会社 | 104 有限会社蒲酒造場 | 144 株式会社稲田本店 |
| 26 合名会社佐藤佐治右衛門 | 65 株式会社酒千蔵野 | 105 合資会社山田商店 | 145 有限会社山根酒造場 |
| 27 有限会社新藤酒造店 | 66 信州銘醸株式会社 | 106 小町酒造株式会社 | 146 赤名酒造株式会社 |
| 28 株式会社鈴木本酒店長井兵蔵 | 67 株式会社仙醸 | 107 杉原酒造株式会社 | 147 隠岐酒造株式会社 |
| 29 楯の川酒造株式会社 | 68 千曲錦酒造株式会社 | 108 千古乃岩酒造株式会社 | 148 奥出雲酒造株式会社 |
| 30 出羽桜酒造株式会社 | 69 株式会社土屋酒造店 | 109 天領酒造株式会社 | 149 日本海酒造株式会社 |
| 31 鶴乃江酒造株式会社 | 70 伴野酒造株式会社 | 110 白扇酒造株式会社 | 150 富士酒造合資会社 |
| 32 有限会社仁井田本家 | 71 七笑酒造株式会社 | 111 株式会社林本店 | 151 李白酒造有限会社 |
| 33 磐梯酒造株式会社 | 72 株式会社西飯田酒造店 | 112 株式会社原田酒造場 | 152 簸上清酒合名会社 |
| 34 合資会社大和川酒造店 | 73 宮坂醸造株式会社 | 113 有限会社平瀬酒造店 | 153 三光正宗株式会社 |
| 35 廣瀬酒造 | 74 株式会社湯川酒造店 | 114 株式会社三千盛 | 154 宮下酒造株式会社 |
| 36 株式会社山中酒造店 | 75 米澤酒造株式会社 | 115 株式会社土井酒造場 | 155 利守酒造株式会社 |
| 37 吉久保酒造株式会社 | 76 朝日酒造株式会社 | 116 山中酒造合資会社 | 156 株式会社今田酒造本店 |
| 38 来福酒造株式会社 | 77 石本酒造株式会社 | 117 澤田酒造株式会社 | 157 金光酒造合資会社 |
| 39 株式会社井上清吉商店 | 78 越銘醸株式会社 | 118 関谷醸造株式会社 | 158 西條鶴醸造株式会社 |

| |
|---|
| 159 中尾醸造株式会社 |
| 160 藤井酒造株式会社 |
| 161 株式会社澄川酒造場 |
| 162 永山酒造合名会社 |
| 163 有限会社堀江酒場 |
| 164 司菊酒造株式会社 |
| 165 株式会社本家松浦酒造場 |
| 166 三芳菊酒造株式会社 |
| 167 川鶴酒造株式会社 |
| 168 石鎚酒造株式会社 |
| 169 桜うづまき酒造株式会社 |
| 170 成龍酒造株式会社 |
| 171 亀泉酒造株式会社 |
| 172 高木酒造株式会社 |
| 173 司牡丹酒造株式会社 |
| 174 旭菊酒造株式会社 |
| 175 石蔵酒造株式会社 |
| 176 株式会社高橋商店 |
| 177 比翼鶴酒造株式会社 |
| 178 株式会社杜の蔵 |
| 179 天吹酒造合資会社 |
| 180 幸姫酒造株式会社 |
| 181 天山酒造株式会社 |
| 182 窓乃梅酒造株式会社 |
| 183 大和酒造株式会社 |
| 184 あい娘酒造合資会社 |
| 185 福田酒造株式会社 |
| 186 有限会社森酒造場 |
| 187 合資会社吉田屋 |
| 188 河津酒造株式会社 |
| 189 瑞鷹酒造株式会社 |
| 190 千代の園酒造 |
| 191 通潤酒造株式会社 |
| 192 クンチョウ酒造株式会社 |
| 193 株式会社小松酒造場 |
| 194 三和酒類株式会社 |
| 195 有限会社中野酒造 |
| 196 ぶんご銘醸株式会社 |
| 197 八鹿酒造株式会社 |

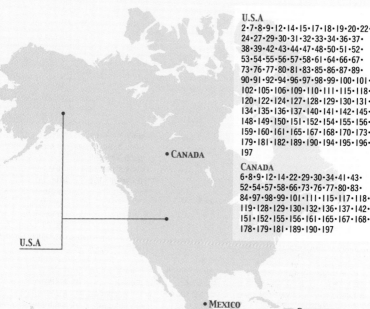

**U.S.A**
2・7・8・9・12・14・15・17・18・19・20・22・
24・27・29・30・31・32・33・34・36・37・
38・39・42・43・44・47・48・50・51・52・
53・54・55・56・57・58・61・64・66・67・
73・76・77・80・81・83・85・86・87・89・
90・91・92・94・96・97・98・99・100・101・
102・105・106・109・110・111・115・118・
120・122・124・127・128・129・130・131・
134・135・136・137・140・141・142・145・
148・149・150・151・152・154・155・156・
159・160・161・165・167・168・170・173・
179・181・182・189・190・194・195・196・
197

**CANADA**
6・8・9・12・14・22・29・30・34・41・43・
52・54・57・58・66・73・76・77・80・83・
84・97・98・99・101・111・115・117・118・
119・128・129・130・132・136・137・142・
151・152・155・156・161・165・167・168・
178・179・181・189・190・197

**MEXICO**
9・77・135・
137・179

**DOMINICA**
7

**PANAMA**
7

**COLUMBIA**
7

**ECUADOR**
7

**PERU**
7

**BRAZIL**
9・14・27・30・
34・80・137・
151・179・181

**BOLIVIA**
168

**PARAGUAY**
7

**URUGUAY**
7

**ARGENTINA**
7

**CHILE**
30

• CANADA

• MEXICO

• DOMINICA

• PANAMA

• COLUMBIA

ECUADOR •

PERU •

BOLIVIA •

• BRAZIL

PARAGUAY •

• URUGUAY

• ARGENTINA

CHILE •

13

**RUSSIA**
9·19·30·109·
115·137·181

**FINLAND**
7

**SWEDEN**
19·21·30·33·43·
55·73·127·130·
178·179

**NORWAY**
19

**DENMARK**
33·73·159·178

**LITHUANIA**
9·105

**POLAND**
30

**CZECH**
7

**HUNGARY**
14

**GERMANY**
9·14·22·30·33·
35·39·42·43·50·
54·64·69·73·75·
76·80·94·96·
101·107·115·
119·127·130·

135·137·141·
143·144·145·
151·161·167·
173·178·179·
181·192·195

**NETHERLANDS**
9·14·30·33·43·
50·54·80·87·89·
115·118·124·

127·131·137·
155·160·167·
178·179·186·197

**BELGIUM**
9·33·73·80·101·
110·137·178·197

**LUXEMBOURG**
50

**AUSTRIA**
33·43·80·130·
178·179

**SWITZERLAND**
9·11·19·30·43·
50·58·73·80·
106·110·119·
129·144·149·
159·160·167·
168·173·178·
179·197

**BULGARIA**
7

**GREECE**
7·137

**ITALY**
9·14·19·22·30·
33·42·43·58·73·
80·97·114·130·
148·160·178·
179·181

**SPAIN**
9·14·19·30·33·
43·58·73·80·98·
141·151·165·
173·178·197

• SWEDEN
• FINLAND
• NORWAY
NETHERLANDS —
U.K. •
• DENMARK
• LITHUANIA
— GERMANY
BELGIUM •
• POLAND
LUXEMBOURG —
• CZECH
FRANCE •
— HUNGARY
SWITZERLAND —
• ITALY
PORTUGAL •   • SPAIN   AUSTRIA   • BULGARIA
• GREECE

• PALESTINE
• LEBANON
ISRAEL
• QATAR
• U.A.E(DUBAI)
INDIA •

• NIGERIA
• UGANDA

• SOUTH AFRICA

**PORTUGAL**
7·165

**FRANCE**
4·7·9·11·12·22·
30·33·35·36·37·
38·42·43·50·73·
76·79·80·96·97·
107·110·111·
114·115·118·
119·129·136·
137·141·144·
145·151·152·
160·165·167·
171·173·174·
178·179·180·
181·193·195·197

**U.K.**
9·12·14·15·17·
19·27·29·30·34·
40·42·43·50·54·
57·62·66·67·68·
73·75·76·77·80·
83·86·97·98·99·
107·110·111·
114·115·118·
127·128·130·

132·133·135·
136·137·142·
153·157·163·
165·167·168·
171·173·176·
179·181·192·197

**PALESTINE**
7

**ISRAEL**
9·14·19·80·133

**LEBANON**
9·19·30

**QATAR**
7

**U.A.E(DUBAI)**
9·14·30·43·78·
80·89·115·151·
163·179·181

**INDIA**
9·30·50

**NIGERIA**
7

**UGANDA**
9·30

**SOUTH AFRICA**
137

MONGOLIA
137・148

CHINA
1・2・5・7・8・9・12・
17・18・19・23・24・
28・29・30・56・58・
87・88・89・90・91・
92・96・97・98・99・
100・101・102・104・
106・107・108・109・
110・111・113・114・
115・117・118・119・
120・121・122・125・
126・127・128・129・
130・133・134・135・
137・139・140・141・
142・144・147・148・
149・152・153・154・
155・157・158・159・
160・161・162・165・

RUSSIA

MONGOLIA

166・167・168・169・
170・171・173・176・
177・179・180・181・
182・183・184・185・
188・189・190・191・
192・195・197

KOREA
5・7・9・12・14・15・
16・17・18・19・20・
24・27・28・29・30・
33・37・41・49・50・
52・55・56・59・60・
63・65・66・67・70・
73・76・77・78・83・
92・97・98・99・101・
106・107・113・115・
118・119・120・122・
123・126・128・130・
134・135・137・141・
142・143・144・150・
151・157・160・161・
164・166・167・168・
170・171・173・176・
179・181・183・184・
185・187・189・195

HONGKONG
2・4・6・7・8・9・12・
13・14・15・16・17・
19・20・22・24・26・
27・28・29・30・33・
34・35・37・38・39・
41・42・43・44・45・
46・48・49・50・52・
53・54・55・56・57・
61・62・63・65・66・
67・68・69・70・73・
75・76・77・78・79・
80・81・83・84・85・
86・87・88・90・91・
92・94・96・97・98・
99・100・101・103・
104・106・107・108・
109・110・111・114・
115・116・117・118・
119・120・121・122・
123・124・126・128・
129・130・132・134・
135・136・137・138・
140・141・142・143・
144・145・147・149・
151・152・153・154・
155・156・157・158・
159・160・161・162・
163・165・166・167・
168・170・171・172・
173・175・176・177・
178・179・180・181・
182・184・185・186・
187・188・189・190・
192・193・197

TAIWAN
2・3・4・5・8・9・11・
12・14・15・16・17・
19・20・23・24・29・

30・31・32・33・34・
35・37・38・39・40・
41・42・43・49・50・
52・53・55・56・57・
58・59・62・63・64・
65・66・67・69・70・
71・72・73・74・75・
76・77・78・79・80・
83・87・88・90・91・
92・94・96・97・98・
99・101・104・105・
107・111・113・114・
115・117・118・119・
120・121・122・124・
125・126・128・129・
130・131・132・134・
135・136・137・138・
139・140・141・142・
143・144・145・149・
151・152・153・154・
155・157・159・160・
161・162・165・166・
167・168・170・171・
173・176・178・179・
180・181・185・189・
190・193・195・197

MALAYSIA
5・9・14・22・30・50・
64・69・73・80・81・
95・101・108・113・
114・115・118・119・
122・145・148・149・
161・168・173・174・
178・181・188

VIETNAM
9・14・19・30・50・
61・73・80・97・108・
114・115・118・122・
137・148・149・178・
181・197

CAMBODIA
9・30・108・137

MYANMAR
9・19・30・43・97・
101・108

MACAO
9・30・117

LAOS
9・64

SAIPAN
30・80

GUAM
30・80

PALAU
80・168

SINGAPORE
1・2・4・6・7・9・12・
14・15・16・19・21・
22・24・25・28・29・
30・32・33・35・37・
38・39・40・42・43・
46・48・50・51・54・
55・56・57・58・59・
60・61・62・64・66・
67・69・70・71・73・
75・76・77・78・80・
81・82・83・87・89・
90・91・93・94・95・
96・97・99・100・
101・104・106・107・
108・109・111・114・
115・117・118・119・
120・121・122・127・
128・129・130・131・
134・135・136・137・
138・140・141・142・
145・148・149・150・
151・152・154・155・
159・160・161・162・
164・165・166・167・
168・170・171・173・
174・176・178・179・
182・186・189・190・
195・197

AUSTRALIA
5・6・9・10・12・14・
16・17・18・19・22・
27・29・30・34・37・
39・40・43・47・49・
50・53・54・55・56・
57・64・65・66・68・
69・73・75・76・80・
83・84・86・87・89・
91・97・99・100・
105・106・109・110・
114・115・118・120・
121・122・124・125・
127・128・129・130・
131・134・135・137・
140・141・142・144・
145・147・148・149・
151・154・159・162・
165・166・171・172・
173・174・178・180・
181・188・195・197

NEW ZEALAND
9・14・30・39・73・
75・76・80・113・
137・165・167・173・
179・181・197

KOREA

CHINA

HONGKONG

TAIWAN

MYANMAR

LAOS

MACAO

VIETNAM

CAMBODIA

THAILAND

MALAYSIA

SINGAPORE

INDONESIA

SAIPAN

GUAM

PALAU

AUSTRALIA

THAILAND
2・5・8・9・12・14・
17・19・25・27・29・
30・37・42・43・49・
50・52・54・55・56・
57・66・73・76・77・
80・83・85・87・91・
97・99・106・114・
115・117・118・121・
127・128・130・134・
135・136・137・142・
144・145・146・149・

159・160・164・165・
168・173・178・189・
197

INDONESIA
9・30・73・137

PHILIPPINES
9・14・30・80・122・
137・179

NEW ZEALAND

15

# この10年で日本酒の輸出数量は倍増、輸出金額は約3倍の伸び

酒類の監督官庁は財務省、国税庁であるが、「日本酒」はじめ多くのお酒の名称が地理的表示（GI）保護制度に登録され、GIとしての品目になっていることから、GIに関する監督官庁の農林水産省もまた日本酒の統計データのとりまとめを行っている。農林水産省が2020年4月にまとめた「日本酒をめぐる状況」によると、日本酒の国内出荷量が減少傾向にある中、輸出量は、日本食ブームなどを背景に増加傾向にあり、2019年の輸出数量は約25,000klで、この10年で倍増している。日本酒の輸出金額は、2013年に初めて100億円を突破して、2019年には234億円となり、この10年で約3倍の伸びとなっている。2019年における日本酒の輸出先国は69ヶ国で、そのうちアメリカ、中国、韓国、台湾、香港の5カ国・地域で数量は約7割、金額は約8割を占めている。

2015年に刊行した「日本酒 東京農大コレクション 世界を魅了する国酒たち」では全139社の酒蔵を掲載したが、そのうち輸出販売実績のある酒蔵は98社だった。本書における今回の調査では、全268社中197社に輸出販売実績があった。ちなみに前回の輸出先国上位5カ国は、香港、アメリカ、台湾、シンガポール、韓国、今回は香港、台湾、シンガポール、アメリカ、中国となっていて、シンガポールへの輸出販売が目立つのが興味深い（本書では、輸出先国だけを調査し、輸出数量と金額は調査していない）。

このように日本酒は海外市場で右肩上がりに需要を伸ばしている。今後も有効なプロモーション戦略や酒蔵ツーリズムの推進などに取り組み、日本酒が「国酒」として世界中で愛され続けることを目指したい。

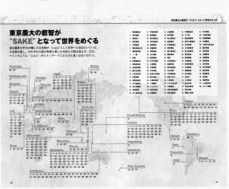

▲ 2015年刊行「日本酒 東京農大コレクション 世界を魅了する国酒たち」にて掲載した全98社の輸出販売状況

# 日本酒の基礎知識

日本酒を楽しむために知っておきたい基礎知識を紹介。
「日本酒はどのようにして造られる？」「地理的表示(GI)保護制度とは？」
知識があれば日本酒が何倍もおいしく飲めるはず。

# 全国 酒米 の主要生産地マップ

全国各地でどのような品種の酒米が栽培されているかをマップでまとめました。
酒どころと言われる地域ほど、さまざまな酒米があることがわかります。

## 甲信越

一本〆、亀の尾、金紋錦、こしいぶき、越淡麗、五百万石、山恵錦、しらかば錦、高嶺錦、
玉栄、八反錦二号、ひとごこち、美山錦、夢山水

## 北 陸

石川酒30号、石川門、雄山錦、亀の尾、金紋錦、越の雫、コシヒカリ、五百万石、神力、
長生米、富の香、華越前、フクノハナ、北陸12号、美山錦、山田錦、ゆきの精

## 近 畿

アキツホ、いにしえの舞、祝、京の輝き、
吟吹雪、白菊、神力、高嶺錦、但馬強力、
玉栄、灘錦、日本晴、白鶴錦、ひのひかり、
兵庫北錦、兵庫恋錦、兵庫夢錦、フクノハナ、
みずかがみ、紫こまち、山田錦

## 中 国

アキヒカリ、アケボノ、朝日、雄町、神の舞、
強力、こいおまち、穀良都、佐香錦、西都の雫、
千本錦、中生新千本、八反草、八反錦

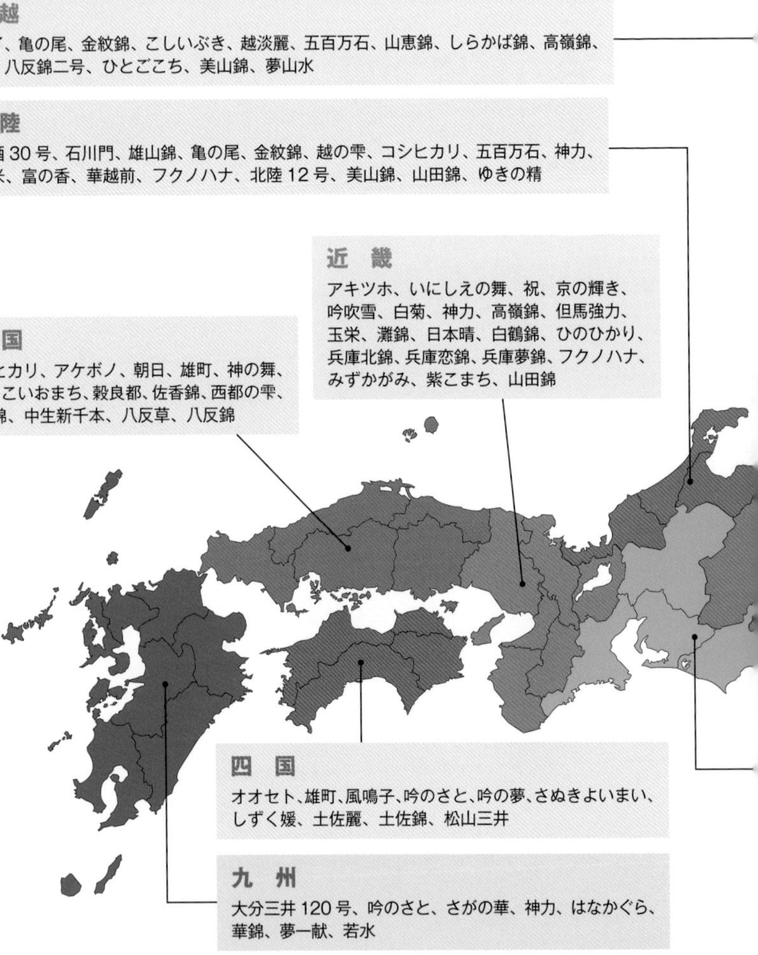

## 四 国

オオセト、雄町、風鳴子、吟のさと、吟の夢、さぬきよいまい、
しずく媛、土佐麗、土佐錦、松山三井

## 九 州

大分三井120号、吟のさと、さがの華、神力、はなかぐら、
華錦、夢一献、若水

**北海道**
きたしずく、吟風、彗星、初雫

**東 北**
秋の精、酒こまち、一穂積、羽州誉、おくほまれ、亀の尾、
京の華、ぎんおとめ、吟ぎんが、ぎんさん、吟の精、蔵の華、
古城錦、酒未来、龍の落とし子、チヨニシキ、出羽蝶々、
出羽の里、豊国、はえぬき、華想い、華吹雪、ひとめぼれ、
百田、美郷錦、ひより、豊盃、星あかり、山酒四号、結の香、
雪女神、夢の香

**関 東**
あさひの夢、改良信交、吟風、さけ武蔵、総の舞、
とちぎ酒 14、とちぎの星、ひたち錦、ひとごこち、舞風、
みつひかり、夢ささら、若水、渡船

**東 海**
伊勢錦、揖斐の誉、うこん錦、神の穂、さかおり棚田米、
ハツシモ、ひだほまれ、誉富士、夢山水、若水、瑞浪錦

19

# 地理的表示（GI）保護制度

―――― **地理的表示（GI）保護制度とは？** ――――

　EU等で普及している地理的表示（GI）保護制度は、酒類や農産品において、その確立した品質、社会的評価又はその他の特性が当該商品の地理的な産地に主として帰せられる場合において、その産地名（地域ブランド）を名乗ることができる制度。

―― **地理的表示（GI）「日本酒」の指定について** ――

> 　酒類業を所管する国税庁では、日本酒のブランド価値向上や輸出促進の観点から、2015年12月25日付で地理的表示「日本酒」を指定した。

> **指定による効果**
> 　原料の米に国内産米のみを使い、かつ、日本国内で製造された清酒のみが、「日本酒」を独占的に名乗ることができる。
> 1．外国産の米を使用した清酒や日本以外で製造された清酒が国内に流通したとしても、「日本酒」と表示できないため、消費者にとって区別が容易になる。
> 2．海外に対して、「日本酒」が高品質で信頼できる日本酒の酒類であることをアピールできる。
> 3．「日本酒」と日本以外で製造された清酒の差別化が図られ、「日本酒」のブランド価値向上が図れる。

> 「日本酒」の国内での需要振興や海外への輸出促進に大きな貢献

# ―国税庁長官が指定した酒類の地理的表示（GI）―

国税庁長官が指定した酒類の地理的表示（GI）

| 名称 | 指定した日 | 産地の範囲 | 酒類区分 |
|---|---|---|---|
| 壱岐 | 1995 年 6 月 30 日 | 長崎県壱岐市 | 蒸留酒 |
| 球磨 | 1995 年 6 月 30 日 | 熊本県球磨郡及び人吉市 | 蒸留酒 |
| 琉球 | 1995 年 6 月 30 日 | 沖縄県 | 蒸留酒 |
| 薩摩 | 2005 年 12 月 22 日 | 鹿児島県（奄美市及び大島郡を除く。） | 蒸留酒 |
| 白山 | 2005 年 12 月 22 日 | 石川県白山市 | 清酒 |
| 山梨 | 2013 年 7 月 10 日 | 山梨県 | ぶどう酒 |
| 日本酒 | 2015 年 12 月 25 日 | 日本国 | 清酒 |
| 山形 | 2016 年 12 月 16 日 | 山形県 | 清酒 |
| 北海道 | 2018 年 6 月 28 日 | 北海道 | ぶどう酒 |
| 灘五郷 | 2018 年 6 月 28 日 | 兵庫県神戸市灘区、東灘区、芦屋市、西宮市 | 清酒 |
| はりま | 2020 年 3 月 16 日 | 兵庫県姫路市、相生市、加古川市、赤穂市、西脇市、三木市、高砂市、小野市、加西市、宍粟市、加東市、たつの市、明石市、多可町、稲美町、播磨町、市川町、福崎町、神河町、太子町、上郡町及び佐用町 | 清酒 |
| 三重 | 2020 年 6 月 19 日 | 三重県 | 清酒 |
| 和歌山梅酒 | 2020 年 9 月 7 日 | 和歌山県 | その他の酒類 |

# SAKE造りは
# 「一麹二酛三造り」

　日本酒の一般的な製造工程は、大まかに「精米」「麹造り」「酛（もと）造り」「醪造り」「上槽（じょうそう）から瓶詰め」の５段階ある。どれも気の抜けない作業であるが、古くから「一麹二酛三造り」といわれてきたように、微生物の扱いに神経を使う部分が重要視されている。その工程について理解しておくと、日本酒の味わいもまた格別。

### どの米を、どう扱うか〜酒造りの第一歩

　日本酒を造る際に使用する米は「酒米（さかまい）」といって通常の食用米よりも日本酒造りに適した品種である（P18参照）。その中でもどういう米（品種、産地、栽培法など）を使うのか、そしてそれをどう扱う（精米、浸漬、蒸しなど）のかによって、仕上がる酒の味わいが大きく変わる。

| | |
|---|---|
| 玄米 | 玄米とは、籾殻を除いた状態の米のこと。次の精米工程において磨きやすいように粒が大きく軟質なものが使用される。 |
| 精米 | 玄米の表層部には繊維質や脂肪、蛋白質が多く、酒質を劣化させる要素があるため、削り落とす。これを精米という。 |
| 白米 | 精米の速度が速いと、米が砕けたり摩擦熱によって変質してしまうので、丁寧に丸２日をかけて白米にする。 |
| 洗米・浸漬・蒸し | 白米の表面についた糠（ぬか＝削り取った部分が粉状に残ったもの）を洗い流し（洗米）、必要な水分を吸収させる（浸漬）。 |
| 蒸米 | 浸漬された米を水切りをして、蒸しの工程へ。米の外側が硬く、内側が柔らかくなるよう蒸すことが重要。 |

# 一麹 Ichi Kouji

## 最初の重要な工程「麹造り」

「一麹二酛三造り」の「一」、麹造り。「初めに麹ありき」「良い麹ができればお酒造りの7割は終了する」といわれるほど重要な部分である。米と微生物が酒にとって最良のパフォーマンスを生み出すよう、時間や温度などを細かく管理しながら、細心の注意を払って行われる。

### 米と微生物の共同作業で、すべての素、米麹ができる

**蒸米**

**引き込み**

35℃程度まで冷やした蒸米を、温度と湿度を一定に保った麹室（こうじむろ）に入れる工程。

**床もみ**

蒸米を麹室の床（とこ）に拡げ麹菌（コウジカビ、学名 *Aspergillus oryzae*）の胞子を振り掛ける。

**切返し**

菌の生育の平均化のため、床もみ後10〜12時間したら蒸米の山を崩し、よく混ぜて全体を均一にする。

**盛**

手入れをしやすくするため、麹蓋（こうじぶた）という平たい木箱に小分けにし、麹蓋の中央に山なりに積む。

**積替え・仲仕事**

温度や生育状態の平均化のため、麹蓋の位置を入れ替えたり、蒸米の山を崩して混ぜる。

**仕舞仕事**

引込み後約40時間後、麹蓋の中の蒸米の山を崩して撹拌、積替えをしつつ品温を42〜43℃に保つ。

麹カビが生育していく過程で、酵素により白米のデンプンが糖化され、出麹の時点では焼き栗のような香り、噛むと軽い甘みを感じる状態になる。こうしてできたものが米麹である。出麹によりいったん麹菌の生育を止めた状態の麹米は、この後に続く酒母造り、もろみ造りに活用されていく。

**出麹、枯らし場**

引込み後麹約48時間後、麹室の外に出し（出麹）、併設された枯らし場で冷却する。

**米麹**

# 二酛
## Ni Moto

## 文字通りの「酒の元」「酒の母」を造る工程

　２番目に重要な「酛」。"酒の母"を意味する「酒母」と
もいう。米麹、仕込水、蒸米を混ぜた状態で種となる酵母
を入れ、乳酸の力で雑菌の繁殖を抑え、優良な酵母を大量培養したもの。乳酸
菌に乳酸を作らせる（生酛、山廃酛）、あらかじめ乳酸を加えておく（速醸酛）
などの方法がある。

### 乳酸の力が重要

酒母（酛）は、このあとの醪（もろみ）
を発酵させるための酵母を培養した
もので、開放発酵のもろみを健全に導
き、高品質の酒を造るために不可欠な
要素。そのため乳酸の力が鍵となる。

**米麹**

酒母に使われる米の量全体のうち、
麹米は 30 〜 33％程度の割合で使用。

**蒸米**

酒母に使われる米の量全体のう
ち、蒸米は 67 〜 70％程度の割
合で使用。

**汲水**

酒母に使われる米の量を100％と
した場合、水は110％の割合で使用。

# 酒母

この後の「造り」という
工程で醪（もろみ）にし
ていくのに必要な、文字
通りの「酒の母」。

**乳酸**

汲水１リットルに対し、７ミリリットル
の割合で使用。

**酵母**

事前に培養しておいた酵母を種酵母とし
て酒母タンクに入れ、乳酸の力で純粋培
養する。

「生酛（きもと）」と呼ばれる酒母は、乳酸
菌を利用して乳酸を作らせる方法。水・米
麹・蒸米を十数個の半切桶（はんぎりおけ、
容量 200 リットル程度）に分けて入れ、小
さな山のように積み上げた蒸米と麹を櫂（か
い）ですりおろす「山卸し」（やまおろし）
によって多量の乳酸を生成。乳酸の強い酸
性によって有害な雑菌や乳酸菌自身もほと
んど死滅してしまい、酵母のみを純粋に培
養することができる。
「山卸し」の作業を「廃止」して麹の酵素の力
だけで米粒を溶解させて乳酸菌の力を引き出

し、「生酛」と同等の酒母を造る方法が「山廃
酛」。これらに対し、速醸酒母（酛）は、自然
による乳酸菌の生成を待たずに、短期間で酵
母の育成を行う。

## 酵母の力でアルコールが生成されていく

　　3番目の「造」にあたるのが、「醪（もろみ）」の製造工程。
　　　酒母に米麹、蒸米、水を加えて、酵母の力によって糖をア
ルコールにする。清酒もろみの発酵の特徴は、並行複発酵（へいこうふくはっ
こう）形式といい、麹の諸酵素により米デンプンを溶解・分解し糖に変えつつ、
酵母の力によって糖をアルコールに変える。

### 仕込み

(酒母) ＋ (米麹) ＋ (蒸米) ＋ (汲水)

酒母に麹、蒸米、水を加えて仕込む際に、3回に分けて行う方法を「三段仕込み」、4回
に分けるのが「四段仕込み」という。酵母に対して適応可能なゆるやかな環境変化を与え、
その活性を損なわないようにするための工夫である。

▼

### 育　成

もろみ育成には、糖化と発酵のバランスが適切になるよう、細
心の温度管理とデータ管理が非常に重要。温度と日数は普通酒
で15℃前後・15日前後、大吟醸酒で10℃前後・35日前後
というように、仕上げる酒質によって変わる。

▼

### 上　槽
▼
### 搾　り
▼
### おり引き
▼
### ろ　過
▼
### 貯　蔵

目標成分となった「もろみ」をろ過することを「上槽（じょう
そう）」や「搾り」という。この工程で搾られたばかりの新酒は、
未消化のデンプン粒子や酵母、麹菌菌糸などで白濁しており、
この濁りを「滓（おり）」という。この滓を冷暗所で10日間程
静置して沈殿させる操作を「おり引き」あるいは「滓下（おりさ）
げ」という。この後、濾過、火入れ、貯蔵、加水などの工程を
経て瓶詰めされ、出荷されていく。

この「一麹二酛三造」を中心とした工
程で日本酒が造られ、これらすべてを
「醸す」という言葉で表現しているの
が日本酒の世界である。工程以前にも、
水選び、米選び、蔵によっては米造り
から醸し手が関わる場合もある。

# 日本酒の 分 類

　純米酒や吟醸酒といった日本酒は特定名称酒と呼ばれ、８種類に分かれるが、分類する基準は主に精米歩合と醸造アルコールを含む使用原料で決められている。

　これらの表記は厳密な基準がないため、各蔵元の判断で決められているが、一般的に華やかな香気をだすことを目的に造られた場合は純米吟醸酒や吟醸酒を表記し、スッキリとした味わいの場合に特別純米酒や特別本醸造酒の表記がされることが多い。よって表示はあくまで目安であって、味のランク付けや稀少価値を表すものではないことを知っておきたい。

## ── 特定名称酒の分類 ──

| | 醸造アルコールを少量使用<br>（白米重量の10%以下） | 醸造アルコール未使用<br>（白米・米麹のみ） | |
|---|---|---|---|
| 吟醸造り | 大吟醸酒 | 純米大吟醸酒 | 精米歩合 50% 以下 |
| 吟醸造り | 吟醸酒 | 純米吟醸酒 | 精米歩合 60% 以下 |
| | 特別本醸造酒 | 特別純米酒 | |
| | 本醸造酒 | 純米酒 | 精米歩合 70% 以下<br>（純米酒は規定なし） |

特定名称の表示による清酒（高級酒）
※原料米は1等2等3等米を使用

上記以外の清酒
（例）・アルコール添加量が多い
・1～3等米以外の米を使用している
・原材料として「米・米麹・醸造アルコール」以外に、糖類・酸味料・調味料（アミノ酸）が含まれている。

普通酒
※清酒全体の約７割が「普通酒」と言われれています。

| 大まかな分類 | 概要 | 特定名称 | 原材料の表示 | 精米歩合 |
|---|---|---|---|---|
| 純米酒 | 精米歩合（※1）70％以下の白米と米麹・水を材料にした、文字通り「米」だけで造られる。米の風味を活かした濃醇な味わいで、酸度は高め。 | 純米酒 | 米・米麹 | 規定なし |
| | | 特別純米酒 | | 60％以下 |
| 本醸造酒 | 精米歩合70％以下の白米と米麹・水に「少量の醸造アルコール（※2）」を添加。すっきりした淡麗辛口が多い | 本醸造酒 | 米・米麹・醸造アルコール | 70％以下 |
| | | 特別本醸造酒 | | 60％以下 |
| 吟醸酒 | 精米歩合60％以下の白米と米麹・水・醸造アルコール（純米タイプでは未使用）を原料に、吟醸造り（※3）された酒。精米歩合50％以下の高度精白米を使用したものはさらに「大吟醸」「純米大吟醸」として、最も高いランクに位置づけられる。 | 吟醸酒 | 米・米麹・醸造アルコール | 60％以下 |
| | | 大吟醸酒 | | 50％以下 |
| | | 純米吟醸酒 | 米・米麹 | 60％以下 |
| | | 純米大吟醸酒 | | 50％以下 |

※1　精米歩合：玄米（表皮を除いただけの状態の米）に対する白米（玄米の表層部を削り雑味を取り除くという精米工程がなされた白い米）の割合を示す数値。数値が低くなるほど精米に手間やコストが。例えば精米歩合60％の場合、玄米の表層部を40％削り取っていることになる。ちなみに、清酒の場合は上記「特定名称酒」に区分されていない普通酒でも精米歩合75％程度以下のものが使用されている。一般的に家庭で食べている白米は、精米歩合92％程度。

※2　醸造アルコール：デンプン質物または含糖質物を原料として発酵させて蒸留したアルコール。日本酒の製造工程において、アルコール度数、品質、風味の調整のため使用する。本醸造酒や吟醸酒では、原料となる白米の重量の10％以下と添加量の上限が定められている。

※3　吟醸造り：「吟味して造る」という意味で、選び抜かれた高品質の材料と磨き上げられた技術で、手間と細心の注意を払った特別な製造法。

## ―「香り」と「味わい」の組み合わせチャート ―

　日本酒を言葉で表現する言葉として、「香り」の表現として「華やか」と「穏やか」があり、「味わい」の表現として「濃醇」と「淡麗」がある。下の図は目安となる「香り」と「味わい」の組み合わせチャート。日本酒を口にしたら思いのままに表現してみたい。

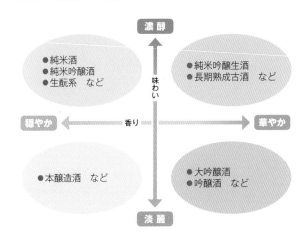

# 日本酒への理解をより深めるための 日本酒用語

　本書を読み進めていく上で、また、日本酒に親しむ上で、知っておくとさらに興味が深まる基本的な日本酒用語について解説していきます。

## 製造工程、製造時期、貯蔵法などによってつけられる言葉

日本酒のラベルには、銘柄に「純米」「吟醸」など特定名称酒の区分を続けて表示していることがあるが、さらに言葉を続けることで、その酒の製法や味の違いを表わすことがある。ここでは比較的多く見られる代表的な例を紹介する。

### 【寒づくり】（かんづくり）

11月から3月の寒い時期に酒造りをすること。寒い時期は雑菌が繁殖しにくく、よい酒ができるため、酒造りに最も適した時期とされる。

### 【生一本】（きいっぽん）

自分の蔵で作った自醸酒で、純米酒である場合に表示できる。

### 【生もと造り】（きもとづくり）

低温下で麹、蒸し米、水を底の浅い桶に入れて櫂（かい）のような棒ですりあわせ（山おろし）、手数をかけながら乳酸の増殖、発酵を促すこと。これにより、自然の乳酸菌が増殖し、強酸性下で雑菌を抑えながら、力強い優良な酵母を多量に育てる事ができる。どっしりとした、濃密な旨みが味わえる。

### 【山廃、山廃仕込み】（やまはい、やまはいじこみ）

「生もと」の工程から「山おろし」を廃止したもの。味わいは、生もと同様、濃密でコクのある風味となる。「生もと造り」「山廃仕込み」に対し、別に用意した乳酸を加える「速醸もと造り」があるが、こちらは淡麗な味わいになる傾向がある。

### 【原酒】（げんしゅ）

清酒として搾った後、加水をせず（アルコール分1%未満の加水調整を除く）、アルコール度数を落とさずに瓶詰めしたもの。普通の清酒のアルコール度数は14〜16度だが、原酒は18〜20度と高めになる。

### 【古酒】（こしゅ）

前年度、あるいはそれより前に造られた酒。酒造年度（BY＝ブリュワリー・イヤー）別に分けられ、14BY（平成14年製造）、26BY（平成26年製造）というように表示される。熟成により味が落ち着きまろやかになる。醸造後5年以上経過したものは「秘蔵酒」と表示できる。

### 【新酒】（しんしゅ）

その年（7月1日から翌年6月30日まで）に造られた酒。熟成が進んでいないため特有の若い香りが残っている。新酒は12月から2月くらいの冬季に販売されることが多い。これに対するのが「古酒」。

### 【貴醸酒】（きじょうしゅ）

酒を仕込む際に、仕込み水の半量、またはその一部に清酒を用いて造られる酒。濃厚な甘口の風味が特徴で、通常食前酒として飲まれる。

### 【濁酒】（だくしゅ、どぶろく）

日本酒の製造工程のうち、醪（もろみ）をこさずにそのまま飲む酒、あるいは、目の粗い布などで軽くこした酒。中には米粒や麹がそのまま入っている。清酒酵母が生きていて炭酸ガスを含んでいるため、開栓の際に中味が勢いよく飛び出るので注意が必要。

### 【にごり酒】（にごりざけ）

日本酒の製造工程のうち、醪（もろみ）を目の粗い布や網で搾ったときに出る白く濁った酒のこと。生酒（活性酒）であることが多いが、原材料によって、純米酒や本醸造酒などの種類もある。

### 【おり酒】（おりざけ）

醪（もろみ）を布などである程度搾った後に残る麹と酵母を集め、そのままビンにつめたもの。「おりがらみ」とも呼ばれる。

## 【活性酒】（かっせいしゅ）
熱処理をせず、目の粗い布でこしただけの酒。酵母菌が生きているため、多くは炭酸ガスを含んでいる。

## 【樽酒】（たるざけ）
杉製の樽に一定期間貯蔵され、杉の木香がついた酒。樽詰めのまま出荷されるものと、樽から瓶に詰められて商品化されるものがある。

## 【生酒】（なまざけ）
通常、清酒は出荷までに2回（貯蔵時・瓶詰め時）の火入れ殺菌を行うが、2回とも火入れを行わない酒のことを生酒という。搾りたての新鮮な味と香りがある。

## 【生貯蔵酒】（なまちょぞうしゅ）
火入れをしないで低温貯蔵した清酒を、出荷の直前に一度だけ火入れするもの。本来の酒の生としての旨みが生きている生酒に最も近い状態の清酒。

## 【冷やおろし】（ひやおろし）
一度火入れをして夏場の貯蔵によって熟成した清酒を、秋の出荷時には火入れをせずに瓶詰めした酒のこと。新酒らしいフレッシュな味わい。昔は樽詰め時に冷や(生)のまま詰められたところからきた言葉。

## 【斗瓶取り、斗瓶囲い】（とびんどり、とびんがこい）
袋吊りで搾った最良の部分を一斗(18リットル)入りの瓶に入れたもの。その蔵にとって最高級の清酒。

## 【あらばしり】
高級酒を造る際に、醪（もろみ）を搾る段階で、酒袋を槽いっぱいに積み、圧力をかけずに酒袋だけの重みで自然に流れ出させて搾る方法がある。流れ出る酒の状態（順番）によって3つの呼び名（あら、中、責め）があり、一番最初に出てくる酒を「あらばしり」という。薄く白濁していてフレッシュな味わいと華やかな香りがある。この部分だけを使用した酒を「あらばしり」と表示する。

## 【中取り、中汲み】（なかどり、なかぐみ）
上記の「あらばしり」に次いで出てくる中間部分を「中取り」や「中汲み」という。この部分だけを使用して瓶詰めし、鑑評会などに出品することが多い。最後に圧力を加えて絞り出したものを

「責め」あるいは「押切り」といい、通常市販されるものは「あら、中、責め」をブレンドしている。

### 日本酒の風味の目安になる言葉

## 【日本酒度】（にほんしゅど）
日本酒の甘口、辛口をみる指標の1つ。糖分が多ければ甘く感じ、糖分が少なければ辛く感じる。日本酒度は糖分の多いものをマイナスに、糖分の少ないものがプラスで表現。マイナスの度合いが高いほど甘口となり、プラスの度合いが高いほど辛口ということになる。ただし、これに「アルコール度数」「酸度」や「アミノ酸度」、さらに香りや飲む際の温度選択などにより、実際に感じる「甘さ」には変化がある。

## 【日本酒度表】（にほんしゅどひょう）

| 大辛口 | ＋6.0 以上 |
|---|---|
| 辛口 | ＋3.5 ～＋5.9 |
| やや辛口 | ＋1.5 ～＋3.4 |
| 普通 | －1.4 ～＋1.4 |
| やや甘口 | －1.5 ～－3.4 |
| 甘口 | －3.5 ～－5.9 |
| 大甘口 | －6.0 以上 |

## 【酸度】（さんど）
日本酒の中に含まれる、酸の総量を示したもの。10mlの酒を中和するのに要する、水酸化ナトリウム溶液のmlを指す。日本酒度が同じ場合、この酸度が高いほうが辛く、味は濃く感じられる。1.5以上が濃醇（こくがある）、それ以下が淡麗（さっぱりしている）の目安となる。

## 【アミノ酸度】（あみのさんど）
日本酒の中に含まれる、数十種類にも及ぶアミノ酸含有量を数値化したもの。味の濃淡の目安になる。1.0を基準にし、上が濃醇（こくがある）で下が淡麗（さっぱりしている）。大吟醸酒や純米大吟醸酒は精米歩合が高く、雑味を極限まで取り除いているので、1.0程度でもすっきりしながら旨みも感じる。

## 【酵母】（こうぼ）
酵母とは単細胞の微生物の総称で、糖分をアルコールと炭酸ガスに分解する役割を担う。吟醸酒などの果樹のような香りは、この酵母の働きに

よる。酵母には日本醸造協会で頒布される「協会酵母」、自治体や蔵が独自に開発した「独自酵母」など色がある。ここでは代表的な例をいくつか紹介する。(右表)

## 【酒造年度】(しゅぞうねんど)

7月1日〜翌6月30日を1年間とする日本酒造における独自の期間区分。

## 【精米歩合】(せいまいぶあい)

精米した際に、残った白米部分の割合をパーセンテージで表した値。数値が小さいほど、精米歩合が高くなる。

## ▌酒米について

## 【酒造好適米】(しゅぞうこうてきまい)

主食用の米を酒造り用に品種改良してできた米を「酒米」といい、中でも産地や品種銘柄などについて特に農水省の指定を受けた米を「酒造好適米」という。
生産量が限定され、コストが高くつくことから、吟醸酒などの特別な酒に使用される。大粒で米の中心にある「心白」という部分が大きいのが特徴。吸水性がよく蛋白含有量が少ないことから麹菌がつきやすく、高品質の酒になる。
本書にもよく登場する代表的な酒造好適米は下記の通り。

## 【山田錦】(やまだにしき)

酒米の王者とも言われ、もっとも人気のある酒造好適米。心白が大きく精米度数50%以下の大吟醸酒に最適。うま味が深く、豊かな香りの酒になる。

## 【美山錦】(みやまにしき)

1978年に長野県で誕生した、比較的新しい酒造好適米。北アルプス山頂の雪のような心白があることから美山錦と命名された。すっきりとした口当たり、上品な味わいが特徴。

## 【五百万石】(ごひゃくまんごく)

新潟、北陸地方を中心に酒造好適米の中では最も多く栽培されている。クセのない味わいが特徴で、純米・吟醸・大吟醸でいろいろなクラスに使用される。

## 【雄町】(おまち)

大粒で心白が大きく酒造好適米としてすぐれていることから各地で交配種として使用され、酒造好

| | 酵 母 | 特 徴 |
|---|---|---|
| 主な協会酵母 | 協会6号 | 協会酵母の父ともいえる、最も歴史のある酵母。秋田県の新政醸造の蔵付き酵母から培養。この酵母も使用し、現代の一般的に行われている吟醸酒の醸造法が確立された。他の蔵付き酵母と比べて圧倒的に酸が低い。 |
| | 協会7号 | 長野県の宮坂醸造の蔵付き酵母から培養。特徴は発酵力が強いこと、華やかな吟醸香があること。発酵力の強さから、普通酒に使われることが多い。 |
| | 協会9号 | 多くの蔵元が吟醸酒用として使用している酵母で、「香露酵母」と言われる。特徴は酸が少ないこと、香気が高いこと、低温での発酵力が強いこと。 |
| | 協会10号 | 吟醸酒や純米酒によく使用される酵母。特徴は、酸が少ないこと、吟醸香が高いこと。酸が少ないため純米酒に向いており、吟醸香が高いため吟醸酒にも向いている。 |
| | 協会11号 | 協会7号からの突然変異で、アルコール耐性の高い酵母。アミノ酸が少なく、リンゴ酸が多い特徴もある。アルコール度の高い大辛口酒など、キレの良い酒に仕上がる。 |
| | 協会14号 | 特徴は酸が少ないこと、発酵力が強いこと、吟醸香の生成力が高いこと。その特徴を活かし、すっきりとした淡麗な吟醸酒に向いている。 |
| | 協会1501号 | 秋田県の秋田流花酵母として1991年開発。1996年にきょうかい酵母として登録された泡なし酵母。カプロン酸エチルの高い吟醸香を出す酵母。 |
| | 協会1601号 | カプロン酸エチル高生産株で2001年より頒布された泡なし酵母。大吟醸酒に用いられる。 |
| | 協会1801号 | 現在の協会酵母で最も香り高い華やかな酵母の一つ。吟醸香の成分であるカプロン酸エチルを多く生成するため、大吟醸に向いている。 |
| 主な県の独自開発 | 青森酵母 | 青森県工業総合研究センター弘前地域技術研究所と日本醸造協会が共同で開発し、「まほろば華酵母」などがある。 |
| | 岩手酵母 | 岩手県工業技術センターと財団法人岩手生物工学研究センターの共同開発で、「吟醸2号」などがある。 |
| | 秋田流・花酵母 | 秋田県のオリジナル酵母。特徴は華やかな香りが強いこと、酸度が低いこと。大吟醸酒や純米大吟醸酒に向いている。 |
| | 山形酵母 | 山形県工業技術センターで開発された。山形の寒い気候でも発酵できる力があり、さわやかな果実香が特徴。 |
| | うつくしま夢酵母 | 福島県ハイテクプラザ会津若松技術支援センターで開発された。華やかなで酸味の少ないマイルドな味わいを造りだす。 |
| | アルプス酵母 | 長野県食品工業試験場で開発された。吟醸香の要素のカプロン酸エチルを多く生成するのが特徴。 |
| | 栃木酵母 | 多くの「栃木酵母」は吟醸酒向けに開発されたが、味の設計酵母「T-ND42」は酸の生成が多く、骨太な酒造りにも適している。 |
| | 静岡酵母 | 静岡県工業試験場で開発された。吟醸香の特徴の酢酸イソアミルを多く生成し、メロンのような香りがする。 |
| | 広島酵母 | リンゴのような華やかな香り(カプロン酸エチル)を多く生成し、吟醸酒向けの「広島吟醸酵母」などがある。 |
| | 高知酵母 | 高知県工業技術センターでこれまでに5種類の「高知酵母」が開発され、県内の酒造メーカーに広く用いられている。 |

適米のうち半数以上が雄町の血を受け継いでいると言われている。濃醇でしっかりとした味わいの酒に仕上がる。岡山県の「備前雄町」「赤磐雄町」が特に有名。

## 【出羽燦々】（でわさんさん）

山形県が11年間かけて吟醸酒用に開発した米で、淡麗でやわらかく幅のある味わいの日本酒に仕上がる。

## 【八反錦】（はったんにしき）

主に広島県で生産されている酒米。奥深いコクと芳醇な味わいが特徴。香りは抑え目で、酵母との組み合わせで味の幅が広がる酒米。

## 【吟風】（ぎんぷう）

北海道米を原料に開発された酒米。近年、「吟風」を使った日本酒が品評会で賞を受賞するなど注目されている。丸みのある味わいと米のうま味が特徴。

## ▍日本酒の飲み方（温度）について

### 【温度】

日本酒の飲用温度は、「冷や」「常温」「燗」（かん）の、大まかに3区分ある。「燗」の中にも「人肌」「ぬる燗」「熱燗」などがあり、温度帯は非常に曖昧に表現されることが多い。実際に日本酒のサービス温度、飲用温度はビールやワインと比較するとかなり幅がある。氷温の0℃から熱燗の55℃位まで、広範囲にわたって飲用できるが、わずかな温度差によって、香りや味わいがきわめて複雑多彩に揺れ動くよう変化するのが特徴であり、奥深さでもある。

### 【0～5℃】氷温、オン・ザ・ロック

日本酒独特の香りが苦手な人には、極限まで冷やすと飲みやすくなる。また、甘口すぎると感じた場合、冷やすことによりべたつきが抑えられる。香りを楽しむ吟醸酒系にはおすすめできない。

### 【5℃～10℃】冷や

普通酒や本醸造酒、生酒や生貯蔵酒などの淡麗タイプは、その清涼感を生かすためには冷やして飲むのがおすすめ。吟醸酒系は冷やしすぎるとせっかくの香りが楽しめないので、冷やしすぎないように注意する。

### 【8℃～15℃】軽く冷して

吟醸酒、大吟醸酒に最も適した温度帯。吟醸による華やかな香りと米の味わいのハーモニーが引き出される。

### 【20℃前後】常温

冷やしたり温めたりしないでそのままの温度で飲む。米の旨みがはっきりした純米酒に最もおすすめの温度帯。

### 【35℃前後】人肌燗

人間の体温に近い程度に軽く温めた飲み方。純米酒におすすめだが、吟醸酒でも香りが抑え目で旨みのはっきりしたものならこの温度を試してみるのもいい。

### 【40℃前後】ぬる燗

体温より少し温かい、ぬるめの温泉程度の温度帯。純米酒の特徴である米の香りや旨みが引き出せる。

### 【50℃前後】熱燗

普通酒や本醸造酒の冬場のポピュラーな飲み方。ただし甘口の場合はべたつきが気になる場合もあるので、辛口のほうが相性がよい。純米酒も生もと造りや山廃仕込みの濃醇なタイプにはおすすめ。熱くしすぎるとアルコール分が蒸発し、味のバランスもくずれるので注意。

### 【60℃前後】熱々燗

ふぐのひれや魚の骨などをあぶったものを入れ、酒以外の旨みを足した飲み方ができる。開栓して数日経過してしまった酒や口に合わなかった酒などは、この飲み方で楽しむのもいい。

# 国酒・日本酒と和食の愉しみ方

　米を基本とする日本人の和食に、米から造る日本酒が合わないわけがない。日本酒と和食は双方の魅力を引き出してくれる最良の組み合わせなのである。さらに日本酒は、肉、豆、魚介、キノコ、チーズ料理など驚くほど多様な料理に合わせることができるという長所もある。ここでは日本酒と和食の愉しみ方について触れてみたい。

## 変化し続けている「和食」

　「和食」は、料亭で提供される高級料理、郷土料理や家庭料理にいたるまで、日本の食文化をイメージしやすい「料理」と、それらの食べ方である「作法」、そしてテーブルに並んだ料理全体を映し出す「食卓の風景」という複数の要因で成り立っている。漠然としたイメージをともなう「和食」も、諸外国との文化交流が盛んになるにしたがって変化し続けている。

　「和食」は、「ご飯（米・主食）」と「汁」があり、それに「おかず（副食）」が加わるのが基本的な形式である。これは、鎌倉時代の武家社会において形作られてきた食事形式で、その後に「一汁三菜」が「和食」の基本的な形式となり、現在でもこの形が受け継がれている。食事の中の「おかず」は、米のご飯をおいしく食べるための料理であり、酒を楽しむための「おかず」は同じ料理であっても「酒肴」と名前が変わるのである。

## 食材の味と形を最大に活かす

　日本の食文化の根底には、食材そのものの味と形を最大に活かすという考え方がある。そのような価値観（好み）が、「米」も粒で白く炊飯し、魚は生食（さしみ）し、または水と醤油で煮るというシンプルな調理方法が選ば

れてきた。さらに、素材の切り方とそれらの盛り付け方で、皿の上を色鮮やかに視覚的に美しく整えて「おかず（料理）」とした。おかずは、さしみや煮物、焼き物、天ぷらなど様々な料理があり、ある意味ではアラカルトのようで自由度が高いのである。

　そんな多様な「おかず」とともに口にする「日本酒」にも、清酒と濁り酒の透明度の違い、甘口や辛口、さらにアルコール度数など、様々なレパートリーがある。そして、よりおいしく味わうために、「冷」や「燗」など温度を変えて個性を最大限に引き出すのである。「おいしさ」は、味や食感など食材そのものの性質に加え、食習慣や好みなど食べる人間の心理も関わるため、なにをもって「おいしさ」とするかは人それぞれだが、そこには自由に選び、味わうことで生まれる「おいしさ」があるのである。心からおいしいと感じる料理と酒に出会えたら最高の幸せである。

## 食器や酒器の演出が味を引き立てる

　味の他にも、「和食」と日本酒の楽しみ方がある。それは、料理が盛り付けられている食器や酒器の素材や形、色や模様などの器の美しさである。日本食文化は、料理とともに料理を盛る食器も大切にし、料理と器が互いに引き立てあっている。これら、食器や酒器は炻器、陶磁器、漆器、ガラスなどからつくられ、手に持ったときに感じる素材の質感の違いや、菊の花や笹の葉など四季を連想できる形や色、模様などを映して発展し、それらは「有田焼」、「漆器」、「江戸切り子」などとして知られている。このように、和食と日本酒は味を楽しむとともに、料理と食器の組み合わせによって生じる美しさ、そして料理や日本酒が並んだ食卓全体の風景の美しさもある。舌で味わうと同時に、目で見て心を満たす趣向的な側面も、和食と日本酒の愉しみ方の一つでもある。

## 郷土料理と抜群の相性をみせる日本酒

　最後に日本酒と郷土料理の相性について触れておきたい。郷土料理はその地域の気候・風土の恵みを受けた食材を使い、その地域独自の調理方法で作られ、地域の人々によって長い年月を経て伝承されている地域の特徴があらわれた料理である。2007年に農林水産省による「農山漁村の郷土料理百選」というイベントが行われたことをきっかけに、その後も「ご当地グルメ」「B級グルメ」といった呼び方で地域の食材や伝統の料理は大きな注目を集め、支持されている。

　言うまでもなく日本酒はその土地の水、米、自然環境によって造られ、その土地の文化を反映した地酒が中心である。所変われば、日本酒も変わるのである。山の幸、海の幸に合う日本酒のタイプはどれなのか。そんな問いに答えてくれるのが郷土料理である。北海道のちゃんちゃん焼き、山形のとんがら汁、千葉のイワシのごま漬け、石川の治部煮、山口のフグ料理、熊本の馬刺し、沖縄のいかすみ汁など挙げれば枚挙にいとまがない。また、情報発信手段の発展と多様化により、情報が速く・広く・魅力的に、各地域の気候、歴史、食文化、郷土料理が紹介され、中には、家庭で郷土料理を作れるように、レシピが紹介されている料理もみられる。その地域を訪れて風土と共に酒と料理を味わうことが一番の贅沢だが、離れた場所でもひと時の愉しみを持つことができるのである。

　「世界を魅了する国酒たち」と題して、本学の卒業生が個性的にそして真摯に酒造りと向き合いながら活躍している蔵元を紹介しながら、ほんの一部であるが郷土料理も紹介している。郷土料理に思いを馳せながら、「酒と肴」の絶妙な組み合わせに興味を持っていただければ、その土地の日本酒（地酒）もより味わい深くなるだろう。

**阿久澤 さゆり**
（東京農業大学 応用生物科学部 食品安全健康学科 教授）

# 蔵元&銘酒案内

東京農業大学で学んだ卒業生が活躍する酒蔵は、
そのまま日本を代表する酒蔵といっても過言ではない。
伝統の技術に先進の研究成果が加わることで、
酒造りはより洗練され、進化していく。

古くからの伝統を守り、郷土を愛し、
郷土文化と日本酒文化の継承と発展を目指し、
日々その技術を磨いている。

東京農業大学卒業生の銘酒を、
蔵の様子とともに紹介する。

※本書は 2020年11月〜2021年3月に行った調査をもとに構成しています。
※背景の酒瓶コレクションは東京農業大学「食と農」の博物館でご覧いただけます。

# 北海道地方

日本清酒
P38

小林酒造
P37

福司酒造
P39

## 北海道地方の代表的使用酒米

きたしずく：雄町、ほしのゆめ、吟風との交配で誕生した酒造好適米。耐冷性が高く、北海道でも安定生産が可能。雑味が少なく、やわらかい味の酒を造るのに適している。

吟風（ぎんぷう）：八反錦、上育404号、きらら397との交配で誕生した酒造好適米。心白が大きく発現率も高い。味の丸さや柔らかさに定評があり、芳醇な味の酒が期待できる。

山田錦（やまだにしき）：酒米の最高峰にして生産量トップを誇る酒造好適米。山田穂と短稈渡船との交配で生まれた。兵庫県産が全生産量の6割を占めるが、全国的に栽培されている。

| 水源 | 石狩川水系 |
|---|---|
| 水質 | 軟水 |

# 小林酒造株式会社

〒069-1521 北海道夕張郡栗山町錦3丁目109番地　TEL.0123-72-1001
http://www.kitanonishiki.com/

# 炭鉱街の
# 銘酒

### 北の錦 特別純米酒 まる田

「酒本来の色と米の力強い旨味」
全体的に旨みがしっかり感じられる
濃厚な味わい。酸味とのバランスが
よく、燗にしても美味しくいただける。

| 特別純米酒 | 1,800ml／720ml |
|---|---|
| アルコール分 | 16% |
| 原料米 | 吟風 |
| 日本酒度 | ＋5.0 |
| 酸度 | 1.8 |

### 北の錦 蔵囲完熟 秘蔵純米

「すっきりとした味わいの古酒」
3年以上の長期熟成で、アミノ酸を
抑え、酸味と米の熟れた甘みを調
和させた。燗でも冷やでもおススメ。

| 吟醸酒 | 1,800ml／720ml |
|---|---|
| アルコール分 | 17% |
| 原料米 | きたしずく |
| 日本酒度 | －5.0 |
| 酸度 | 2.1 |

## 酒が醸せぬ酷寒の地において醸造を可能にした石炭の力

　小林酒造株式会社が、札幌市に
て酒造業を創業したのは明治11年
（1878）。その後の明治33年（1900）
に、現在の夕張郡栗山町に本拠地を
移している。明治時代、北海道は極
端な氷点下での酒造りを余儀なくさ
れており、「寒すぎて発酵が停止する
ほど」と囁かれる過酷な環境で、こ
の地で働く杜氏たちを悩ませていた。
そこで小林家の中興の祖である2代
目米三郎は、当時、未来のエネルギー
と期待されていた石炭の火力に目を
付け、さらに断熱性に優れたレンガ
蔵建造のため多くの瓦職人を呼び寄
せた。10年の歳月をかけてその計画
は成功し、炭鉱需要も伴い蔵は大き
く成長していった。石炭の利用に目
をつけた先見の明が、小林酒造に現
在の繁栄をもたらしたのだ。

# 日本清酒株式会社

| 水源 | 豊平川伏流水 |
|---|---|
| 水質 | 中硬水 |

〒060-0053 札幌市中央区南3条東5丁目2番地　TEL.011-221-7106

# 北海道開拓の
# 歴史とともに

**空を悠々と舞う丹頂鶴のように
北の国で羽ばたき続ける酒蔵**

　明治5年（1872）創業の、北海道開拓の歴史とともに歩み続ける札幌唯一の酒蔵。北海道の冬は長くとても厳しく、広大な大地が純白の雪に覆われ一面真っ白な世界に変わる。春、この純白の雪が解け豊かな大地に浸み渡り、永い年月をかけてピュアな伏流水を生み出していく。北海道の稲作はこの自然の恩恵を受け、今では品質・収穫量とも全国で有数の米どころとなった。日本清酒は、その年に収穫した米から伝わってくる育成状況の感覚をしっかりと受け止めながら、北海道の豊かな自然をお酒に表現する酒造りを目指している。主要銘柄「千歳鶴」でも地元北海道産の酒造好適米「きたしずく」を積極的に使用し、さまざまな品評会で高い評価を受けている。

### 純米大吟醸酒

**千歳鶴 純米大吟醸 瑞翔**

「ワイングラスが似合う日本酒」
長期低温発酵で熟成された気品ある繊細な香りと芳醇な味わい。瑞々しい和梨や花の蜜を思わせる繊細な香り。

| 純米大吟醸酒 | 1,800ml／720ml／300ml |
|---|---|
| アルコール分 | 16～17% |
| 原料米 | きたしずく |
| 日本酒度 | −2.0 |
| 酸度 | 1.2 |

### 純米酒

**千歳鶴 柴田 からくち純米**

「王道タイプの純米酒」
米の味を活かしながら、くどくなくスッキリとした飲み心地を味わえる。甘みと旨味が引き立つぬる燗がお勧め。

| 純米酒 | 1,800ml／720ml |
|---|---|
| アルコール分 | 15～16% |
| 原料米 | 吟風 |
| 日本酒度 | ＋6.0 |
| 酸度 | 1.5 |

水源 釧路湿原の伏流水

# 福司酒造株式会社

〒085-0831 北海道釧路市住吉 2-13-23　TEL.0154-41-3100
E-mail: jouzoubu@fukutsukasa.jp　https://www.fukutsukasa.jp/

# 目指し続けるのは
# 地域の食文化に寄り添う酒

### 福司 純米酒

「北海道食材に合う食中酒」

北海道産の酒造好適米の中でも味わい豊かな吟風で醸したスッキリした味わいの純米酒。

| 純米酒 | 720ml |
|---|---|
| アルコール分 | 14.0% |
| 原料米 | 吟風 |
| 日本酒度 | +4.0 |
| 酸度 | 1.5 |

### 福司 大吟醸

「贈りものにも自分へのご褒美にも」

北海道の冷涼な気候を活かし、小仕込みの低温長期発酵で醸したこだわりの大吟醸。

| 大吟醸酒 | 720ml |
|---|---|
| アルコール分 | 15% |
| 原料米 | 彗星 |
| 日本酒度 | +2.0 |
| 酸度 | 1.3 |

## 北海道産の酒造好適米の中で
## 味わい豊かな吟風で醸す

　大正 8 年（1919）、初代・梁瀬長太郎が釧路市に酒類、清涼飲料、雑貨、食品などの卸売りを目的に合名会社敷島商会を創業。大正 11 年（1921）に現在地に酒造蔵を新築し、福司酒造の歴史は始まった。以来一度も休造することなく、釧路で唯一の酒蔵として日本酒本来の香味や北海道の食材との相性を追求した酒造りを行っている。近年は地域特有の商品も展開。例えば、日本で唯一稼働している炭鉱の坑道を利用して貯蔵した「海底力（そこヂカラ）」や、北海道産ミルク 100% 使用のヨーグルトリキュール「みなニコリ」がある。変化する北海道の食文化に対応しながら、これからも地域の食文化に寄り添う酒造りを目指していく。

# 北海道地方

## 北海道地方の食文化

道北地方：北海道の北端で宗谷岬に建つ「日本最北端の地の碑」や旭川、富良野など多くの人が訪れる。毛ガニの一大産地らしくカニのぶつ切りの味噌汁である「てっぽう汁」や、ニシンの内臓を取り除いて天日干しにした保存食でもある「身欠きニシン」を野菜と漬け込んだ「ニシン漬け」は家庭の味である。

道東地方：漁業と共に畑作、酪農、養豚などの大規模農業が展開されているが、この歴史は、開拓時代に遡る。開墾時に飼育し始めた豚の肉料理も、現在では「豚丼」として郷土を代表する名物となった。また、道内全域にわたって親しまれている「三平汁」がある。これは、塩漬けにして保存された魚を野菜とともに煮込んで、塩味で楽しむ料理であり、道東では塩に漬けられたサケが使われる。

道央地方：北海道の土地の半分は山地で、太平洋、日本海、オホーツク海に囲まれ、海の幸に恵まれているが、広大な平野では農作物も収穫されている。北海道といえば「ジャガイモ」であるが、素材そのままの郷土料理に「いももち」がある。ジャガイモを蒸して潰し、饅頭のような形に整えて焼いたもので、ほのかな香りと甘味の素朴な一品である。

道南地方：「北前船」の寄港地と「松前漬」は有名である。地域でとれたイカとコンブを醤油で漬け込んだ保存食で、イカとコンブのうま味が引き立てあって、ごはんのおかずや酒の肴となっている。また、イカの胴にウルチ米やモチ米を詰めて、調味料と共に炊き込む「いかめし」は、家庭料理にとどまらず、胃袋も満たされる人気の駅弁にとなった。

## 北海道地方の郷土料理

掲載企業以外にも東京農業大学卒業生が関係している酒蔵

## 東北地方

| | |
|---|---|
| **青森県** | 有限会社長内酒造店 |
| | 桃川株式会社 |
| **岩手県** | 両磐酒造株式会社 |
| | 世喜の一酒造株式会社 |
| **宮城県** | 株式会社山和酒造店 |
| | 阿部勘酒造店 |
| **秋田県** | 秋田清酒株式会社 |
| | 株式会社木村酒造 |
| | 八重寿銘醸株式会社 |
| | 合名会社鈴木酒造店 |
| | 株式会社齋彌酒造店 |
| | 出羽鶴酒造株式会社 |
| **山形県** | 酒田酒造株式会社 |
| | 株式会社六歌仙 |
| | 有限会社秀鳳酒造場 |
| | 寺嶋酒造本舗 |
| | 羽根田酒造株式会社 |
| | 松山酒造株式会社 |
| | 麓井酒造株式会社 |
| **福島県** | 白河醸造株式会社 |
| | 太平桜酒造合資会社 |
| | 会津酒造株式会社 |
| | 東日本酒造協業組合 |
| | 合資会社会津錦 |
| | 白川銘醸株式会社 |
| | 合資会社喜多の華酒造場 |

各社の都合により掲載は割愛しております。

# 東北地方

青森県・岩手県・宮城県・秋田県・山形県・福島県

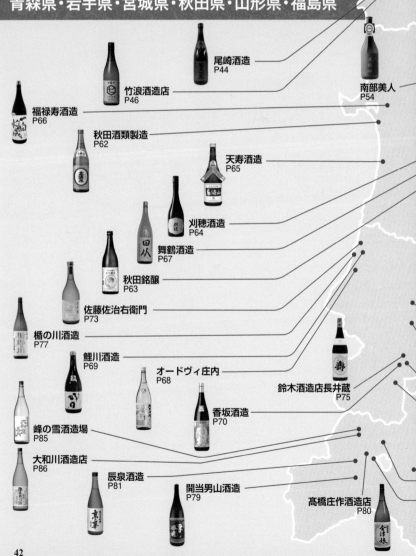

尾崎酒造
P44

竹浪酒造店
P46

南部美人
P54

福禄寿酒造
P66

秋田酒類製造
P62

天寿酒造
P65

刈穂酒造
P64

舞鶴酒造
P67

秋田銘醸
P63

佐藤佐治右衛門
P73

楯の川酒造
P77

鯉川酒造
P69

オードヴィ庄内
P68

鈴木酒造店長井蔵
P75

香坂酒造
P70

峰の雪酒造場
P85

大和川酒造店
P86

辰泉酒造
P81

開当男山酒造
P79

髙橋庄作酒造店
P80

42

鳴海醸造店
P47

盛田庄兵衛
P49

鳩正宗
P48

菊駒酒造
P45

わしの尾
P56

赤武酒造
P50

あさ開
P51

廣田酒造店
P55

吾妻嶺酒造店
P52

岩手銘醸
P53

萩野酒造
P61

角星
P58

一ノ蔵
P57

新澤醸造店
P60

佐浦
P59

高木酒造
P76

出羽桜酒造
P78

小屋酒造
P72

新藤酒造店
P74

仁井田本家
P83

磐梯酒造
P84

後藤酒造店
P71

鶴乃江酒造
P82

# 尾崎酒造株式会社

〒038-2744 青森県西津軽郡鰺ヶ沢町漁師町 30　TEL.0173-72-2029
E-mail: andou-suigun@ozakishuzo.com　http://www.ozakishuzo.com

| 水源 | 白神山地 |
|---|---|
| 水質 | 軟水 |

# 神々が座す
# 白神山麓の酒蔵

## 雄大な日本海と白神山地が育む 昔ながらの技で醸された酒

　尾崎酒造の創業は 161 年前、万延元年（1860）のこと。初代当主は若狭の国（現在の福井県）より鰺ヶ沢に移住し、初めは魚の仲買いや質屋などを経て酒造業を始めたという。この地に根付いて 155 年。雄大な日本海と神々しい白神山地という素晴らしい地に蔵を構えた尾崎酒造は、昔ながらの伝統的な酒造りを守り、幾月の刻の流れを見守ってきた。最初は「白菊」という銘柄を製造していたが、昭和 63 年に「安東水軍」が誕生し現在に至る。酒造りの仕込水には世界自然遺産・白神山地の伏流水をふんだんに使い、酒米も県産米を多く使用している。醸す酒のほとんどを辛口にしており、海も山もある鰺ヶ沢地域の食材に合わせやすい地域一体型の酒である。

### 特別純米酒

**安東水軍 特別純米**

「すっきりと軽やかな純米酒」
雄大なロマンを求めた北の覇者「安東水軍」に因んだ酒。しっかりした味わいで後味すっきりの辛口。

| 特別純米酒 | 1,800ml ／ 720ml |
|---|---|
| アルコール分 | 15% |
| 原料米 | 華想い／まっしぐら |
| 日本酒度 | ＋2.5 |
| 酸度 | 1.8 |

### 大吟醸酒

**大吟 神の座**

「華やかな香り濃厚な味わい」
煌びやかな香りと濃厚で深みのある味わいの大吟醸酒。原酒なので、ロックでも美味しく飲める。

| 大吟醸酒 | 1,800ml ／ 720ml |
|---|---|
| アルコール分 | 17% |
| 原料米 | 華想い |
| 日本酒度 | ＋1.6 |
| 酸度 | 2.0 |

| 水源 | 八甲田山系 |
|---|---|
| 水質 | 軟水 |

# 株式会社 菊駒酒造

〒039-1554 青森県三戸郡五戸町字川原町12 TEL.0178-62-2323
E-mail: kikukoma@yellow.plala.or.jp http://www.kikukoma.com

# 北の風土を醸す 百年の蔵元

## 純米酒

### 菊駒 純米酒

「薫り高き辛口純米酒」

まろやかなコクと旨みにやさしい吟醸香が漂う純米酒。冷酒からお燗まで、幅広い飲み方が楽しめる。

| 純米酒 | 1,800ml |
|---|---|
| アルコール分 | 15〜16% |
| 原料米 | 華吹雪 |
| 日本酒度 | +4.0 |
| 酸度 | 1.2 |

## 大吟醸酒

### 菊駒 大吟醸

「伝承の技が薫る極上の一滴」

大寒の時期に、南部杜氏が魂を込めて仕込んだ一品。果実のような含み香と繊細で爽やかな味わい。

| 大吟醸酒 | 720ml |
|---|---|
| アルコール分 | 15〜16% |
| 原料米 | 山田錦 |
| 日本酒度 | +2.0 |
| 酸度 | 1.2 |

## 地元に愛されてこそ銘酒 銘酒の色沢・香り・味に入魂一滴

菊駒酒造は明治43年（1910）の創業で、"百年の蔵元"となった。スローガンは「地元に愛されてこそ銘酒」。無味無臭の米が蔵元によって違う酒の味になるのは、水や気候など風土の特色はもちろんだが、麹と酵母という生き物を開花させる杜氏の技によるところが大きい。菊駒酒造には名匠・藤田郁夫氏がいた（現在引退）。藤田杜氏は南部杜氏で、この道50年活躍した。色沢・香り・味に入魂一滴。銘酒「菊駒」の旨さのひとつは酸が少ないのが特色のM2酵母にある。酸が少ないため、長時間かけてきれいに造ることが宿命付けられた酵母なのである。冬期にはマイナス10度を下回る厳寒地帯で、今日もうまい酒が醸されている。

# 株式会社 竹浪酒造店

| 水源 | 岩木川伏流水 |
|---|---|
| 水質 | 軟水 |

〒037-0106 青森県つがる市稲垣町沼崎幾代崎 121-4 TEL.0173-23-5053
E-mail: takenami@takenami.biz http://www.takenami-shuzoten.com/

# 青森最古の蔵元が醸す
# 力強く濃密でうまい酒

## 美味しい料理に囲まれる青森で定着「純米酒の熱燗」という飲み方

　正保元年（1645）の創業以来、津軽に根ざし、食中酒としての日本酒のあり方を求め、うまい純米酒、うまい燗酒を目指して造り続けてきた竹浪酒造店。杜氏を務める17代目、竹浪令晃氏のこだわりは「真の日本酒の味わいはお燗にあり！」。時代の流れに一石を投じる酒造りだが、四季を通して美味しい料理に囲まれている青森で、その「純米酒の熱燗」は古くて新しい飲み方として定着してきている。代表銘柄は「七郎兵衛」。純米酒から純米大吟醸までラインナップは豊富。味わいはどれも素朴で濃醇、力強い味わい。青森で最古の蔵元、青森で一番小さな酒蔵が、深みと熟練の技で今日も酒を醸し続ける。

### 特別純米酒

**七郎兵衛 特別純米酒**

「料理との相性抜群」

熟成を経て、旨味とまろやかさが調和する特別純米酒。60度程度がおすすめ。

| 特別純米酒 | 1,800ml ／ 720ml |
|---|---|
| アルコール分 | 15.5% |
| 原料米 | 華吹雪 |
| 日本酒度 | ＋9.0 |
| 酸度 | 1.8 ～ 1.9 |

### 純米吟醸酒

**七郎兵衛 純米吟醸 山田錦**

「1年熟成で出荷」

常温から熱燗まで幅広く楽しめる純米吟醸。50度程度がおすすめ。

| 純米吟醸酒 | 1,800ml ／ 720ml |
|---|---|
| アルコール分 | 15.5% |
| 原料米 | 山田錦 |
| 日本酒度 | ＋8.0 |
| 酸度 | 1.6 ～ 1.8 |

| 水源 | 南八甲田山伏流水 |
| 水質 | 軟水 |

# 株式会社 鳴海醸造店

〒036-0377 青森県黒石市大字中町1-1 TEL.0172-52-3321
E-mail: kikunoi@beach.ocn.ne.jp https://narumijozoten.com/

# 地元に根付いた 津軽・黒石の老舗

### 純米大吟醸酒
### 純米大吟醸 稲村屋文四郎

「当主の名を冠した堂々たる酒」

フルーティーで香り高く、米の甘さ
が引き立つ芳醇旨口で、キレのあ
る純米大吟醸。冷蔵庫で冷やして。

| 純米大吟醸酒 | 1,800ml／720ml |
| --- | --- |
| アルコール分 | 16.4% |
| 原料米 | 山田錦 |
| 日本酒度 | −1.0 |
| 酸度 | 1.3 |

### 純米吟醸酒
### 純米吟醸 稲村屋

「稲村屋の新たな原点」

純米吟醸ならではの華やかな香りは
そのままに、八甲田山からの軟水がソ
フトな口当たりを醸し出す淡麗旨口。

| 純米吟醸酒 | 1,800ml／720ml |
| --- | --- |
| アルコール分 | 16% |
| 原料米 | 華想い |
| 日本酒度 | −1.0 |
| 酸度 | 1.5 |

## 津軽の風土が醸した美酒を伝える
## 創業文化三年の老舗の蔵元

　創業文化3年（1806）の鳴海醸
造店は、地元「中町こみせ通り」の
一角にある小さな造り酒屋。この中
町こみせ通りとは、江戸時代前期か
ら現代まで残るアーケード状の街路
で、平成17年伝統的建造物群には
指定された。また鳴海醸造店の蔵自
体も、平成10年4月に市の文化財
に指定されている。酒の代表銘柄は
「菊乃井」「稲村屋文四郎」「稲村屋」
などがあり、主に地元で愛飲されて
いる。酒蔵は大正時代の初めに建て
替えられ100年が過ぎているが、夏
は涼しく冬は外気の寒さから中を守
る、酒造りに適した蔵である。南八
甲田山系の柔らかな井戸水と、青森
県産の良質な米を使用し、長年培っ
てきた伝統の造りと新たな技術を調
和して酒造りに励んでいる。

# 鳩正宗株式会社

| 水源 | 八甲田山奥入瀬川水系の伏流水 |
|---|---|
| 水質 | 軟水 |

〒034-0001 青森県十和田市大字三本木字稲吉 176-2　TEL.0176-23-0221
E-mail: sake@hatomasa.jp　https://www.hatomasa.jp/

# 地の水、地の米、地の酒

## 伝統と革新を融合させた 時代背景に合わせた酒造り

　鳩正宗の創業は明治 32 年（1899）年。当時は町に流れる稲生川にちなんだ「稲生正宗」の銘柄で親しまれていたが、昭和初期、蔵の神棚に棲みついた白鳩を守り神として祀り「鳩正宗」と改名した。「地酒は地方食文化の結晶である」を蔵のモットーとして、古くから南部杜氏によって酒造りを行ってきたが、平成 16 年以降は酒造技術を継承した十和田の蔵人だけによる酒造を開始。その後、経験から生まれた勘と数値化したデータを融合させながら、「再現性のある酒造り」を目指している。先代の蔵元には「近い将来、地元の水と米、地元出身の杜氏で、正真正銘の地酒を造りたい」との熱い想いがあり、現在の鳩正宗は「テロワールな地酒造り」に精進している。

### 純米大吟醸酒

**鳩正宗 純米大吟醸 華想い**

「爽やかでコクのある味わい」
華やかな香りとしっかりとした旨みがバランスよく調和。ヒラメの刺身やホタテの刺身に、冷やで合わせたい。

| 純米大吟醸酒 | 1,800ml |
|---|---|
| アルコール分 | 16% |
| 原料米 | 華想い |
| 日本酒度 | ±0 |
| 酸度 | 1.5 |

### 特別純米酒

**鳩正宗 特別純米酒 華吹雪**

「燗でも冷やでもいける万能選手」
穏やかな香りとキメ細やかな酸味、米の旨みを十分に引き出したまろやかでコクのある味わいが特長の特別純米。

| 特別純米酒 | 1,800ml |
|---|---|
| アルコール分 | 15〜16% |
| 原料米 | 華吹雪 |
| 日本酒度 | ±0 |
| 酸度 | 1.6 |

| 水源 | 八甲田山系高瀬川伏流井水 |
|---|---|
| 水質 | 軟水 |

# 株式会社 盛田庄兵衛

〒039-2525 青森県上北郡七戸町字七戸230 TEL.0176-62-2010
E-mail: morishou@morishou.co.jp http://www.morishou.co.jp

# 駒の里七戸で
# 一心酒造り

**特別純米酒**

**駒泉 特別純米 特別契約栽培 作田**

「特別契約栽培米100%の旨み」
軽さとコクが調和して幅広い料理に
合う特別純米酒。広口のグラスで飲め
ば、ふくよかさがより一層引き立つ。

| 特別純米酒 | 1,800ml / 720ml |
|---|---|
| アルコール分 | 14.3% |
| 原料米 | 華吹雪／レイメイ |
| 日本酒度 | ＋3.0 |
| 酸度 | 1.4 |

**純米吟醸酒**

**駒泉 純米吟醸 七力(しちりき)**

「七つの店が力を合わせた地酒」
メロンのような香りと米の旨みが濃
厚。酸味と苦みのバランス、ノド越しの
キレも良い南部杜氏ならではの造り。

| 純米吟醸酒 | 1,800ml / 720ml |
|---|---|
| アルコール分 | 16〜17% |
| 原料米 | 華想い |

## 駒の里・七戸に脈々と息づく
## 実直な酒造りへの想い

　本州の北端に位置する青森県八甲
田山の東麓・七戸にある酒蔵で、華
想い・華吹雪など地産の酒米のみを
使用している地酒蔵。七戸には江戸
時代初期から近江商人などが入り、
商業が盛んに行われていた。この蔵
も滋賀県野田村出身の近江商人が
ルーツで、創業は安永6年（1777）。
また七戸は中世には南部馬の、現代
はダービー馬の産地として知られ、
この蔵の主要銘柄「駒泉」も、駒の
里に清らかな水が湧くという伝説か
ら命名された。この「駒泉」のなか
に「真心」という銘柄があるが、そ
れは蔵の「ひたすら実直に酒造りを
していきたい」という想いを示す。
南部流の伝統的手法を遵守し、同時
に最新の技術を取り入れつつ、駒泉
は未来へと受け継がれている。

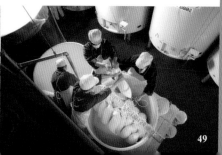

# 赤武酒造株式会社

| 水源 | 盛岡 |
|---|---|
| 水質 | 軟水 |

〒020-0857 岩手県盛岡市北飯岡1-8-60  TEL.019-681-8895
https://www.akabu1.com

# 赤武酒造の
# 新しい歴史が始まった

## 2013年に酒蔵を新設
## 時代に合う酒造りを目指す

　明治29年（1896）に岩手県大槌町で創業した老舗の赤武酒造。2011年3月11日に発生した東日本大震災に見舞われ、創業当時から守り続けていた酒蔵を失うなど壊滅的な打撃を受けてしまう。取引先や多くの人に励まされ復活を誓い、2013年に岩手県盛岡市内に酒蔵を新設。若き6代目を中心に「赤武酒造の新しい歴史をつくる」を合言葉に若者たちが集まった。以後、時代に合う酒造りを共に理解し、妥協することなく「岩手から情熱と愛情と根性で醸す酒」を造り続けている。岩手県産米「吟ぎんが」と岩手県が開発した清酒酵母を使用して醸した「AKABU 純米酒」はIWC（インターナショナル・ワイン・チャレンジ）GOLDを受賞。純米酒らしい旨味がありながらフレッシュな味わいだ。

### 純米酒
**AKABU 純米酒**

「瑞々しい果実香が特徴」

柔らかな白桃を想わせる瑞々しい香りの奥から、フィニッシュにかけてはグレープフルーツのような透明感ある果実香。

| 純米酒 | 720ml |
|---|---|
| アルコール分 | 15% |
| 原料米 | 吟ぎんが |
| 日本酒度 | 非公開 |
| 酸度 | 非公開 |

### 純米大吟醸酒
**AKABU 極上ノ斬 純米大吟醸**

「岩手県最高級酒米『結の香』」

岩手県最高級酒米「結の香」を35%まで磨き超低温発酵でゆっくり醸し、絶妙のタイミングで氷温搾りを行う純米大吟醸。

| 純米大吟醸酒 | 720ml |
|---|---|
| アルコール分 | 15% |
| 原料米 | 結の香 |
| 日本酒度 | 非公開 |
| 酸度 | 非公開 |

| 水源 | 大慈清水 |
|------|---------|
| 水質 | 軟水 |

# 株式会社あさ開

〒020-0828 岩手県盛岡市大慈寺町10-34　TEL.019-652-3111
E-mail: info@asabiraki-net.jp　http://www.asabiraki-net.jp

# 現代の名工が造る
# 地元の酒

## 郷土の米を、郷土の水で仕込む
## 南部・岩手が誇る「岩手の地酒」

　「文化の香り高い国には、その国ならではのうるわしい酒がある」。岩手県は、古くから南部杜氏の里として知られた酒どころ。明治4年（1871）の創業より、日本酒『あさ開』は、米、水、技に恵まれたこの地で、豊かな自然に磨かれ、愛すべき人々に育まれている。そして150有余年たった今も、酒の里・岩手を代表するブランドとして地元で、全国で、海外で高い評価を獲得している。この蔵で酒造りに携わる南部杜氏・藤尾正彦氏は、平成17年度に厚生労働省により「現代の名工」に選出され、「常に基本に忠実であること」をモットーに、手間隙を惜しまぬ実直な酒造りを続ける。全国新酒鑑評会22回金賞受賞（平成以降）の蔵である。

### 南部流伝承造り 大吟醸

「爽やかでやや辛口の大吟醸」
数多くのコンテストでの受賞歴を持つ大吟醸。香味の調和した爽やかなやや辛口の味わいが楽しめる。

| 大吟醸酒 | 720ml |
|----------|-------|
| アルコール分 | 15～16% |
| 原料米 | 岩手県産 酒造好適米 |
| 日本酒度 | ＋4.0 |
| 酸度 | 1.3 |

### 純米大吟醸 磨き四割 極上

「トレードマークの大吟醸」
最高の酒米「山田錦」を湧水大慈清水で仕込みんだ最高品質酒。ふくよかな含み香と軽快な飲み口が特徴。

| 純米大吟醸酒 | 720ml |
|--------------|-------|
| アルコール分 | 16～17% |
| 原料米 | 山田錦 |
| 日本酒度 | ＋1.0 |
| 酸度 | 1.3 |

# 合名会社 吾妻嶺酒造店

| 水源 | 奥羽山系東根山伏流水 |
|---|---|
| 水質 | 中軟水 |

〒028-3453 岩手県紫波郡紫波町土舘字内川5 TEL.019-673-7221
E-mail: info@azumamine.com  http://www.azumamine.com

# 地元産にこだわった
# 岩手らしい酒

## 長い歴史の中で
## 受け継ぐ南部流酒造り

　上方流の「澄み酒」を造った近江商人・村井権兵衛の「権兵衛酒屋」がルーツにある、吾妻嶺酒造店の創業は天明元年（1781）。岩手最古の造り酒屋であると同時に「南部杜氏」発祥の蔵でもあり、今も南部流酒造りの本流を受け継ぐ"岩手らしい酒"を醸している。岩手県の内陸部に位置する蔵は、冬季氷点下 10℃以下まで気温が下がる厳しい風土。東根（あずまね）山を源とする伏流水を仕込み水に用いるため、その御山にちなんで銘柄を「吾妻嶺（あづまみね）」と命名した。この蔵で製造するのは「純米酒」と「純米吟醸酒」のみ。地元酒米農家との契約栽培により厳選した酒米を使用し、豊かな岩手の食材とのマリアージュを愉しむための造りを心がけている。

### 純米吟醸酒

**あづまみね 純米吟醸 美山錦 生**

「吾妻嶺のスタンダード」

ほのかに甘く優しい口当たりとキレのある酒質に仕上げた、食中酒としておススメの純米吟醸酒。冷やか常温で。

| 純米吟醸酒 | 1,800ml ／ 720ml |
|---|---|
| アルコール分 | 15～16% |
| 原料米 | 美山錦 |
| 日本酒度 | － 1.0 |
| 酸度 | 1.7 |

### 純米酒

**悠楽 純米 ぎんおとめ**

「岩手の自然を感じる旨み」

やや甘口と適度な酸味があり、後半にはコクを感じる味わいは料理を邪魔しない。冷や、常温、ぬる燗で。

| 純米酒 | 1,800ml ／ 720ml |
|---|---|
| アルコール分 | 15～16% |
| 原料米 | ぎんおとめ |
| 日本酒度 | － 1.0 |
| 酸度 | 1.6 |

| 水源 | 奥羽山脈 |
| 水質 | 軟水 |

# 岩手銘醸株式会社

〒029-4208 岩手県奥州市前沢字新町13 TEL.0197-56-3131
E-mail: info@iwatemeijyo.jp https://www.iwate-meijo.com/

# 地元の食に合う酒造り

### 大吟醸酒

**岩手誉 大吟醸 夢ふぶき**

「口の中で広がるフルーティーな香り」

華やかな香りで味わいのバランスが取れた、のど越しよく飲みやすい酒。全国新酒鑑評会で幾度も金賞を受賞。

| 大吟醸酒 | 1,800ml / 720ml |
|---|---|
| アルコール分 | 16% |
| 原料米 | 結の香 |
| 日本酒度 | ＋4.0 |
| 酸度 | 1.3 |

### 純米大吟醸酒

**純米大吟醸 奥州ノ龍**

「三日月にむかって昇る龍の如く」

奥州産米「結の香」を高精白して長期低温で醸し、果実香が残る優雅な酒。ぬる燗で肉料理によく合う。

| 純米大吟醸酒 | 720ml |
|---|---|
| アルコール分 | 16% |
| 原料米 | 結の香 |
| 日本酒度 | −1.0 |
| 酸度 | 1.3 |

## 地域に根付いた酒造りで地元食材に合う食中酒を

　創業は江戸時代末期となる安政5年（1858）。昭和30年になって、同じ旧前沢町にあった吉田酒造と共同で、現在の岩手銘醸株式会社を設立する。現在も続く銘柄「岩手誉」は、この株式会社設立時に生まれた。岩手銘醸では「地産地商」をモットーに、地元の酒米と丹沢扇状地の伏流水を使い、南部杜氏の技術を用いた、地域に根付いた酒造りを大切にしている。また奥州市は前沢牛という高級食材が有名な地域でもあり、地元の食材に合った日本酒造りを追及し、食材ごとの特徴に合わせた口当たりの良い食中酒を探求している。その努力の甲斐あり、2020年の岩手県鑑評会では「大吟醸 夢ふぶき」と「純米大吟醸 奥州ノ龍」が、県知事賞をダブル受賞した。

# 株式会社南部美人

| 水源 | 折爪馬仙峡伏流水 |
|---|---|
| 水質 | 中硬水 |

〒028-6101岩手県二戸市福岡字上町13 TEL.0195-23-3133
E-mail: sake@nanbubijin.co.jp https://www.nanbubijin.co.jp/

# 岩手の誇りと夢を
# 世界へ

## 岩手県の北のはずれで
## 世界標準のまちづくり

　岩手県二戸市は岩手県の北のはずれ、青森県との県境に位置し、人口2万6000人の小さな町にある南部美人。明治35年（1902）創業から地域に必要とされる酒蔵を目指し、地域と共に歩んできた。二戸市は生漆の生産量が日本一であり、漆文化が根強く残る土地で、その漆は京都金閣寺の金装飾の接着剤や日光東照宮の修繕にも使われるなど、産業を支えている。当酒蔵は2013年にユダヤ教の食餌規定「コーシャ」、2019年に世界初の完全菜食主義者「ヴィーガン」の国際認定を取得した。これを生かして、地域の食産業の仲間と二戸市で世界標準のまちづくり「二戸フードダイバーシティ宣言」を2020年に日本初で宣言した。

### 純米酒
### 南部美人 特別純米酒

「丁寧に仕込んだ真の地酒」

岩手県のオリジナル酒造好適米「ぎんおとめ」を原料に南部杜氏の伝統技術で丁寧に仕込んだ究極のテロワールを実現。

| 純米酒 | 720ml |
|---|---|
| アルコール分 | 15～16% |
| 原料米 | ぎんおとめ |
| 日本酒度 | ＋3.0 |
| 酸度 | 1.5 |

### 純米吟醸酒
### 南部美人 純米大吟醸

「日本一を受賞した純米大吟醸」

「サケコンペティション2018」において、純米大吟醸部門で見事日本一を受賞した南部美人のフラッグシップの純米大吟醸。

| 純米吟醸酒 | 720ml |
|---|---|
| アルコール分 | 16～17% |
| 原料米 | 山田錦 |
| 日本酒度 | ＋1.0 |
| 酸度 | 1.2 |

| 水源 | 東根山伏流水 |
|---|---|
| 水質 | 軟水 |

# 廣田酒造店

〒028-3447 岩手県紫波郡紫波町宮手字泉屋敷2-4 TEL.019-673-7706
E-mail: hiroki@tj8.so-net.ne.jp http://hirotashuzoten.net/

# 廣く多くの人々に 喜ばれる酒

純米酒

### 純米大吟醸 廣喜 磨き四割

「最上級酒米『結の香』を使用」

柔らかでふわっとした甘さと米の旨さ、すっきりとした喉ごしが調和した穏やかな香りが特徴の純米大吟醸。

| 純米酒 | 720ml |
|---|---|
| アルコール分 | 10% |
| 原料米 | 結の香 |
| 日本酒度 | −2.0 |
| 酸度 | 未公表 |

純米吟醸酒

### 特別純米 廣喜 磨き六割

「どの温度帯でも楽しめる食中酒」

地元で親しまれるお酒を目指し『燗で炊き立て、冷やでおにぎり』の味わいを目標に醸した特別純米酒。

| 純米吟醸酒 | 720ml |
|---|---|
| アルコール分 | 14% |
| 原料米 | 岩手県産米 |
| 日本酒度 | +3.0 |
| 酸度 | 未公表 |

## 江戸時代から伝わる 生酛系の造り「酸基醴酛」

　「南部杜氏発祥の里」として知られる岩手県紫波郡紫波町にある小さな酒蔵。創業は明治36年（1903）。初代廣田喜平治がこの地で当時評判だった造り酒屋を譲り受け、戦後以降「廣田酒造店」として今日まで酒造りを続けている。地元岩手・紫波町でのお祭りや祝い事を始め、「廣く多くの人々に喜ばれる酒」として生まれた「廣喜」は、今でも当蔵を代表する銘柄として親しまれている。現在、南部杜氏女性第1号の小野杜氏を中心に酒造りに注力。より廣く喜んでもらえるお酒を届けるために、「お米の旨み」をテーマとして追求し、平成29年醸造年度より廣喜ブランド全量「酸基醴酛（さんきあまざけもと）」で醸造に取り組んでいる。

# 株式会社わしの尾

| 水源 | 岩手山（地下水） |
|---|---|
| 水質 | 中硬水 |

〒028-7111 岩手県八幡平市大更 22-158  TEL.0195-76-3211
E-mail: sake@washinoo.co.jp  http://www.washinoo.co.jp

# 地域に根差した酒造り

## 酒の味とともに酒器も楽しむ
## 日本酒の文化を後世に伝える

　岩手山の麓で文政 12 年（1829）に創業。現在も創業当時と同じ酒蔵で酒造りをしている。製造している日本酒約 2000 石のうち、99.9%が地元岩手県内に向けて出荷される。屋号の「鷲の尾」は、大鷲が棲んでいた巌鷲山（岩手山）の山麓から湧水する清水で醸造されていることから命名されたという。また別の由来として、早春の雪解けとともに岩手山の山頂にくっきり現れる、大鷲が羽を広げたような残雪から名づけられたとも伝えられる。蔵が目指す酒は、冷蔵貯蔵をしなくても美味しいタフな酒質の酒。また「地酒を楽しむなら酒器も地元の工芸品で」という考えから、2010 年から「酒と肴の器」と題して、地元工芸作家と共同での蔵開きイベントを行っている。

### 普通酒
### 鷲の尾 金印
「鷲の尾といえばこの銘柄」
2 級酒と呼ばれた時代から長く地元で愛されてきた日本酒。3 本の醪のブレンドで、うち 1 本は山廃酒母によるもの。

| 普通酒 | 1,800ml |
|---|---|
| アルコール分 | 15% |
| 原料米 | 国産米 |

### 純米吟醸酒
### 鷲の尾 結の香
「『岩手の最上級』と言える酒」
岩手の酒米「結の香」で醸した酒。穏やかな香り、洗練された軽やかな口当たり、淡雪のような綺麗な味わい。

| 純米吟醸酒 | 720ml |
|---|---|
| アルコール分 | 16% |
| 原料米 | 結の香 |
| 日本酒度 | − 2.0 |
| 酸度 | 1.25 |

| 水源 | 自社井水（奥羽山系の伏流水） |
|---|---|
| 水質 | 軟水 |

# 株式会社一ノ蔵

〒987-1393 宮城県大崎市松山千石字大欅14 TEL.0229-55-3322
E-mail: sake@ichinokura.co.jp https://ichinokura.co.jp/

# 新たな日本酒を提案し続ける
# 宮城の蔵元

### 一ノ蔵 特別純米酒辛口

「料理を引き立てる辛口酒」

落ち着いた上品な香りで、米本来の柔らかな旨味と、爽やかな苦味とがバランス良く溶け合う純米酒。

| 特別純米酒 | 1,800ml／720ml／300ml |
|---|---|
| アルコール分 | 15% |
| 原料米 | ササニシキ／蔵の華 |
| 日本酒度 | ＋1.0〜＋3.0 |
| 酸度 | 1.5〜1.7 |

### 一ノ蔵 発泡清酒 すず音

「発泡清酒のパイオニア」

日本酒の発酵技術を応用して、炭酸ガスを閉じこめた発泡清酒。爽やかで軽やかな口当たり。

| 発泡清酒 | 300ml |
|---|---|
| アルコール分 | 5% |
| 原料米 | トヨニシキ |
| 日本酒度 | −90.0〜−70.0 |
| 酸度 | 3.0〜4.0 |

## 伝統を守りつつ、新商品も開発
## 米と酒造りで地域に貢献

　東北の地酒の代表的なブランドの一つとして、全国的にも有名な「一ノ蔵」。米どころであり、厳しくも豊かな自然に恵まれた宮城県大崎市で、伝統の酒造りを守り地域振興を目指し四つの蔵元が一つになってできたのが、昭和48年（1973）創業の一ノ蔵である。以来、伝統の技を頑なに守りながら、手をかけ、心を込めた高品質の日本酒を製造している。一方で発泡清酒「すず音」をはじめ醸造発酵技術を応用した商品開発にも取り組み、ローテクとハイテクのバランスのとれたものづくりを実践している。2004年に農業部門「一ノ蔵農社」を設立し、グループ全体で「一ノ蔵型六次産業」を目指して、環境保全と地域振興に貢献している。

# 株式会社角星

| 水源 | 大川水系 |
| --- | --- |
| 水質 | 中硬水 |

〒988-0013宮城県気仙沼市魚町2丁目1番17号 TEL.0226-22-0001
E-mail: center@kakuboshi.co.jp https://kakuboshi.co.jp/

# 最初の一杯から
# 最後の一滴まで旨い

## 新鮮な魚介の味を最高に活かす
## 地元気仙沼に愛される蔵の酒

宮城県気仙沼で、代々呉服商や酢・麹製造販売などを営んできた「斉藤屋」14代当主・斉藤作兵衛が、明治39年（1906）に濁酒の醸造販売を開始したのが角星の始まり。最初に蔵を構えたのは、現在地よりも約20km西方の岩手県折壁村。この時、酒の醸造地が陸中（折壁村）で、酒の販売は陸前（気仙沼）であることから、ふたつの国にわたる酒として酒名を「両國」とした。また良酒醸造祈願の折、御神鏡の光が献上の酒枡に円やかに輝いた吉兆より屋号を「角星」とした。創業以来一貫して「品質第一」を旨とし、淡麗さの中にも旨味を感じるその酒質は、とくに三陸気仙沼の魚介類の持ち味を引き立て、最初の一杯から最後の一滴まで呑み飽きることがない。

### 大吟醸酒
**金紋両國 喜祥**
「新鮮な魚介類と相性抜群の酒」
鑑評会出品用酒を基に調熟させた自信作。軽やかな吟醸香と呑み飽きしない喉ごしの良さが持ち味。

| 大吟醸酒 | 1,800ml / 720ml |
| --- | --- |
| アルコール分 | 15.5% |
| 原料米 | 山田錦 他 |
| 日本酒度 | ＋3.0 |
| 酸度 | 1.4 |

### 純米大吟醸酒
**水鳥記 純米大吟醸酒 蔵の華 四割四分**
「Kura Master 金賞受賞の銘酒」
膨らみがありながらもキレのある味わいの芳醇旨口。常温か軽く冷やで、赤身の刺身に合わせたい。

| 純米大吟醸酒 | 1,800ml / 720ml |
| --- | --- |
| アルコール分 | 16.5% |
| 原料米 | 蔵の華 |
| 日本酒度 | ±0 |
| 酸度 | 1.5 |

| 水源 | 広瀬川水系／阿武隈川水系 |
|---|---|
| 水質 | 軟水 |

# 株式会社佐浦

〒985-0052宮城県塩竈市本町 2-19 TEL.022-362-4165
E-mail: info@urakasumi.com  https://www.urakasumi.com/

# 12号酵母
# 発祥の酒蔵

**純米吟醸酒**

## 純米吟醸 浦霞禅

「1973年発売の変わらぬ味」
ほどよい香りと柔らかな味わいのバランスのとれた純米吟醸酒。食中酒に最適な、浦霞のロングセラー商品。

| 純米吟醸酒 | 720ml |
|---|---|
| アルコール分 | 15～16% |
| 原料米 | 山田錦／トヨニシキ |
| 日本酒度 | ＋1.0～2.0 |
| 酸度 | 1.3～1.4 |

**純米吟醸酒**

## 純米吟醸 浦霞 No.12

「きょうかい12号酵母、復活。」
昭和40年頃に浦霞の吟醸醪から分離された「12号酵母」による酒造りを復活。心地よい香りと酸味が特徴。

| 純米吟醸酒 | 720ml |
|---|---|
| アルコール分 | 15～16% |
| 原料米 | 蔵の華 |
| 日本酒度 | ＋2.0～3.0 |
| 酸度 | 1.7 |

## 味と香りの調和のとれた
## 品格のある酒を目指して

享保9年（1724）に酒造株を譲り受け創業。以来、奥州一ノ宮であり1000年以上の歴史を持つ鹽竈（しおがま）神社の御神酒酒屋として酒を醸し現仕に至る。主要銘柄である「浦霞」の特徴の一つは、地域性の表現。屈指の米どころ宮城県で収穫される、「ササニシキ」や「まなむすめ」といった地元米の使用にこだわっている。また豊富な三陸沖の海の幸に合う酒の探求など、地域の食文化に寄り添った味わいの酒造りを目指す。さらに、宮城県産の原料を使用した日本酒ベースのリキュール造りにも取り組むなど、地域の風土の発信とともに日本酒の楽しみの幅を広げることにも挑戦。宮城県沖地震や東日本大震災などの災害を乗り越え、泰然自若とした酒造を続ける蔵元である。

# 株式会社 新澤醸造店

| | |
|---|---|
| 水源 | 蔵王連峰伏流水 |
| 水質 | 中軟水 |

〒989-6321 宮城県大崎市三本木字北町 63　TEL.0229-52-3002
E-mail: info@niizawa-brewery.co.jp　http://niizawa-brewery.co.jp/

# 地元で愛され続ける
# 究極の食中酒

## 天に昇った名馬の伝説から
## 名付けられた入魂の酒

　ササニシキ・ひとめぼれの発祥の地、宮城県大崎市の南に位置する三本木で、明治6年（1873）から酒造りを行っている酒蔵。従業員の半数以上が女性の、男女ともに働きやすい職場だ。2003年に「究極の食中酒」をコンセプトに旗揚げされた「伯楽星」は、県内・県外問わず人気がある。三本木地方には、伯楽（馬の目利き）が大切に育てた名馬が天に昇ったという伝説があり、これが酒名の由来となっている。新澤醸造店では、まだ導入例が少ない扁平精米機や最先端のダイヤモンド精米機も利用して、究極の精米を目指している。こういった原料からのこだわりで、「究極の食中酒」たるキレが生み出され、常に更なる品質向上を目指した酒造りを続けている。

### 純米吟醸酒

**伯楽星 純米吟醸**

「バナナやメロンのような吟醸香」
「究極の食中酒」がコンセプトの、フルーティーで爽やかな酸味が心地よい酒。冷やして薄いグラスで。

| 純米吟醸酒 | 1,800ml／720ml |
|---|---|
| アルコール分 | 15% |
| 原料米 | 蔵の華 |
| 日本酒度 | ＋4.0 |
| 酸度 | 1.6 |

### 特別純米酒

**伯楽星 特別純米**

「食事を引き立てる深い米の旨み」
ほのかな香りとシャープな口当たり。深みのある米の旨みと綺麗な酸のバランスが良い仕上がり。

| 特別純米酒 | 1,800ml／720ml |
|---|---|
| アルコール分 | 15% |
| 原料米 | 山田錦 |
| 日本酒度 | ＋3.0 |
| 酸度 | 1.6 |

| 水源 | 霊堂沢自然水 |
|---|---|
| 水質 | 軟水 |

# 萩野酒造株式会社

〒989-4806 宮城県栗原市金成有壁新町52  TEL.0228-44-2214
E-mail: info@hagino-shuzou.co.jp http://www.hagino-shuzou.co.jp/

# 自分が美味いと思う酒を

## 飲む人の記憶に残る
## 良い酒だけを少し造る

### 萩の鶴 純米大吟醸

「丁寧に仕上げた繊細な香味」

あえて大吟醸の華やかな香りを抑え、美山錦の繊細さを活かした上品で端正な味わい。冷やか常温で。

| 純米大吟醸酒 | 1,800ml / 720ml |
|---|---|
| アルコール分 | 16% |
| 原料米 | 美山錦 |
| 日本酒度 | ＋1.0 |
| 酸度 | 1.6 |

### 日輪田 山廃純米酒

「山の田舎の家庭料理とともに」

山廃らしくしっかりした深みと、スッキリとした飲み口でフレンドリーさも兼ね備えた味わいの酒。

| 純米酒 | 1,800ml / 720ml |
|---|---|
| アルコール分 | 16% |
| 原料米 | 五百万石 |
| 日本酒度 | ＋6.0 |
| 酸度 | 1.7 |

天保11年（1840）創業。旧奥州街道の宿場町として栄えた有壁の地で、175年という長きにわたる酒造りの歴史を重ねている蔵。宮城県北部の寒冷な気候と豊かな自然の中で、地元の米、水、人で丁寧に人の手をかけた手作りの酒を醸している。「100人の嗜好に合わせて100人がおいしいと感じる酒よりも、まずは、自分が飲んで本当においしいと思える酒を造りたい」という思いから、酒の造り手として料理を活かしつつ、料理と共に記憶に残るような個性ある酒を追求している。蔵のある栗原市は野菜や山菜、きのこ類などに恵まれている地域。繊細な山の幸の風味を活かすために、味や香りが主張しすぎない控え目で柔らかな酒質となるよう心掛けている。

# 秋田酒類製造株式会社

| 水源 | 雄物川伏流水 |
|---|---|
| 水質 | 軟水 |

〒010-0934秋田県秋田市川元むつみ町4番12号　TEL.018-864-7331
https://www.takashimizu.co.jp/

# 秋田の米と、水と、高清水

## 厳選された秋田の米と水と技が織りなす丹精込めた酒

　秋田市とその近郊で、江戸から昭和にかけて酒造りをしていた12の酒造業者が、昭和19年（1944）に完全企業合同を行い「秋田酒類製造株式会社」として発足したのが始まり。集まった酒造業者のなかでもっとも老舗となる「菊水」は明和元年（1655）創業、もっとも若い蔵の「飯田川」は大正10年（1921）創業となる。合同の折、地元新聞で酒銘を公募したところ、5037点の応募の中から選ばれたのが、秋田市寺内大小路（通称「桜小路」）に今も湧く霊泉にちなんだ「高清水」である。秋田県産の良質な米と、奥羽山系の清らかな地下水を使用し、山内杜氏が伝統を守りながら丹念込めて仕込んだ秋田の地酒「高清水」は、今の秋田で最も多く飲まれている酒だ。

### 本醸造酒

**高清水 本醸造**

「熱燗でも崩れない雪国秋田の酒」
伝統の秋田流寒仕込みで醸された、上品な口あたりとふくよかな香りが滑らかに喉を潤すコクと旨みの本醸造。

| 本醸造酒 | 1,800ml／720ml／300ml／180ml |
|---|---|
| アルコール分 | 15.5% |
| 原料米 | 秋田県産米 |
| 日本酒度 | ＋1.0 |
| 酸度 | 1.9 |

### 純米酒

**酒乃国 純米酒**

「人肌燗の優しい上品さが魅力的」
突出しない優しくふくよかな香りと、秋田らしい膨らみのある味わいに、程よい酸がキレ上がる純米酒。

| 純米酒 | 1,800ml／720ml／300ml |
|---|---|
| アルコール分 | 15.5% |
| 原料米 | 秋田県産米 |
| 日本酒度 | ＋1.0 |
| 酸度 | 1.7 |

| 水源 | 雄物川伏流水 |
| 水質 | 軟水 |

# 秋田銘醸株式会社

〒012-0814秋田県湯沢市大工町4番23号　TEL.0183-73-3161
E-mail: ranman@ranman.co.jp　https://www.ranman.co.jp/ranman/

# 爛漫美女の如く

## まろやかで奥深い秋田の美酒を全国に広めんと生まれた酒蔵

良質な米と豊かな水によって作られる秋田の酒。そのまろやかで奥深い美酒の味を全国に売り出そうと、県内の主な酒造家や政財界人などの有志が集まり、大正11年（1922）、酒造りに適した湯沢市に秋田銘醸株式会社が設立された。主酒銘は「爛漫」。創業以来、品質第一を徹し、手間暇を惜しまず、美味しい日本酒造りを日々追及している。原料米として秋田県との共同開発で新品種「ぎんさん」を開発し、地域農業生産者との連携や、県内蔵元の新品種利用などにも努めている。コンピュータ管理で科学的分析により酒を造る「御嶽蔵」と、昔ながらの経験と勘による手造りを行う「雄勝蔵」の二つを持ち、伝統と革新をともに大切にした酒造りを続けている。

### 純米吟醸酒

### 香り爛漫 純米吟醸

「この香りが、日本酒を変えていく」

技術革新で生まれた新日本酒。リンゴやメロンのように華やかな香りと、米の美味さを活かした味わいを持つ。

| 純米吟醸酒 | 1,800ml ／ 720ml |
| --- | --- |
| アルコール分 | 15～16% |
| 原料米 | 酒こまち |
| 日本酒度 | ＋3.0 |
| 酸度 | 1.6 |

### 純米酒

### 爛漫 特別純米酒

「ワイングラスで美味しい日本酒」

県と共同開発した酒米を、県開発の専用酵母で仕込んだ特別純米。瑞々しい華やかな香りと上品な味わいがある。

| 純米酒 | 1,800ml ／ 720ml |
| --- | --- |
| アルコール分 | 15% |
| 原料米 | ぎんさん |
| 日本酒度 | ＋3.0 |
| 酸度 | 1.4 |

# 刈穂酒造株式会社

| 水源 | 出羽丘陵と雄物川に由来する伏流水 |
| 水質 | 中硬水 |

〒019-1701 秋田県大仙市神宮寺字神宮寺275　TEL.0187-72-2311
E-mail: kariho@oregano.ocn.ne.jp　https://www.igeta.jp/

# 地元農家と酒米栽培会を組織
# 酒米作りから情熱を注ぐ

**嘉永3年に建てられた歴史ある蔵は
秋田県随一の雄物川の畔に建つ**

刈穂酒造となっている蔵づくりの建物は、嘉永3年（1850）に建てられた。それはペリーの黒船が来航する3年前。秋田県随一の雄物川の畔に建つ蔵は、水運を利用した物流の拠点となっていた。大正2年(1913)、隣村で酒蔵を営む伊藤恭之助らがこの歴史ある蔵を譲り受け、酒造業を始めたことから刈穂酒造の歴史が始まった。秋田県有数の穀倉地帯である仙北平野は、四季のはっきりした気候で、夏～秋は温暖湿潤で原料となる酒米の栽培に適し、冬は寒冷で雪が多く酒造りに適しているという条件が揃っている。刈穂酒造は蔵の地元農家の方々と酒米栽培会を組織し、酒作りから始まる酒造りを行っている。なお当蔵の酒の販売元は秋田清酒株式会社。

純米吟醸酒

**刈穂 一穂積 純米吟醸**

「孤高の酒米、一穂積」
山廃仕込みを進化させた独自の低温糖化酒母で醸す。2020年度に新品種登録される次代のエース。

| 純米吟醸酒 | 720ml |
| --- | --- |
| アルコール分 | 17% |
| 原料米 | 一穂積 |
| 日本酒度 | ＋3.0 |
| 酸度 | 1.7 |

純米吟醸酒

**刈穂 百田 純米吟醸**

「独自の製法 "低温糖化"」
新時代の酒造好適米「百田」を使用。ふわりとした広がりを感じるやわらかな香味が特徴の純米吟醸。

| 純米吟醸酒 | 720ml |
| --- | --- |
| アルコール分 | 17% |
| 原料米 | 百田 |
| 日本酒度 | － 0.4 |
| 酸度 | 1.9 |

| 水源 | 鳥海山伏流水 |
|---|---|
| 水質 | 軟水 |

# 天寿酒造株式会社

〒015-0411 秋田県由利本荘市矢島町城内字八森下 117 番地　TEL.0184-55-3165
E-mail: info@tenju.co.jp　https://www.tenju.co.jp

# 創業から191年
# 伝統の匠が銘酒を生む

### 純米大吟醸 鳥海山

「各種コンテスト受賞多数」

契約栽培グループ天寿酒米研究会
産美山錦と農大花酵母ND-4で醸し
上げた農大出身7代目渾身の力作。

| 純米大吟醸酒 | 1,800ml／720ml |
|---|---|
| アルコール分 | 15% |
| 原料米 | 美山錦 |
| 日本酒度 | +1.5 |
| 酸度 | 1.6 |

### 純米酒 天寿

「地元で出来る最高の酒を目指す」

米作りからこだわった飲み飽きし
ない酸味の純米酒。冷・常温・ぬ
る燗・熱燗どれでも旨い酒。

| 純米酒 | 1,800ml／720ml |
|---|---|
| アルコール分 | 15% |
| 原料米 | 美山錦 |
| 日本酒度 | +3.0 |
| 酸度 | 1.6 |

## 美酒王国・秋田で目指す
## 「この地で出来る最高の酒」

　銘酒「鳥海山」の天寿酒造株式会
社は東北の麗峰鳥海山の北面登山口
の矢島の里で文政13年（1830）に
創業し、今年191年目を迎えた。目
指すは「この地で出来る最高の酒」。
米どころ秋田の中でも、最も良質米
の産地である子吉川流域で「酒造り
は米作りから」の考えのもと、最良
の酒米を確実に確保する事を目的に
「天寿酒米研究会」を1983年に設立。
蔵人を中心とした地元の農家と酒造
好適米の契約栽培を、全国的にも早
くから取り組んでいる。仕込み水は
時間をかけて滲み出す、鳥海山のや
わらかな伏流水を使用。飽くなき向
上への情熱と納得いくまで育て上げ
た米、恵まれた水、そして伝統の匠が、
この蔵と銘酒の歴史を今も守り続け
ている。

# 福禄寿酒造株式会社

| 水源 | 自社地下水 |
|---|---|
| 水質 | 中硬水 |

〒018-1706 秋田県南秋田郡五城目町字下夕町 48番地　TEL.018-852-4130
E-mail: info@fukurokuju.jp　https://www.fukurokuju.jp

# 地の「米」「水」「人」
# 文化を感じさせる酒造り

## なまはげで有名な男鹿半島
## 蔵の前は500年前から続く朝市

　創業は元禄元年（1688）。初代渡邉彦兵衛が秋田県五城目町の地で酒造りを始める。秋田県五城目町は、なまはげで有名な男鹿半島、八郎潟の東に位置し、秋田杉を材料とした産業が多い。蔵の前には500年前から続く朝市もある。春は山菜、秋田はきのこ、山の幸と海の幸の交換場所から発展していった。急峻な山岳地帯から肥沃な水田地帯まで変化に富んだ農山村にある福禄寿酒造。仕込み水は蔵の敷地内からの地下水、原料米は上質の酒米を作るため2008年に立ち上げた地元「五城目町酒米研究会」に所属する農家と契約栽培をしている。代表銘柄は「一白水成」。地の「米」、地の「水」、地の「人」をテーマに、秋田県五城目町の文化を感じさせる酒造りを目指している。

### 特別純米酒
### 一白水成 良心
「地酒王国で彗星の如く登場」
地元の農家とともに米作りから酒造りまで、「地の米、地の水、地の人」によって醸された上品な旨みと抜群の切れ味。

| 特別純米酒 | 1,800ml |
|---|---|
| アルコール分 | 16% |
| 原料米 | 吟の精／酒こまち |
| 日本酒度 | ＋2.0 |
| 酸度 | 1.3 |

### 純米大吟醸酒
### 一白水成 Premium
「一白水成の本気があふれる」
「五城目町酒米研究会」の中で厳選された酒米を使用。蔵元の思いがたっぷりつまった数量限定商品。

| 純米大吟醸酒 | 720ml |
|---|---|
| アルコール分 | 16% |
| 原料米 | 酒こまち |
| 日本酒度 | ＋2.0 |
| 酸度 | 1.4 |

| 水源 | 奥羽山脈 |
|---|---|
| 水質 | 軟水 |

# 舞鶴酒造株式会社

〒013-0105秋田県横手市平鹿町浅舞字浅舞184　TEL.0182-24-1128
E-mail: asanomai@poplar.ocn.ne.jp

# こだわりの
# 山廃純米

## 純米酒
### 田从
「秋田名物と好相性の食中酒」
速醸と山廃仕込みの2種があり、どちらも3年以上熟成している。個性的な味で、熱燗かキンキンの冷やで。

| 純米酒 | 1,800ml／720ml |
|---|---|
| アルコール分 | 15% |
| 原料米 | 国産米 |
| 日本酒度 | ＋5.0 |
| 酸度 | 1.8 |

※上記データは速醸仕込みのもの

## 純米吟醸酒
### 月下の舞

「燗冷ましでも味崩れなし」
香りは控えめで旨みのある味わいの純米吟醸。程よい辛みが心地よい。ぬる燗～熱燗で呑むのがおススメ。

| 純米吟醸酒 | 1,800ml／720ml |
|---|---|
| アルコール分 | 15% |
| 原料米 | 吟の精 |
| 日本酒度 | ＋3.5 |
| 酸度 | 2.2 |

## 純米酒ひと筋の酒蔵が醸す
## 飲んで幸せなほっとする酒

　地元有志が集い舞鶴酒造を創業したのは、大正7年（1918）。創業当時、蔵元の傍の湧水池に毎朝鶴が飛来し、天空を舞ったことにちなんで酒銘を「朝乃舞」とし、現在の社名の由来ともなった。蔵のある横手市平鹿町浅舞地区は、秋田県南部横手盆地のほぼ中央に位置し、西に秀峰鳥海山、東に奥羽山脈をのぞむ高大な田園地帯の中心。地形は皆瀬川扇状台地の末端にあたり、舞鶴酒造ではその伏流水由来の豊富な湧き水を仕込水として使用し、爽やかで快い酸味、はりのある旨みを芯に据えた味わいの「純米酒」だけを醸している。また横手盆地の積雪量の多さを有効活用し「かまくら雪中貯蔵」を数年前から導入。低温貯蔵による酒質の向上・安定を図っている。

# 株式会社オードヴィ庄内

| 水源 | 鳥海山伏流水 |
|---|---|
| 水質 | 軟水 |

〒998-0112山形県酒田市浜中乙123 TEL.0234-92-2046
E-mail: satou@kiyoizumigawa.jp http//kiyoizumigawa.com

# ひとつ上を行く 伝統の味わい

**どんな料理にも合う
「究極の食中酒」を目指して**

　日本海と鳥海山の自然に恵まれた山形県酒田市にて、明治8年（1875）に創業された蔵。東北日本海・海辺の小さな酒蔵として、目指すは「究極の食中酒」。すべての料理に合う酒造りを理想としている。創業当時から「清泉川」をブランドとして販売し、地元の材料にこだわった丁寧な酒造りを続けてきた。酒米は山形県産の「出羽燦々」「出羽の里」「雪女神」などを使用し、水についても地下水（鳥海山の伏流水）を使用。とくに水へのこだわりから、フランス語で「命の水」を意味する「オー・ド・ヴィ」を社名とした。現在の人気商品は清泉川シリーズの「金の蔵」「銀の蔵」で、前者は香りと味のバランス重視、後者は「山形県産」にこだわった造りとなっている。

## 純米吟醸酒

**清泉川 純米吟醸 銀の蔵**

「県産「出羽燦々」使用。こだわりの食中酒」
フルーティーな香りと端正な味わいが魅力。後口も爽快でキレがある。イカや甘エビの刺身、野菜天ぷらと好相性。

| 純米吟醸酒 | 720ml |
|---|---|
| アルコール分 | 15% |
| 原料米 | 出羽燦々 |
| 日本酒度 | ＋4.0 |
| 酸度 | 1.4 |

## 純米吟醸酒

**清泉川 純米吟醸 澄澪華（すみればな）**

「味の革命、白麹仕込み純米吟醸」
白ワインのような色合いで、柑橘の爽やかな香りが漂い、甘さのなかにも白麹由来の酸味が感じられる酒。

| 純米吟醸酒 | 720ml |
|---|---|
| アルコール分 | 13% |
| 原料米 | 山形県産米 |
| 日本酒度 | －7.0 |
| 酸度 | 3.2 |

※限定生産品で現在オードヴィ庄内での取り扱いはなし。2020年夏のクラウドファンディングで入手できた。

| 水源 | 山形県月山水系 |
|---|---|
| 水質 | 軟水 |

# 鯉川酒造株式会社

〒999-7781 山形県東田川郡庄内町余目字興野42 TEL.0234-43-2005

# 農業があって
# 酒蔵がある

### 純米吟醸酒

**鯉川 純米吟醸 亀治好日 亀の尾100%**

「穏やかな香りと柔らかい口当たり」

酒米の特徴であるスッキリした旨味があり、バランスが良く呑み飽きしない純米吟醸酒。ぬる燗がおススメ。

| 純米吟醸酒 | 1,800ml／720ml |
|---|---|
| アルコール分 | 15～16% |
| 原料米 | 亀の尾 |
| 日本酒度 | ＋6.0 |
| 酸度 | 1.5 |

### 純米大吟醸酒

**鯉川 純米大吟醸 Beppin 雪女神100%**

「華やかな吟醸香と芳醇な味わい」

山形県産の酒米「雪女神」を使い、その名に相応しく冷や向きに造られた酒。上品な香りで透明感ある辛口。

| 純米大吟醸酒 | 1,800ml／720ml |
|---|---|
| アルコール分 | 16～17% |
| 原料米 | 雪女神 |
| 日本酒度 | ＋1.0 |
| 酸度 | 1.4 |

### 地元で造る地酒にこだわり
### 米作りから手掛ける蔵元

享保10年（1725）創業の鯉川酒造は、山形県庄内地方の庄内町にある。周囲を田んぼに囲まれたこの地で、地元の米と水を使い地元杜氏が酒を造る、本当の「地酒」にこだわる酒蔵である。鯉川酒造の業績として大きいものが、幻の酒米「亀の尾」の復活。生産が途絶えていた亀の尾の、たった一握りの種もみを譲りうけ、酒造りが出来る数量になるまで歳月を掛け丹念に栽培し続けたのだ。新潟県の酒蔵が1年早く復活栽培をして、そこが舞台になった漫画『夏子の酒』では、幻の酒米「龍錦」として登場しており、ご存知の方も多いだろう。蔵元が「酒造りは一人ではできない。農業があって、酒蔵があります」と語るように、蔵元自らが米作りにも関わる、真の地酒蔵の姿がそこにある。

# 香坂酒造株式会社

| 水源 | 飯豊山系伏流水 |
|------|-------------|
| 水質 | 硬水 |

〒992-0045 山形県米沢市中央7-3-10　TEL.0238-23-3355
E-mail: ko-bai@abeam.ocn.ne.jp http://www.ko-bai.sakura.ne.jp/

# 厳寒の米沢
# 手造りひと筋

## 我が子を慈しみ育てる想いで「見て触れて」造る酒

　雪深い上杉の城下町・米沢で大正12年（1923）に創業された蔵元。主要銘柄の「香梅」は、冬場の気温がマイナス10℃にもなる米沢の地の利を生かした寒仕込み。さらに「すべてを手造りで」にこだわり、仕込み米を素手で洗う作業から酒の瓶にラベルを貼る作業まで、手作業で行われている。しかし、ただ単に昔ながらのやりかたに囚われているのではなく、酒の貯蔵タンクはコンピュータ制御で温度管理もされており、安定した品質での出荷を目指すため最新技術も柔軟に取り入れている。酒造りのモットーは「中身で勝負！！」。伝統的な酒造りの一方、もち米をワイン酵母で発酵させた酒や山形でもトップクラスの辛口の超辛口原酒といった、珍しい酒も造っている。

### 純米大吟醸 香梅

「仕込み米はすべて手洗いの限定品」
山田錦100％使用。芳醇な香りが口に広がるが、華やか過ぎず辛口で飲みやすい。米沢牛のすき焼きに合う。

| 純米大吟醸酒 | 720ml |
|------------|-------|
| アルコール分 | 15% |
| 原料米 | 山田錦 |
| 日本酒度 | +3.5 |
| 酸度 | 1.4 |

### 純米吟醸 香梅

「お手頃価格で楽しめる山形の味」
酒米は柔らかい旨みの「出羽燦々」。辛口ですっきりした口当たりで、山形名物いも煮との相性も抜群。

| 純米吟醸酒 | 720ml |
|-----------|-------|
| アルコール分 | 15% |
| 原料米 | 出羽燦々 |
| 日本酒度 | +4.0 |
| 酸度 | 1.4 |

| 水源 | 最上川水系 |
|---|---|
| 水質 | 中軟水 |

# 合資会社後藤酒造店

〒999-2176 山形県東置賜郡高畠町大字糠野目1462 TEL.0238-57-3136
E-mail: gotobenten@gmail.com https://www.benten-goto.com/

# 厳しい冬の
# 自然の恵み

大吟醸酒

### 辯天 山田錦 極上 大吟醸原酒

「芳醇で繊細な香りを楽しむ」

鑑評会出品用に特別に醸した酒。芳醇な香りとスッキリとした飲み口が特長。常温、または軽く冷やして。

| 大吟醸酒 | 1,800ml / 720ml |
|---|---|
| アルコール分 | 10% |
| 原料米 | 山田錦 |
| 日本酒度 | +1.0 |
| 酸度 | 1.3 |

純米大吟醸酒

### 辯天 出羽燦々 純米大吟醸 原酒

「『生の地酒』の味へのこだわり」

おだやかな香りとやわらかで幅のある味わいが特長。濃い味の料理との相性が良い。常温、または軽く冷やして。

| 純米大吟醸酒 | 1,800ml / 720ml |
|---|---|
| アルコール分 | 17% |
| 原料米 | 出羽燦々 |
| 日本酒度 | ±0 |
| 酸度 | 1.4 |

## 山形の厳しい冬と最上川の水が育てた伝統ある酒造りの技

　天明8年（1788）創業以来、山形県南部の置賜（おきたま）地域において、手造りにこだわり、少量で高品質の酒造りを目指している地酒の蔵。蔵人たちの田で採れた契約米を中心に純米酒・純米吟醸酒などを仕込み、また「出羽燦々」「出羽の里」「雪女神」など山形県産の酒造好適米を主体とした酒造りも行い、山形の恵まれた自然から美味しい酒を消費者のもとに送り出している。「品質本位の酒造り」をモットーに、仕込みは毎年10月から3月末まで、年1回醸造方式が基本。近年、各種鑑評会で好成績を上げており、「2020年度全米日本酒鑑評会」では4銘柄が金賞を受賞したほか、「出羽燦々 純米大吟醸 原酒」が「2020 Kura Master」のプラチナ賞を受賞している。

# 株式会社小屋酒造

| | |
|---|---|
| 水源 | 月山系 |
| 水質 | 軟水 |

〒996-0212 山形県最上郡大蔵村清水2591番地　TEL.0233-75-2001
E-mail: info@hanauyo.co.jp　https://hanauyo.co.jp

# 湯治客に
# 愛された酒

## 創業1593年、郷土に育まれた山形県最古の酒蔵

　山形と福島の県境にある西吾妻山を源とした最上川は、古今、山形県の産業・経済・文化のための最重要な河川。小屋酒造のある大蔵村清水は、その最上川が西転する新庄盆地に位置している。そこは戦国時代から近年まで、最上川の舟継権（人、荷物を改め、清水舟に積み替えること）を認められた流通の要路だった。文禄2年（1593）創業の小屋酒造も最上川舟運と関係が深く、江戸初期より明治に至るまで、庄屋、問屋、また諸大名の本陣として、あるいは米沢藩上杉侯御手船請負などを業としてきた。また大蔵村には、古くから月山登山の宿場として栄える肘折温泉郷（開湯807年）があり、訪れる湯治客に蔵の酒が愛されてきたと言われている。

### 大吟醸酒
### 大吟醸 絹

「山田錦の最良の心白だけで醸す芸術品」
果実のような吟醸香と、絹のように柔らかい味わいが特徴。良く冷やし、サーモンのムニエルに合わせたい。

| 大吟醸酒 | 720ml |
|---|---|
| アルコール分 | 17% |
| 原料米 | 山田錦 |
| 日本酒度 | +2.0 |
| 酸度 | 1.2 |

### 純米吟醸酒
### 花羽陽 出羽燦々 純米吟醸

「米、水、麹、酵母、人、すべてが山形産」
伝統的手造り技法でじっくり低温発酵させた純米吟醸。まろやかな味わいとコク、豊かな香りとキレの良さが特徴。

| 純米吟醸酒 | 720ml |
|---|---|
| アルコール分 | 15% |
| 原料米 | 出羽燦々 |
| 日本酒度 | +3.0 |
| 酸度 | 1.3 |

| 水源 | 月山水系 |
| --- | --- |
| 水質 | 軟水 |

# 合名会社佐藤佐治右衛門

〒999-7781 山形県東田川郡庄内町余目字町 255　TEL.0234-42-3013
E-mail: yamatozakura@beige.plala.or.jp

# メダカが棲める
# 田んぼの米の酒

### 大吟醸 やまと桜 金ラベル

「上品で芳醇な香りの大吟醸」
食事に合う大吟醸酒。香りと味わい
が食中酒として最適。ハタハタの
田楽や刺身に合わせ、冷か常温で。

| 大吟醸酒 | 720ml |
| --- | --- |
| アルコール分 | 16.7% |
| 原料米 | 山田錦 |
| 日本酒度 | ±0 |
| 酸度 | 1.3 |

### 純米吟醸 やまとざくら 出羽燦々

「酒米も麹も酵母も山形尽くし」
原材料すべてが山形産の、柔らかく
て幅がある純米吟醸。タラのどんが
ら汁や納豆汁に合う。冷か常温で。

| 純米吟醸酒 | 720ml |
| --- | --- |
| アルコール分 | 15.5% |
| 原料米 | 出羽燦々 |
| 日本酒度 | ±0 |
| 酸度 | 1.4 |

## 庄内の温和な人柄を反映した
## 手造りの柔らかな酒を醸す

　佐藤佐治右衛門の創業は明治 23
年（1890）。蔵は山形県の庄内平野
の真ん中に位置し、その周囲は田ん
ぼに囲まれている。地元庄内の米・水・
空気を大切にし、地元の蔵人と山形
オリジナルの酒米・酵母を中心に日
本酒を醸している、まさに地元の酒
蔵である。柔らかくて幅があり、食前・
食中酒として飲める日本酒の製造を
目指しており、代表銘柄は「やまと
桜」。近年、地域の田んぼに生息して
いるメダカが基盤整備に伴い絶滅し
そうになり、地域の住民や小学生な
どがメダカを保全池に一時避難させ
助けたという。その後、メダカが再
度棲めるようになった環境に優しい
田んぼで作った米を酒米として使用
し、「純米酒メダカライス」として製
造しているという。

# 有限会社 新藤酒造店

| 水源 | 吾妻山系伏流水 |
|---|---|
| 水質 | 軟水 |

〒992-0116 山形県米沢市大字竹井1331　TEL.0238-28-3403
E-mail: info-sake@kurouzaemon.com　http://www.kurouzaemon.com/

# 伝統と自由な発想で
# 進化する酒蔵

## 自然の恵みを生かして造る酒の授賞実績が、技術革新の表れ

　高級和牛の産地としても有名な米沢市の東角に、新藤酒造店はある。初代から受け継がれた農地を活かし、磨き抜いた伝統技術で少量高品質のこだわりの酒を醸す。常に念頭にあるのは「地酒」の持てる潜在的な能力を100%発揮させること。吟醸酒などの上位クラスの酒が、国内外で数多くの賞を受賞していることは、時代に応える酒を提供できる技術を常に磨いていることの証明である。現代の酒質を醸すには、杜氏の勘のみに頼るのではなく、目と耳と鼻で、そして舌で確かめた上に、分析結果を数値的にとらえる最新技術も必要。そうした考えから、酒造技術の革新を続け、大手では乗り越えられない壁を乗り越えて、最先端の日本酒イメージを牽引している。

### 純米大吟醸酒

#### 雅山流 極月

「繊細で上品な味わい」
自社栽培の出羽燦々を40%まで磨いて醸し、もろみを袋に入れ垂れる雫だけを瓶詰めした贅沢な酒。

| 純米大吟醸酒 | 1,800ml / 720ml |
|---|---|
| アルコール分 | 16.2% |
| 原料米 | 出羽燦々（自社栽培） |
| 日本酒度 | ＋1.0 |
| 酸度 | 1.4 |

### 大吟醸酒

#### 雅山流 如月

「適度に香り、軽めでソフト」
原料米、仕込水、酵母すべて山形産。バランスよい香りの中に米の旨みを感じ、抜群の飲みやすさ。

| 大吟醸酒 | 1,800ml / 720ml |
|---|---|
| アルコール分 | 14.2% |
| 原料米 | 出羽燦々（自社栽培） |
| 日本酒度 | ＋3.0 |
| 酸度 | 1.2 |

| 水源 | 置賜野川伏流水 |
|------|------|
| 水質 | 軟水 |

# 鈴木酒造店長井蔵

〒993-0015山形県長井市四ツ谷1-2-21 TEL.0238-88-2224

# 「水と緑と花のまち」
# 地内に湧く井水が蔵の命

### 磐城壽 山廃純米大吟醸

「個性が光る懐が深い酒」

ヴィンテージを意識した、きめ細かくも圧倒的な味のヴォリュームの両立と上質な余韻を目指す酒。

| 純米大吟醸酒 | 1,800ml／720ml |
|------|------|
| アルコール分 | 10% |
| 原料米 | 山田錦／雄町 |
| 日本酒度 | ±0 |
| 酸度 | 1.4 |

### 大吟醸 一生幸福

「贈り物としても最適」

華やかな立香と綺麗でふくらみのある香味が楽しめ、滑らかな口当たりと余韻を感じる大吟醸。

| 大吟醸酒 | 1,800ml／720ml |
|------|------|
| アルコール分 | 17% |
| 原料米 | 山田錦 |
| 日本酒度 | ＋4.0 |
| 酸度 | 1.0 |

## 昭和6年に東洋酒造として創業
## 平成23年に「鈴木酒造長井蔵」に

最上川舟運で栄えた小出村（現長井市街南部）の有力者たちが出資し、昭和6年（1931）に東洋酒造として創業。創業当時の銘柄は、「東洋乃誉」「菊東洋」で、後に「一生幸福」が主要銘柄となる。平成23年に現社名「鈴木酒造長井蔵」と名称変更した。「水と緑と花のまち」と呼ばれる長井市は、源流を飯豊連峰に持つ白川と朝日連峰を源流に持つ源流とした置賜野川が母なる最上川に流れ入る水のまち。この水の元となるのが雪。水田地帯の散居集落を通り、地内に湧く井水が蔵の命となっている。鈴木酒造長井蔵の「壽」が目指す酒は、親しみやすさの中に品格を備えた酒。一方の「一生幸福」は山形県産の酒米を使用し、飲みやすさと地域の味の追求している。

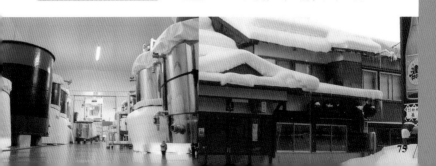

# 高木酒造株式会社

| 水源 | 葉山の自然水 桜清水 |
|---|---|
| 水質 | 軟水 |

〒995-0208 山形県村山市大字富並1826番地　TEL.0237-57-2131

# 人と自然が調和した
# 芸術的日本酒

## 創業400年の歴史を持ち
## 今も研鑽を続ける山形の蔵元

　元和元年（1615）創業。実に400年の歴史を誇る蔵元で、山形県内でも屈指の老舗である。この蔵では出羽山系葉山の伏流水を代々水源とし、人と自然が調和した芸術的な日本酒を醸し続けている。現在の当主は14代目の高木辰五郎（代々襲名）。代表銘柄「十四代」は、その歴史に胡坐をかくことなく、伝統の技と近代的技法の両方を駆使して醸された人気銘柄。今や日本酒好きなら誰もが知っているほどの知名度を誇っている。一時期、日本酒界では「淡麗辛口」がブームとなったが、それと入れ替わるように現れた「十四代」は「芳醇旨口」。淡麗にはない米のどっしりとした旨みがありながら、後口は淡麗以上にすっきりと爽やかな味わいである。

### 特別本醸造酒

#### 十四代 本丸
「上質な甘味がふくらむ本醸造」
甘い香りと旨みはまさに芳醇。冷かぬる燗で飲むのがおススメ。

| 特別本醸造酒 | 1,800ml |
|---|---|
| アルコール分 | 15% |
| 原料米 | 山田錦／愛山 |

### 純米吟醸酒

#### 十四代 龍の落とし子
「若々しく濃厚な味わい」
自社開発酒造好適米〝龍の落とし子〟を用いた十四代。フレッシュな若々しさが特徴。

| 純米吟醸酒 | 1,800ml |
|---|---|
| アルコール分 | 15% |
| 原料米 | 龍の落とし子 |

| 水源 | 田沢川 |
|------|--------|
| 水質 | 軟水 |

# 楯の川酒造株式会社

〒999-6724 山形県酒田市山楯字清水田27番地　TEL.0234-52-2323
E-mail: info@tatenokawa.com　https://www.tatenokawa.com

# 目標は世界のSake
# TATENOKAWA

純米大吟醸酒

### 楯野川 純米大吟醸 清流

「ライト&ソフトで初心者おススメ」
蔵を支える屋台骨的な存在の酒。その名の如く、出羽富士「鳥海山」の麓を流れる清流のような透明感がある。

| 純米大吟醸酒 | 1,800ml／720ml |
|------|--------|
| アルコール分 | 14% |
| 原料米 | 出羽燦々 |
| 日本酒度 | − 2.0 |
| 酸度 | 1.4 |

純米大吟醸酒

### 楯野川 純米大吟醸 十八

「日本酒の宝石と呼ぶべき一本」
楯の川のエース的存在で、搾りのいちばん良い「中取り」部分だけを瓶詰めした薫り高く華麗な味わいの酒。

| 純米大吟醸酒 | 720ml |
|------|--------|
| アルコール分 | 15% |
| 原料米 | 山田錦 |
| 日本酒度 | − 1.0 |
| 酸度 | 1.4 |

## 吟醸王国山形で初めてとなる 純米大吟醸だけを造る酒蔵

　楯の川酒造の創業は天保3年（1832）。当時、庄内を訪れた上杉藩の家臣が水の良さに驚き、初代・佐藤平四郎に酒造りを薦め、平四郎が酒母製造業を興したのが始まり。そして安政2年（1854）に荘内藩藩主・酒井公が蔵を訪れた際、公に蔵の酒を献上したところ大いに喜ばれ酒銘を「楯野川」とするよう命名されたという。現在の楯の川酒造は、日本の伝統文化「日本酒」の素晴らしさを国内外に発信していくという「TATENOKAWA100年ビジョン」を掲げ、その試みのひとつとして純米大吟醸のみを醸す蔵元となっている。また伝統的な酒造りだけでなく、精米歩合1%の「光明」や米国のバンド「Foo Fighters」とのコラボ日本酒など、柔軟な事業展開を行っている。

77

# 出羽桜酒造株式会社

| | |
|---|---|
| 水源 | 奥羽山系 |
| 水質 | 軟水 |

〒994-0044 山形県天童市一日町1丁目4番6号　TEL.023-653-5121
https://www.dewazakura.co.jp

# "Ginjo"を
# 山形から世界へ

**吟醸酒のパイオニア。国内外で数々の賞に輝く日本を代表する吟醸蔵**

明治25年(1892)創業、地元山形に根ざした地酒として、山形の人々に愛される地酒を目指し歩み続ける出羽桜酒造。"品質第一"の社是は1980年の桜花吟醸酒の市販につながり、以後「吟醸酒といえば出羽桜、出羽桜といえば吟醸酒」という評価を獲得、吟醸酒ファンの間でその名を知らぬ者がいないほど、東北を代表する酒蔵の一つとなった。1997年から輸出を本格化させ、「"Ginjo"を世界の言葉に!」を目標に、現在では大使館など外務省の在外公館も含め、35ヵ国100都市に輸出している。出羽桜は国内外の品評会でも常にトップクラスの評価を受けているが、インターナショナル・ワイン・チャンレンジ(IWC)のSAKE部門で最高賞「チャンピオン・サケ」を2008年に「一路」、2016年に「出羽の里」で受賞している。

### 吟醸酒
**出羽桜 桜花吟醸酒**
「淡麗でふくよかな味わい」
英国最古のワイン商「BB&R」が初めて販売する日本酒に選ばれる。地元では桜の花見に欠かせない。

| 吟醸酒 | 1,800ml / 720ml / 300ml |
|---|---|
| アルコール分 | 15% |
| 原料米 | 国産米 |
| 日本酒度 | +5.0 |
| 酸度 | 1.2 |

### 純米大吟醸酒
**純米大吟醸 一路**
「優雅な香りと上品なさ」
2008年にIWCのSAKE部門で最高賞「チャンピオン・サケ」を受賞。日本酒に親しみがない人にもおすすめ。

| 純米大吟醸酒 | 720ml |
|---|---|
| アルコール分 | 15% |
| 原料米 | 山田錦 |
| 日本酒度 | +4.0 |
| 酸度 | 1.3 |

| 水源 | 自家井戸水 |
| 水質 | 軟水 |

# 開当男山酒造

〒967-0005 福島県南会津郡南会津町中荒井久宝居 785　TEL.0241-62-0023
E-mail: kuramoto@otokoyama.jp　https://otokoyama.jp

# 代々伝えられた
# 力と技

## 寒冷地を活かした
## 独自の酒造りに取り組む

純米酒

**開当男山 純米酒**

「ゆっくりと楽しめる美味しさ」

厳寒と清らかな水で醸した純米酒。ふくらみのある香りで、まろやかな味わい。

| 純米酒 | 1,800ml |
| アルコール分 | 15% |
| 原料米 | 夢の香 |
| 日本酒度 | ＋3.0 |
| 酸度 | 1.3 |

純米吟醸酒

**開当男山 純米吟醸**

「飲むほどに増す美味しさ」

穏やかな香りと、飲むほどに増す柔らかな美味しさは、純米吟醸ならではの味わい。

| 純米吟醸酒 | 1,800ml |
| アルコール分 | 15% |
| 原料米 | 山田錦 |
| 日本酒度 | ＋4.0 |
| 酸度 | 1.3 |

福島県南会津郡南会津町は、江戸時代には幕府直轄の天領地として独自の文化を育み、田島祇園祭などはその代表的な伝統文化として有名だが、それらとともに酒もまた地元の人々に大切に愛されてきた。この地で酒蔵を営む開当男山酒造の創業は、享保元年（1716）。創始者の3代目渡部開当（はるまさ）の「開当」がそのまま銘柄となっており、以来14代、300年にわたって寒冷地を活かした独自の酒造りに取り組んでいる。現在は、蔵人すべてが地元の者で、昼夜を通してよりいっそう丁寧な造りに励んでいる。近年の「全国新酒鑑評会」で多数の金賞を受賞している。「お客様の選ぶ幅を拡大し、より好みのお酒を提供したい」がモットー。

# 株式会社 髙橋庄作酒造店

| 水源 | 大戸山系伏流水 |
|---|---|
| 水質 | 軟水 |

〒965-0844 福島県会津若松市門田町大字一ノ堰字村東755 TEL.0242-27-0108
E-mail: sakeshou@nifty.com http://aizumusume.a.la9.jp/

# 酒造りは
# 米づくり

## 創業時の伝統に復した
## 「土産土法の酒造り」を掲げる

　会津若松市の市街から南へ約6km。「会津娘」を醸す髙橋庄作酒造店は、会津の穀倉地帯「門田町一ノ堰（もんでんまちいちのせき）」にあり、のどかで静かな田園の中に蔵を構える。創業は、明治初期といわれ、酒造記録では明治10年（1877）にその名を見つけることができる。元々は豪農で、自前の米を使って酒を醸造していたようだ。その後、戦時企業整備令にて廃業したが、苦労の末に復活。昭和60年代には三増酒をやめ、創業時の伝統に復した「土産土法（どさんどほう）の酒造り」を掲げている。現在は酒かすを使ったお菓子なども限定販売しているという。酒名の「会津娘」は、人情味豊かで物静かだが芯の強い、会津娘の美しさにあやかって命名。

### 純米酒

**会津娘 純米酒**

「米の旨みが十分にのった酒」
素朴な飾りけのない味わいで「飲み飽きることのないお酒」。冷と燗では違った一面を見せてくれる。

| 純米酒 | 1,800ml |
|---|---|
| アルコール分 | 15% |
| 原料米 | 五百万石 |
| 日本酒度 | ＋2.0～3.0 |
| 酸度 | 1.4～1.6 |

### 純米酒

**会津娘 無為信**

「有機米使用の本物の地酒」
落ち着いた風味の純米酒。原料の好適米「五百万石」は蔵元と蔵人の自家栽培をはじめとする有機米。

| 純米酒 | 1,800ml |
|---|---|
| アルコール分 | 15% |
| 原料米 | 五百万石（有機米） |
| 日本酒度 | ＋2.0～3.0 |
| 酸度 | 1.4 |

| 水源 | 磐梯山麓および飯豊山麓の自然湧水 |
|---|---|
| 水質 | 軟水 |

# 合資会社辰泉酒造

〒965-0034 福島県会津若松市上町5-26 TEL.0242-22-0504
E-mail: info@tatsuizumi.co.jp http://tatsuizumi.co.jp

# 復活した幻の酒造好適米「京の華」

## 会津の米と水を活かした こだわりの清酒造り

　明治10年（1877）初代新城龍三が本家新城家（酒造業）より独立し、会津若松市博労町で酒造業を創業。以来、大量生産・大量販売方式を避け、手造りの良さを貫く。原料米は、幻の酒造好適米「京の華」をはじめ、良い米を地元農業者と共に育てることから酒造りに取り組み、仕込み水は磐梯山麓の自然湧水と、自社の地下より湧き出る清浄な井戸水を用いている。また仕込みは年中で最も寒い季節の12月から3月までに限定するなど、こだわりの清酒造りを行っている。そのこだわりのすべては、酒本来の馥郁（ふくいく）たる香りとまろやかな風味・旨味を引き出し、飲む人の心に感動を与える清冽な酒を造るためである。

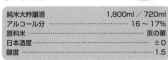

### 純米大吟醸 京の華

「幻の米"京の華"使用」

契約栽培による最高の好適米「京の華」を100％使用。独特のまろやかさと深い旨みを感じるお酒。

| 純米大吟醸酒 | 1,800ml／720ml |
|---|---|
| アルコール分 | 16～17％ |
| 原料米 | 京の華 |
| 日本酒度 | ±0 |
| 酸度 | 1.5 |

### 純米吟醸 京の華

「料理にも合う純米吟醸」

京の華60％使用。やや辛口で深みのある味わい。穏やかな香りで料理の邪魔をしない純米吟醸酒。

| 純米吟醸酒 | 1,800ml／720ml |
|---|---|
| アルコール分 | 15～16％ |
| 原料米 | 京の華、夢の香、他 |
| 日本酒度 | ＋2.0 |
| 酸度 | 1.4 |

# 鶴乃江酒造株式会社

〒965-0044 福島県会津若松市七日町2-46　TEL.0242-27-0139
E-mail: tsurunoe@nifty.com　https://www.tsurunoe.com/

水質　軟水

# みちのくの花の会津は酒どころ

## 時代は変われど味への こだわりは変わらない

　「鶴乃江」林家は、会津藩御用達頭取を務めた永宝屋一族で、寛政6年（1794）に分家創業し、永宝屋と称した。当主は代々「平八郎」を襲名し、銘柄「七曜正宗」「宝船」を醸造。明治初期に、会津の象徴である鶴ヶ城と猪苗代湖を表わす「鶴乃江」と改め、昭和52年に藩祖保科公（徳川家光の弟）の官位にちなんだ銘柄「会津中将」は今は代表銘柄である。みちのくの花の会津は酒どころ、と歌われているように、良い米、良い水、そして会津の冬の厳しさは酒造りに最も恵まれており、風土に合わせた昔ながらの手造りの酒は、数々の賞を受賞している。母娘杜氏の醸す「ゆり」は女性にも人気で食中酒におすすめ。

### 純米大吟醸 ゆり

「平成29年
　日米首脳晩餐会で使用」

母娘杜氏の醸すすっきりとさわやかな辛口。会津の酒米と県産酵母にこだわって使用。7代目蔵元の娘の名が由来。

| 純米大吟醸酒 | 720ml |
| --- | --- |
| アルコール分 | 15% |
| 原料米 | 五百万石 |
| 日本酒度 | ＋5.0 |
| 酸度 | 1.4 |

### 会津中将 純米大吟醸 特醸酒

「平成30年
　東北清酒鑑評会最優秀賞受賞」

山田錦を100%使い、口に含んだ時に広がる香りと、ふくらみのある上品な味わいが楽しめる。

| 純米大吟醸酒 | 1,800ml / 720ml |
| --- | --- |
| アルコール分 | 16% |
| 原料米 | 山田錦 |
| 日本酒度 | ±0 |
| 酸度 | 1.3 |

| 水源 | 阿武隈山系 |
|---|---|
| 水質 | 中硬水（井戸水）／軟水（湧水） |

# 有限会社 仁井田本家

〒963-1151 福島県郡山市田村町金沢字高屋敷139 TEL.024-955-2222
E-mail: info@1711.jp　https://1711.jp/

# こだわりは自然米
# 田んぼを守る酒蔵

純米原酒
**にいだしぜんしゅ 純米原酒**
「旨みを引き出した濃醇甘口」
生酛・酵母無添加（蔵付き酵母）による
汲み出し四段仕込みで、自然米の甘
み、旨みを引き出した濃醇甘口の酒。

| 純米原酒 | 1,800ml／720ml／300ml |
|---|---|
| アルコール分 | 16% |
| 原料米 | トヨニシキ／チヨニシキ／コシヒカリ |

純米吟醸酒
**おだやか 純米吟醸**
「メロンのような上品な香り」
「甘・辛・酸・苦・渋」が程良く調
和した日本酒本来の旨味があり、ど
んな料理とも相性が良い純米吟醸。

| 純米吟醸酒 | 1,800ml／720ml／160ml |
|---|---|
| アルコール分 | 15% |
| 原料米 | 美山錦 |

## 仁井田本家があって良かったと
## 地元に思って頂けるように

　郡山市の東南部、田村町金沢で仁
井田本家の初代が酒造りを始めたの
は、正徳元年（1711）のこと。以
来、「酒は健康に良い飲み物でなけれ
ばならない」という創業当時からの
信条を代々受け継ぎ、1967年には
地元農家と契約し、農薬・化学肥料
を一切使わず栽培した自然米だけを
用い、自然酒の先駆けとなる銘柄「金
寶 自然酒」の醸造・販売を開始した。
2003年からは自社田での社員によ
る自然栽培も始め、創業300年を迎
えた2011年には、長年の夢であっ
た自然米100%・純米100%の酒造
りを達成。さらなる夢は、地元金沢
の60haの田んぼをすべて自然田に
し、「日本の田んぼを守る酒蔵」にな
ることだという。

金寶自然米栽培田

83

# 磐梯酒造株式会社

| 水源 | 磐梯山伏流水 |
|---|---|
| 水質 | 軟水 |

〒969-3301 福島県耶麻郡磐梯町磐梯金上壇 2568　TEL.0242-73-2002
E-mail: info@bandaishuzou.com　https://www.bandaishuzou.com/

# 毎日の晩酌で
# 夢を語れる酒

## 会津若松、名峰磐梯山の麓で
## 地元消費者に寄り添う酒蔵

　会津若松市の北東、猪苗代湖と会津盆地の中間に位置し、名峰磐梯山麓になだらかに広がる高原の町「磐梯町」。この、日本名水百選の磐梯西山麓湧水群が散在し、酒造りに打ってつけの環境で、明治23年（1890）に創業したのが磐梯酒造である。「美味しい普通酒が酒屋の基本」と語るのは5代目当主である桑原蔵元杜氏。地元磐梯の水、地元の米、地元の杜氏にこだわり、機械化を最低限に抑えた昔ながらの丁寧な手造りで醸す酒は、「毎日の晩酌で、夢を語りたくなるような酒」。また地元農家の依頼で造った古代米の「黒米」使用の「会津桜」や、辛口やキレを求める消費者の声に応えた特別純米「乗丹坊」など、伝統に頼るだけではない挑戦する姿勢も失わない。

### 普通酒

**白金 磐梯山**

「頑固な会津杜氏の技で醸す普通酒」
自然な香りとまろやかな旨みを有し、料理との相性も良い。和食から身近な洋風料理まで食中酒として最適。

| 普通酒 | 1,800ml／720ml |
|---|---|
| アルコール分 | 15.3% |
| 原料米 | 国産米 |
| 日本酒度 | ± 0 |
| 酸度 | 1.4 |

### 純米大吟醸酒

**乗丹坊 純米大吟醸**

「会津仏教の高僧の名を冠した酒」
華やかな吟醸香と上品な甘み、しっかりした米の旨みが味わえる。酸味とキレも上々で冷やで飲むのがおススメ。

| 純米大吟醸酒 | 1,800ml／720ml |
|---|---|
| アルコール分 | 16.4% |
| 原料米 | 五百万石 |
| 日本酒度 | − 1.0 |
| 酸度 | 1.3 |

| 水源 | 飯豊山系地下水 |
| 水質 | 軟水 |

# 有限会社峰の雪酒造場

〒966-0802 福島県喜多方市字桜ガ丘1-17 TEL.0241-22-0431
E-mail: info@minenoyuki.com https://www.minenoyuki.com

# 喜多方の未来を担う
# 若き酒蔵

## 特別純米酒
### 大和屋善内 純米生詰
「本家より代々受け継ぐ銘酒」
復刻した「大和屋善内」シリーズ
の定番。上品な香りと濃厚な甘味、
引き締まった強い味わいが特徴。

| 特別純米酒 | 720ml |
| --- | --- |
| アルコール分 | 15～15.0% |
| 原料米 | 五百万石 |
| 日本酒度 | －2.0 |
| 酸度 | 1.4 |

## 純米酒
### ハツユキソウ クリア
「清酒を超えた『ライスワイン』」
新米の旨味とほどよい甘味を感じ
つつ、瑞々しくフレッシュ。和食
にも洋食にも合う、新しい日本酒。

| 純米酒 | 720ml |
| --- | --- |
| アルコール分 | 13% |
| 原料米 | 五百万石 |
| 日本酒度 | －3.0 |
| 酸度 | 1.5 |

## 飯豊山の清冽な伏流水で、会津杜氏がじっくりと醸す

　本家「大和錦酒造」から分家し、昭和17年（1942）に創業した酒造場。飯豊山系のもと古くから酒造りが盛んな喜多方市では、もっとも若い蔵元となる。社名でもある創業以来の銘柄「峰の雪」のほか、本家から受け継ぎ数年前に復刻させた「大和屋善内」が主力商品。しかしそれにとどまらず、山廃仕込みやどぶろくのような伝統的な酒から、あっと驚くような珍しい酒まで、若い蔵人を中心として意欲的な酒造りに励んでいる。とくに注目したいのが、世界最古の酒とも言われるミード（蜂蜜酒）の醸造。海外では穀類などを添加しワイン酵母で醸造するが、地元の会津産蜂蜜だけを使い日本酒酵母で醸すことで、国内初となる純国産ミード「美禄の森」を造り上げた（※）。

※ 2009年当時、国産以外の材料を使ったものを含めれば、ミードの醸造に成功した国内メーカーは峰の雪酒造場が3社目となる。

# 合資会社大和川酒造店

| 水源 | 飯豊山伏流水 |
|------|------------|
| 水質 | 軟水 |

〒966-0861 福島県喜多方市字寺町4761 TEL.0241-22-2233
E-mail: sake@yauemon.co.jp http://www.yauemon.co.jp/

# 喜多方と
# ともに生きる

## 自社経営ファームを設立して
## 「田んぼからの酒造り」を実践

寛政2年（1790）の創業以来、9代にわたり酒を造り続けてきた蔵。会津喜多方は北西に万年雪を抱く飯豊山を臨み、その豊かな伏流水を活用した産業が盛んな地。清冽な飯豊山の伏流水は大和川の酒造りにも活用され、代々の杜氏の一途な心意気によって「弥右衛門酒」をはじめとした名酒を生み出してきた。近年、近代的な設備を用いた技術革新も積極的に行っているが、同時に創業から続く伝統的な技術も重んじている。とくに原料米に関しては平成19年（2007）に農業法人「大和川ファーム」を立ち上げ、酒蔵から出る米ぬかや酒粕を有機肥料とする循環型の土壌作りを行っている。喜多方の風土に寄り添う安心・安全な酒を、大和川酒造は目指している。

### 純米原酒
### 純米カスモチ原酒 弥右衛門酒

「甘く香る伝家のカスモチ原酒」
大和川秘伝の甘美酒。通常の倍近い量の麹ともち米で醸され、甘さの中にコクがある。お好みでオンザロックで。

| 純米原酒 | 1,800ml／720ml |
|---------|----------------|
| アルコール分 | 17% |
| 原料米 | 夢の香 |
| 日本酒度 | −20 |
| 酸度 | 2.1 |

### 純米酒
### 純米辛口 弥右衛門酒

「旨みとキレの絶妙なバランス」
自社田・自社栽培の福島県の酒米「夢の香」を使った純米辛口。地元喜多方では普段飲み用として愛される酒。

| 純米酒 | 1,800ml／720ml |
|--------|----------------|
| アルコール分 | 15% |
| 原料米 | 夢の香 |
| 日本酒度 | ＋7.0 |

# 東北地方

## 東北地方の食文化

**青森**：漁業が盛んで、魚や貝を使ったさまざまな汁物がある。ゆでたイカの胴に、イカの足と千切りにして塩もみしたニンジンやキャベツを詰め、酢漬けにした「いかのすし」や、マダラを1尾丸ごと使った正月料理がある。大間沖で一本釣りされる「大間マグロ」、陸奥湾のホタテの養殖も盛んである。

**岩手**：黒潮が通る三陸沖は豊かな漁場で、ウニ、ホヤ、牡蠣やホタテの有数の産地。ワカメやアワビは日本を代表する漁獲量を誇る。また、マツタケも生産している。冠婚葬祭には、餅の中にあんこやクルミを入れてるなど、さまざまな種類の餅を食べる習慣がある。

**宮城**：米作りが盛ん。鮭の切り身を煮た汁でご飯を炊き、イクラをのせる「鮭の親子丼」がある。「焼きハゼ雑煮」や「ずんだもち」は正月やお祝ごとで食べられる。牡蠣の生産やスケソウダラのすり身を加工した「笹かまぼこ」、牛タンも特産物。

**秋田**：ハタハタ漁が有名で、ハタハタからつくる「しょっつる」（魚醤の一種）を使って魚や野菜を煮る鍋料理がある。タラのぶつ切りや白子を入れた「タラ鍋」、比内地鶏、「きりたんぽ」、保存食としての「いぶりがっこ」が有名。また、きれいな水でしか栽培できないジュンサイの若芽をつんで酢の物や汁の具にしている。

**山形**：サクランボや洋ナシなどの果物栽培が盛ん。保存ができる食べ物や、野菜や魚をたっぷりと使う汁物が親しまれている。「いも煮会」は冬にサトイモを保存するのが難しかった頃、寒くなる前に皆で食べる習慣ができたといわれる。味が濃いだだちゃ豆、米沢牛やこんにゃくを醤油で煮た「たまこんにゃく」も有名。

**福島**：「どぶ汁」は水を使わない汁。あん肝を炒った鍋にあんこうと野菜をいれ、味噌で味を調える。保存食でもあった「凍みもち」、「身欠きにしん」や「塩くじら」を用いた郷土食がある。「にしんの山椒漬け」は、乾燥させたにしんを山椒に漬けた家庭の保存食であるが、居酒屋のメニューにもなっている。

## 東北地方の郷土料理

# 東北地方

## 東北地方の代表的使用酒米

**一穂積（いちほづみ）**：五百万石のような品質を目指し、越淡麗と酒こまちとの交配で誕生した酒造好適米。2018 年に品種登録されたばかりの新品種である。

**雄町（おまち）**：1859 年、備前国上道郡高島村雄町の岸本甚造が発見した品種・日本草を、1922 年に純系分離して生まれた優秀な酒造好適米。

**改良信交（かいりょうしんこう）**：亀の尾の系譜である高嶺錦を二次選抜して、秋田で開発・育成された酒造好適米。

**亀の尾（かめのお）**：明治期の篤農家・阿部亀治により選抜育成された酒造好適米。食味が良く、子孫品種にコシヒカリ、五百万石などがある。

**京の華（きょうのはな）**：大正時代、工藤吉郎兵衛により人工交配された亀の尾直系の酒造好適米。酒の華、国の華をあわせ、羽州華三部作とも呼ばれる。

**ぎんおとめ**：秋田酒 44 号とこころまちとの交配で産み出された岩手県オリジナルの酒造好適米。キレの良さとまろやかさが期待できる酒米。

**吟ぎんが（ぎんぎんが）**：出羽燦々と秋田酒 49 号との交配で産み出された岩手県オリジナルの酒造好適米。美山錦に代わる品種を目指して開発された。

**ぎんさん**：低価格帯の純米酒に使用されていたあきたこまちに代わる、原料コストと酒質に優れる酒米として開発された。雑味が少なく口当たりが軽くなめらかな酒が造れる。

**吟の精（ぎんのせい）**：美山錦に代わる、秋田県独自の吟醸酒向け酒造好適米をとの声に応え、秋田県醸造試験場と秋田酒造組合との共同研究で開発された品種。

**蔵の華（くらのはな）**：宮城で普及していた美山錦より耐冷性、耐倒伏性が強く、いもち病にも強い品種を目指し、山田錦と東北 140 号との交配を繰り返して開発された酒造好適米。

**コシヒカリ**：本来の酒造適正は低いが、精米技術の進歩で酒米としての使用も可能になった品種。新潟で交配され、太平洋戦争の影響で福井に移して育成された。

**五百万石（ごひゃくまんごく）**：亀の尾系統の新 200 号と雄町系統の菊水との交配で生まれた、新潟が誇る酒造好適米。フルーティーな香りを醸し出す、吟醸酒ブームの立役者。

**酒こまち（さけこまち）**：秋田県の酒造好適米新品種開発事業において、山田錦、美山錦に匹敵する吟醸酒用の酒造好適米として開発された。

**ササニシキ**：コシヒカリと同じ農林 22 号と農林 1 号との交配により、宮城県で開発された兄弟品種。酒米としては磨きに手間がかかり酒造適正は低いが、香りがよくふくらみのある味わいの酒ができる。

出羽燦々（でわさんさん）：亀の尾の衰退後、山形県独自の酒米がなかったことで開発された酒造好適米。先だって開発済みの山形酵母に適合するよう、美山錦と華吹雪との交配で生まれた。

トヨニシキ：ササニシキと奥羽239号との交配・育成で生まれた品種。丈夫でいもち病にも強い。酒造好適米ではないが、トヨニシキ原料の酒が鑑評会で金賞を受賞したこともある。

華想い（はなおもい）：大吟醸酒用に高精白を可能にするため、山田錦と華吹雪の交配で生み出された青森県の酒造好適米。酒造特性は山田錦に匹敵し、香味の調和が取れた酒ができる。

華吹雪（はなふぶき）：青森にて、おくほまれとふ系103号の交配で開発され、1986年には青森県奨励品種にもなった酒造好適米。

ひとめぼれ：コシヒカリと初星との交配により、宮城で開発された品種。食べて美味い米として有名だが、近年は技術の進歩で酒米としても使用される。

百田（ひゃくでん）：2018年に品種登録出願されたばかりの新品種。秋田県において、秋系酒718と美郷錦との交配で開発された。県内で生産不可能な山田錦と同等の品質を目指した。

山田錦（やまだにしき）：酒米の最高峰にして生産量トップを誇る酒造好適米。山田穂と短稈渡船との交配で生まれた。兵庫県産が全生産量の6割を占めるが、全国的に栽培されている。

結の香（ゆいのか）：岩手県産の大吟醸酒向け酒造好適米をとの要望で、岩手県工業技術センター、県酒造組合、地元農家などオール岩手で開発された品種。

雪女神（ゆきめがみ）：出羽の里と蔵の華との交配で生まれた酒造好適米。商標名「雪女神」の使用には、雪女神100％使用や山形酵母の使用など厳しい条件がある。

夢の香（ゆめのかおり）：五百万石を超える品種を目指し、福島にて八反錦1号と出羽燦々との交配で生まれた品種。吸水性に優れながら割れにくく、原料とした酒は香り豊か。

大利根酒造
P110

永井本家
P113

松井酒造店
P106

近藤酒造
P111

浅間酒造
P109

栁澤酒造
P114

相良酒造
P102

島岡酒造
P112

山川酒造
P115

釜屋
P116

小山本家酒造
P117

北西酒造
P119

武甲酒造
P118

矢尾本店
P120

小澤酒造
P130

石川酒造
P129

中沢酒造
P132

熊澤酒造
P131

90

富川酒造店
P105

森戸酒造
P107

天鷹酒造
P104

渡邉酒造
P108

島崎酒造
P103

井上清吉商店
P99

宇都宮酒造
P100

小林酒造
P101

廣瀬商店
P93

吉久保酒造
P97

浦里酒造店
P92

来福酒造
P98

山中酒造店
P96

萩原酒造
P94

窪田酒造
P125

馬場本店製造
P127

武勇
P95

飯沼本家
P122

稲花酒造
P121

鍋店
P126

宮崎本家
P128

亀田酒造
P123

木戸泉酒造
P124

# 合資会社浦里酒造店

| 水源 | 自家井戸水 |
|---|---|
| 水質 | 軟水 |

〒300-2617 茨城県つくば市吉沼982 TEL.029-865-0032
E-mail: info@kiritsukuba.co.jp  https://www.kiritsukuba.co.jp

# 南部杜氏が
# 心を込めて醸す酒

**南部杜氏が造る銘柄は「霧筑波」
ラベルの絵画は商標登録も**

　筑波山を北東に望み、北西には小貝川が流れる、つくば市吉沼の地に清酒「霧筑波」を醸す浦里酒造店がある。創業は明治10年（1877）。吟味された酒造好適米だけを使用し、小川知可良氏が発見した県産酵母の小川酵母と、小貝川水系の自家水によって南部杜氏・佐々木圭八氏と蔵人たちが心を込めて造り上げている。「霧筑波」はすべて吟醸表示のできる特定名称酒。ラベルには芸術院会員の洋画家・服部正一郎氏（故人）の作品『霧筑波』を使用しており、作品名も商標として大切に使っている。服部氏は蔵がある地元茨城の出身。霞ヶ浦、水郷、筑波山などの茨城の自然を表現豊かにとらえ、日本を代表する風景画家である。

### 特別本醸造酒

**霧筑波 特別本醸造**

「明るくすっきりとした辛口」
日本酒度を高くしてすっきりとした辛口の酒。冷やでも燗でも美味しく呑める特別本醸造酒である。

| 特別本醸造酒 | 1800ml ／ 720ml |
|---|---|
| アルコール分 | 15～16% |
| 原料米 | 五百万石 |
| 日本酒度 | ＋5.0 |

### 特別純米酒

**霧筑波 特別純米酒**

「当蔵いちばんの人気銘柄」
富山県産の五百万石を使用して醸し、貯蔵温度を15℃以下に抑えて若々しくすっきりした特別純米酒。

| 特別純米酒 | 1800ml ／ 720ml |
|---|---|
| アルコール分 | 15～16% |
| 原料米 | 五百万石 |
| 日本酒度 | ＋3.0 |

| 水源 | 筑波山水系 |
|---|---|
| 水質 | 軟水 |

# 合資会社廣瀬商店

〒315-0045 茨城県石岡市高浜 880 TEL.0299-26-4131
E-mail: hirose@shiragiku-sake.jp  https://shiragiku-sake.jp

# 飲み飽きない
# 地酒へのこだわり

## 地域の人々に愛される
## 変わらぬ信念と奥深い味わい

筑波山の眺めが一番美しいと云われる常陸高浜、かつては霞ヶ浦の水運の拠点として栄えた要衝。「廣瀬家」はこの地で約200年前には酒造業を営んでおり、動力の未発達の時代に蒸気機関を導入し、高度精米を行い良質の銘酒を造り名声を博したと言われる。廣瀬商店ではこの伝統にもとづき、あくまで地酒の飲み飽きしないうま味を守るよう心がけ、自社で復活させた独自の酒米を使うなどこだわりの酒造りを行っている。代表銘柄「白菊」のほか、大吟醸「白菊」純米吟醸「つくばの紅梅一輪」純米酒「霞の里」本醸造「筑波の白梅」などがある。酒銘の「白菊」は、日本酒がもっとも円熟する秋に咲く、日本を代表する花「白菊」にちなんで名付けられた。

### 純米吟醸酒
**純米吟醸 つくばの紅梅一輪**
「50％精白の美山錦を使用」
サラリとした飲み口が特長で、香りと味のバランスが調和した淡麗辛口のお酒。冷やがおすすめ。

### 大吟醸酒
**白菊 大吟醸**
「二くち目、三くち目と後を引く」
華やかな香りと、綺麗な酒質の中にしっかりとまとまった味のバランスがあるキレの良い大吟醸。

| 純米吟醸酒 | 1,800ml |
|---|---|
| アルコール分 | 15% |
| 原料米 | 美山錦 |
| 日本酒度 | ＋5.0 |
| 酸度 | 1.0 ～ 1.1 |

| 大吟醸酒 | 720ml |
|---|---|
| アルコール分 | 16 ～ 17% |
| 原料米 | 山田錦 |
| 日本酒度 | ＋4.0 ～＋5.0 |
| 酸度 | 1.3 |

# 萩原酒造株式会社

| 水源 | 利根川水系 |
|---|---|
| 水質 | 軟水 |

〒306-0433 茨城県猿島郡境町 565-1  TEL.0280-87-0746
E-mail: info@tokumasamune.com  https://www.tokumasamune.com

# 天下の美酒 徳正宗

## 利根川の恵まれた水利を活かし 150 余年の歴史とともに

　萩原酒造がある境町は、利根川を挟んで千葉県の関宿町（現・野田市）と対面しており、利根川流域の恵まれた水利を生かして室町時代から交通の要所として栄えていた地である。酒造りを始めたのは安政2年（1855）、初代藤右衛門から現在で6代目。清酒「徳正宗（とくまさむね）」は、中国の詩「興至れば酒を酌み、興さめればそれを補う、人生の哀歓とともに、酒ありてそれを酒徳という」から命名。時代が変わり、酒の飲み方にも変化が訪れているが、伝統を守りつつも挑戦する心を忘れない熱い酒蔵である。平成に入ってから現在まで、多くの新酒鑑評会や品評会で優秀賞や金賞を受賞しているのも、そういった蔵の姿勢の表れであろう。

## 純米吟醸酒

### 徳正宗 純米吟醸 農（みのり）

「純米ならではの米の旨み」
米、米麹だけで低温長期醗酵させた無添加清酒。ラベルは「実り豊かな田畑」をモチーフにしている。

| 純米吟醸酒 | 1,800ml |
|---|---|
| アルコール分 | 15% |
| 原料米 | 美山錦 |
| 日本酒度 | +4.0 |
| 酸度 | 1.4〜1.5 |

## 大吟醸酒

### 徳正宗 大吟醸

「スッキリした爽やかな味わい」
厳寒の仕込み時期に熟練の杜氏が精魂込めて造り上げた逸品。上品な香りとなめらかな口あたり。

| 大吟醸酒 | 1,800ml |
|---|---|
| アルコール分 | 16% |
| 原料米 | 山田錦 |
| 日本酒度 | +5.0〜+6.0 |
| 酸度 | 1.4〜1.5 |

| 水源 | 鬼怒川水系伏流水 |
|---|---|
| 水質 | 軟水 |

# 株式会社 武勇

〒307-0001 茨城県結城市結城144 TEL.0296-33-3343
E-mail: sakagura@buyu.jp　http://www.buyu.jp

# 良い酒米、良い水
# 良い技

## 一本一本、丁寧に仕込んで
## "真実のある酒"を造り続ける

　創業は江戸末期、慶応年間に初代、保坂勇吉が北関東の城下町結城にて酒造りを始めた。江戸から平成まで時代の大きな変化をくぐりぬけ、現在5代目保坂嘉男代表の手胸で引き継がれている。酒造りにおいては、代々越後杜氏の流れを継いでいたが、現在は平成8年より地元結城杜氏の手で酒造りをする方向に転換した。量の増産を目的にした三季醸造ではなく、酒質の向上を目的にした三季醸造を行ない、仕込一本、一本納得のいく発酵管理を心がけている。また原料米の特徴を酒に出すために、熟成によってできあがった自然な色沢は炭素処理をせず残している。良い酒米と良い水を使い、良い技で醸して可能になる個性的な酒の由縁である。

## 本醸造酒
### 武勇 白ラベル

「独特の味とさっぱりとした後味」
主に地元向けの本醸造。全量酒造好適米を使うことで、独特の味とさっぱりとした後味が特徴。

| 本醸造酒 | 1,800ml |
|---|---|
| アルコール分 | 15～16% |
| 原料米 | 酒造好適米 |
| 日本酒度 | +1.0 |
| 酸度 | 1.2 |

## 純米酒
### 武勇 辛口純米酒

「しっかりした骨太の味わい」
キレと旨味の調和した純米らしい素朴なお酒。熟成による自然な色、自然な風味がお酒に残る。

| 純米酒 | 1,800ml |
|---|---|
| アルコール分 | 15% |
| 原料米 | 山田錦／五百万石 |
| 日本酒度 | +3.0 |
| 酸度 | 1.3 |

# 株式会社山中酒造店

| 水源 | 蔵内井戸 |
|---|---|
| 水質 | 軟水 |

〒300-2706茨城県常総市新石下187　TEL.0297-42-2004
E-mail: info@hitorimusume.co.jp　https://hitorimusume.co.jp

# 鬼怒川の真水で育てた
# 辛口の愛娘

## 震災の影響にも負けず
## 江戸期からの伝統を伝える蔵

　東に筑波山、西に鬼怒川と関東平野の真ん中に位置する山中酒造店。資料罹災のため正確な年は伝承されていないが、江戸期の文化2年（1805）の蔵火災時を創業年としている老舗の酒蔵である。江戸幕府による利根川、鬼怒川、渡瀬川の大改修工事で稲作地帯が広がったことで酒造りに力を入れるようになり、蔵に隣接する鬼怒川の水運を利用して江戸へ酒を出荷した。仕込み水は研究苦心の末、独自の二段仕込みを考案した。以来、250年にわたり口当たりのやわらかな辛口の酒を造り続けている。地元に喜ばれているだけでなく、モンドセレクション ハイクオリティトロフィー、IWSC金賞受賞など海外でも高評価を得ている。

### 純米大吟醸酒
**一人娘 純米大吟醸**

「膨らみのある滑らかな香味」
さわりのない「真水の如き酒質」を目標とした辛口酒。常温か冷やで、魚介類や鳥料理に合わせたい。

| 純米大吟醸酒 | 1,800ml ／ 720ml |
|---|---|
| アルコール分 | 16～17% |
| 原料米 | 山田錦 |
| 日本酒度 | ＋5.0 |
| 酸度 | 1.3 |

### 特別純米酒
**一人娘 特別純米 超辛口**

「香味の調和、深みのある味わい」
大吟醸に準じ、口当たりの柔らかな辛口酒を目標とする。ぬる燗から常温、少し冷やしても美味しい。

| 特別純米酒 | 1,800ml ／ 720ml |
|---|---|
| アルコール分 | 15.5% |
| 原料米 | チヨニシキ |
| 日本酒度 | ＋8.0 |
| 酸度 | 1.5 |

| 水源 | 笠原水源 |
|---|---|
| 水質 | 超軟水 |

# 吉久保酒造株式会社

〒310-0815 茨城県水戸市本町3丁目9-5 TEL.029-224-4111
E-mail: info@ippin.co.jp https://www.ippin.co.jp

# 水戸黄門が愛した水で酒を醸す

## 清酒
### SALMON de SHU(サーモンデシュ)

「鮭が美味しくなるおシャケでシュ」
2020年11月11日(サーモンの日)に発売された鮭専用日本酒。鮭の旨みを活かす純米酒ブレンド品。

| 清酒 | 1,800ml / 720ml / 300ml | |
|---|---|---|
| アルコール分 | | 15% |
| 原料米 | | 国産米 |
| 日本酒度 | | 非公開 |
| 酸度 | | 非公開 |

## 清酒
### SABA de SHU(サバデシュ)

「鯖に特化した鯖のための日本酒」
サーモンデシュに先駆けて生まれた鯖専用日本酒。酸度とアミノ酸度が高く、鯖の余分な脂を流し旨みを増す。

| 清酒 | 1,800ml / 720ml / 300ml | |
|---|---|---|
| アルコール分 | | 15% |
| 原料米 | | 国産米 |
| 日本酒度 | | 非公開 |
| 酸度 | | 非公開 |

## 良質な常陸の米と豊かな水で、伝統を守り、さらなる高みへ

　徳川家康の孫で、「水戸黄門」としても知られる徳川光圀。彼が常陸国(ひたちのくに＝現在の茨城県)第2代藩主の際、笠原不動谷を水源とする笠原水道の設置を命じた。この豊かな水と、関東有数の穀倉地・常陸の米で酒を造ろうと、寛政2年(1790)米穀商から酒造業に転業したのが吉久保酒造の始まり。そして12代目蔵元・吉久保博之氏は、伝統と革新と想像力で、若手の蔵人たちと酒を醸す。杜杜氏・鈴木忠幸は18歳より蔵に入り、代々の先輩杜氏たちに南部杜氏の技を学び、平成27年新酒鑑評会では金賞を受賞するまでになった。近年、那珂川を遡上する秋鮭や、茨城県の地魚サバを美味しく食べるための専用酒なるものが好評を博している。

97

# 来福酒造株式会社

| | |
|---|---|
| 水源 | 筑波山 |
| 水質 | 軟水 |

〒300-4546 茨城県筑西市村田1626 TEL.0296-52-2448
E-mail: info@raifukushuzo.co.jp  http://www.raifukushuzo.co.jp

# 創業から300年
# 品質一本

## 「来福」を飲めば、福が来る
## そんな願いを込めて

来福酒造は享保元年（1716）に、近江商人が筑波山麓の良水の地に創業したのが始まり。創業当時からの銘柄「来福」は俳句にある「福や来む 笑う上戸の 門の松」に由来するものだ。「来福」を飲めば、福が来る。そんな願いが込められている。当蔵は約10種類の酒造好適米と自社培養した天然の花酵母を使用。酒造好適米は、現地に出向いて契約栽培をしているものもあるが、今以上に地元米を増やしたいという思いがある。創業から300年、品質一本のこだわりの酒は、インターネット販売はせず特約店のみでの販売。新しい来福として、スペックを非公開にしている「来福X」という酒も造っており、こちらも興味がそそられる。

### 純米大吟醸酒
### 純米大吟醸 来福

「最高の美味さを誇る」

稀少米として有名な「愛山」を使用した純米大吟醸の限定品。精米歩合は40%。

| 純米大吟醸酒 | 720ml |
|---|---|
| アルコール分 | 16% |

### 純米吟醸酒
### 純米吟醸 真向勝負

「実力、味わいで真向勝負」

気品ある華やかな香りと抜群にバランスのとれた深い味わいの純米吟醸。

| 純米吟醸酒 | 720ml |
|---|---|
| アルコール分 | 15% |

| 水源 | 下野鬼怒川伏流水 |
| 水質 | 軟水 |

# 株式会社井上清吉商店

〒329-1102 栃木県宇都宮市白沢町1901-1 TEL.028-673-2350
E-mail: sawahime-hiroshi@bz01.plala.or.jp http://sawahime.co.jp

# 真の「地酒」造りへ 原点回帰

### 大吟醸酒

### 澤姫 大吟醸 真・地酒宣言

「華やかな香味の最高傑作」

若手蔵人たちが醸しあげた逸品。
華やかな香りの芳醇やや辛口。
「チャンピオン・サケ」に輝いた。

| 大吟醸酒 | 1,800ml／720ml |
|---|---|
| アルコール分 | 17% |
| 原料米 | ひとごこち |
| 日本酒度 | ＋3.0 |
| 酸度 | 1.3 |

### 純米大吟醸酒

### 澤姫 純米大吟醸 真・地酒宣言

「地酒の未来を切り拓く酒」

栃木県オリジナル新造好適米「夢
ささら」から醸した技と夢の結晶。
爽やかな香りの芳醇旨口タイプ。

| 純米大吟醸酒 | 1,800ml／720ml |
|---|---|
| アルコール分 | 16% |
| 原料米 | 夢ささら |
| 日本酒度 | ＋1.0 |
| 酸度 | 1.3 |

## 栃木県産米を100%使用した「これぞ、栃木の味」を世界へ！

創業は明治元年（1868）。奥州街道の宿場町「白澤宿」にて、名水・鬼怒川伏流水の恵みを受け「澤姫」を醸している。初代下野杜氏となった、醸造学科卒の代表取締役・井上裕史氏が掲げる製造コンセプトは「真・地酒宣言」。普通酒から純米大吟醸まで、全製品の原料米に地元・栃木県産米を100%用いている。2010年には世界最大の国際酒類コンペティション「インターナショナル・ワイン・チャレンジ（通称IWC）」にて、代表銘柄「澤姫 大吟醸 真・地酒宣言」がSAKE部門の最高賞「チャンピオン・サケ」に輝き、栃木県産酒造好適米の地位を大きく引き上げた。現在は米国・香港など数カ国に輸出も行っている。

# 宇都宮酒造株式会社

| 水源 | 鬼怒川 |
|---|---|
| 水質 | 軟水 |

〒321-0902 栃木県宇都宮市柳田町 248　TEL.028-661-0880
E-mail: infoshikisa248@shikisakura.co.jp　https://www.shikisakura.co.jp

# 日本酒は天と地の恵み

## 日本酒の味を決めるのは旨い酒を醸す心意気

　日本酒は天と地の恵みで醸し出され、その味を決定するのは酒を造る人たちの「旨い酒を醸したい！」という心意気と考え、「四季桜」造りに取り組んでいる。「四季桜」は、鬼怒川の伏流水を仕込み水に、全量自家精米の酒造好適米の「山田錦」「五百万石」「美山錦」と飯米「とちぎの星」を原料米とし、口に含んだときの柔らかさと喉ごしの良さが特徴。全国新酒鑑評会において6年連続金賞を受賞し、その酒質が高く評価されている。特に先代が遺した「たとえ小さな盃の中の酒でも、造る人の心がこもっているならば、味わいは無限です」の言葉をモットーにした純米大吟醸酒「四季桜 純米大吟醸 今井昌平」の味わいは格別である。

### 純米酒
### 四季桜 とちぎの星 純米酒

「料理とのペアリングが楽しめる」
大嘗祭で使われた「とちぎの星」で醸した、やや辛口の純米酒。しっとりした味わいと芳醇な香り。

| 純米酒 | 720ml |
|---|---|
| アルコール分 | 15% |
| 原料米 | とちぎの星 |
| 日本酒度 | ＋2.0 |
| 酸度 | 1.3 |

### 純米大吟醸酒
### 四季桜 純米大吟醸 今井昌平

「これぞ燗酒という絶品の味」
亡き先代の情熱を受け継ぎ醸した酒。ぬる燗で飲めば味と香りが花開く、芳醇辛口の純米大吟醸。

| 純米大吟醸酒 | 500ml |
|---|---|
| アルコール分 | 15% |
| 原料米 | 五百万石 |
| 日本酒度 | ＋4.0 |
| 酸度 | 1.3 |

| 水源 | 日光山系伏流水 |
|---|---|
| 水質 | 軟水 |

# 小林酒造株式会社

〒323-0061 栃木県小山市卒島 743-1　TEL.0285-37-0005
h.kinsyo@tvoyama.ne.jp

# 栃木のテロワールを
# 世界中で共有したい

**純米大吟醸酒**

### 鳳凰美田「赤判」純米大吟醸酒

「造り手の思いが伝わる酒」

酒米の王者「山田錦」を 40％精米。「鳳凰美田」の上級クラスで大人気の純米大吟醸酒。

| 純米大吟醸酒 | 1,800ml ／ 720ml |
|---|---|
| アルコール分 | 16％ |
| 原料米 | 山田錦 |
| 日本酒度 | ± 0 |
| 酸度 | 1.6 ～ 1.8 |

**純米吟醸酒**

### 鳳凰美田「日光～ NIKKO ～」
### 生酛仕込み純米吟醸酒

「伝統的な生酛仕込み」

豊かな酸、芳醇な味わい、マスカットのような吟醸香、シルキーなタッチと清廉で清々しい後味が特徴。

| 純米吟醸酒 | 1,800ml ／ 720ml |
|---|---|
| アルコール分 | 16％ |
| 原料米 | 夢ささら |
| 日本酒度 | ± 0 |
| 酸度 | 1.6 ～ 1.8 |

## 全国的人気ブランド「鳳凰美田」は
## 華やかな吟醸香と芳醇な味わい

　明治 5 年（1872）創業の小林酒造は栃木県南部の小山市に位置し、蔵の周りは日光山系の伏流水が湧き出す水田地帯が広がっている。当蔵は世界遺産「日光」の水をテーマとして商品を構成。全国的人気を博しているブランド「鳳凰美田」は、この地の風土、農、蔵が一つとなり、厳しくも恵まれたテロワールでしか表現することのできない清廉でみずみずしい芸術的作品といえる。華やかな吟醸香と芳醇な味わいのインパクトが、日本酒ファンを唸らせる。今、日本酒は世界に向けて大きく動き出している。5 代目小林正樹氏は、「鳳凰美田」が故郷・栃木の価値観が世界中で共有されることを願い、酒造りを続けていく。

# 株式会社 相良酒造

水源　日光連山からの伏流水
水質　軟水

〒329-4307 栃木県栃木市岩舟町静3624  TEL.0282-55-2013
E-mail: info@asahisakae.com  http://asahisakae.com

# 「和醸良酒」の
# 言葉を胸に190年

### 「相対する人と、良き絆を紡ぐ酒であれ」と願い酒を造る

　北には足尾山地や日光連山を臨み、三毳山（みかもやま）や岩船山そして大平山などの丘陵地が始まる関東平野の北部。相良酒造はそんな自然に囲まれた栃木県栃木市岩舟町に蔵を構え、日光連山からの伏流水と栃木県産の酵母と米を用いた酒造りに、天保2年（1931）の創業以来ひたむきに取り組む蔵だ。食用米として地元生産が盛んな「あさひの夢」を、純米酒や本醸造酒造りに使用するなど、地域に根ざした酒造りを行っている。純米吟醸酒や吟醸酒では、主に県産酒造好適米を使用した料理に寄り添う酒質を追求。やや塩分の濃い料理が好まれる地域のため、塩や醤油の味付けにも合うように、透明感ある繊細な味わいと適度な酸・キレのバランスを大切にしている。

## 特別純米酒

### 朝日榮 特別純米

「キレのある辛口特別純米酒」
穏やかで優しく包み込む味わいと、心地よいキレの酒。基本的には冷やして、好みで温めて飲めばキレが際立つ。

| 特別純米酒 | 1,800ml ／ 720ml |
| --- | --- |
| アルコール分 | 16% |
| 原料米 | あさひの夢 |
| 日本酒度 | ＋2.5 |
| 酸度 | 1.8 |

## 純米吟醸酒

### 朝日榮 純米吟醸

「フレッシュな果物のような香り」
透明感のある澄んだ味わいと、なめらかで凛としたのど越しのキレ。しっかりと冷やして飲みたい純米吟醸酒。

| 純米吟醸酒 | 1,800ml ／ 720ml |
| --- | --- |
| アルコール分 | 16% |
| 原料米 | 五百万石 |
| 日本酒度 | ＋2.5 |
| 酸度 | 1.8 |

| 水源 | 那珂川伏流水 |
| 水質 | 中硬水 |

# 株式会社 島崎酒造

〒321-0621 栃木県那須烏山市中央1-11-18 TEL.0287-83-1221
E-mail: uroko@azumarikishi.co.jp  http://www.azumarikishi.co.jp/

# 国内屈指の
# 長期熟成酒

## 大吟醸酒

### 熟露枯 大吟醸 秘蔵10年

「洞窟で10年寝かせた大吟醸」
香ばしさに加え、杏仁のような甘い香りと深みある旨み。冷やでなめらか、ぬる燗で柔らかな味わい。

| 大吟醸酒 | 720ml ／ 300ml |
| --- | --- |
| アルコール分 | 17% |
| 原料米 | 山田錦 |
| 日本酒度 | ＋2.0 |
| 酸度 | 1.2 |

## 純米酒

### 熟露枯 山廃純米原酒

「蔵と洞窟の2段階熟成の旨み」
香ばしい熟成香となめらかな旨みの、ほどよいバランスが食を引き立てる。10～15℃の冷やか上燗で。

| 純米酒 | 1,800ml ／ 720ml |
| --- | --- |
| アルコール分 | 17% |
| 原料米 | 国産米 |
| 日本酒度 | ＋2.5 |
| 酸度 | 1.9 |

## 濃い味を求める那須の食文化に黙して寄り添う個性ある地酒

嘉永2年（1849）に初代島崎彦兵衛が創業した島崎酒造。続く2代目熊吉が、現在の那須烏山に場所を移した。熊吉が無類の相撲好きであったことで、代表銘柄を「車力十」と名付けたという。この酒の味わいは、濃醇超甘口。八溝山系の山々に囲まれたこの地方は、昔から農業・林業などの従事者が多く、味付けの濃い食が好まれていた。地域の求めるものを提供したいという考えで、島崎酒造の酒もその食に合わせたものとなり、栃木県内はもとより全国的に見ても珍しい個性の強い地酒となっている。また島崎酒造のもう一つの特徴は、巨大な洞窟貯蔵庫を利用した長期熟成酒。長期熟成酒造りの先駆けで、「熟露枯（うろこ）」は国内屈指の旨さを誇る。

103

# 天鷹酒造株式会社

| 水源 | 那須山系 |
|---|---|
| 水質 | 中硬水 |

〒324-0411 栃木県大田原市蛭畑2166　TEL.0287-98-2107
E-mail: tentaka@tentaka.co.jp　https://www.tentaka.co.jp

# 美味しい、安心、楽しい

## 人と、自然と、未来に優しい
## 環境負荷低減に努めた酒造り

　那須高原南端のふたつの川に挟まれた田園地帯に位置する、大正3年（1914）創業の蔵。関連会社に有機専門の農業法人を持ち、原料の米作りも社員が行っている。日本に加えアメリカとEUの有機認証を持ち、持続可能な農業と環境に優しい酒造りを実践。使用する瓶もできる限りリユース瓶を使用し、醸造工程においても薬剤の使用を抑えた熱湯消毒を基本とする。熱湯消毒の出来ない機械や大型器具、建物は水拭き水洗いの後、アルコール噴霧で殺菌。電気使用量の約3割を屋根に設置した太陽光パネルで発電し、お酒を蒸したお湯を店舗や事務所の暖房に使用するなど、環境負荷を削減している。その他、有機あまさけや有機米こうじなどの有機食品も造っている。

### 純米酒

**有機純米酒 天鷹**

「貴重なヴィーガン協会認定酒」
契約農家栽培の有機米を100%使用した、米の力強い味わいと優しい酸味を感じる辛口の純米酒。冷良し、燗良し。

| 純米酒 | 1,800ml／720ml |
|---|---|
| アルコール分 | 15% |
| 原料米 | 有機五百万石／有機あさひの夢 |
| 日本酒度 | ＋5.0 |
| 酸度 | 1.9 |

### ？？酒

**【九尾】**

「姿を変える酒としてスペックは『？』」
那須に伝わる妖狐「九尾」の如く、毎回、原料米・精米歩合・酵母・醸し方が違う、その時々に姿を変える酒。

| ？？酒 | 1,800ml／720ml |
|---|---|
| アルコール分 | ？% |
| 原料米 | ？ |
| 日本酒度 | ？ |
| 酸度 | ？ |

| 水源 | 尚仁沢湧水 |
|---|---|
| 水質 | 軟水 |

# 株式会社 富川酒造店

〒329-1575 栃木県矢板市大槻998 TEL.0287-48-1510
E-mail: chuai@peach.ocn.ne.jp http://www.kubun.jp

# 日本名水百選を水源に
# 納得いく地酒を醸す

**純米大吟醸酒**

### 忠愛 中取り純米大吟醸 播州愛山

「『中取り』ならではの味わい」

兵庫県産希少種である播州地区の愛山を使用。華やかでジューシーな純米大吟醸。

| 純米大吟醸酒 | 1,800ml |
|---|---|
| アルコール分 | 17～18% |
| 原料米 | 愛山 |
| 日本酒度 | - 3.0 |
| 酸度 | 1.4 |

**生原酒**

### 富美川 しぼりたて生原酒

「純米酒にはない濃厚さと旨み」

創業から変わらない製法で造られている、当蔵で一番人気のある無濾過生原酒。

| 生原酒 | 1,800ml |
|---|---|
| アルコール分 | 19～20% |
| 原料米 | あさひの夢 |
| 日本酒度 | + 3.0 |
| 酸度 | 1.1 |

## 「地酒は地方食文化」
## 地域の伝統や文化の継承を胸に

大正2年（1913）創業。当時、忠君愛国の精神がもてはやされたことから銘柄「忠愛」が誕生した。酒蔵は日本銘水百選の一つである尚仁沢湧水を支流に持つ荒川沿いに位置し、恵まれた環境の中で丁寧な酒造りを行っている。芳醇な米本来の旨み・味わいを活かすことを主眼とし、納得のいく地酒造りを目指す。代表的銘柄は2012年から中取りを中心とした「忠愛」と、2020年からブランド展開を変更した「富美川」。「忠愛」は米本来の旨みと香りが活かされた膨らみのある味わいが特徴だ。一方、昔から変わらない製法で造られた「富美川」はスッキリした味わいで、すべての料理と相性が良い。

# 株式会社 松井酒造店

| 水源 | 高原山麓自家湧水 |
|---|---|
| 水質 | 超軟水 |

〒329-2441 栃木県塩谷郡塩谷町船生 3683　TEL.0287-47-0008
E-mail: info@matsunokotobuki.jp　http://www.matsunokotobuki.jp

# 蔵元自らが酒を醸す
# 蔵元杜氏

## 老松のたくましさを蔵名に
## 一滴一滴愛情込めて醸す

　慶応年間に初代・松井九郎治が、良質な水が湧き出るこの地に新潟から移り住み創業したといわれている。蔵の裏手に続く杉林から湧き出る、超軟水の湧水を仕込み水として使用。銘柄「松の寿」は、松は慶びの象徴として親しまれ、老松のゆかしきたくましさを蔵名に託し名付けられた。松井酒造店の酒造りは、伝統的な手法をあくまでも守り、手間を惜しまず、一滴一滴に愛情を込めて醸している。この蔵で杜氏を勤めるのは、代表取締役の松井宣貴氏。近年、杜氏の高齢化や人口減少を見越し、自ら酒造りの修行を積み、蔵元であり杜氏でもある「蔵元杜氏」となった。2006 年 11 月 21 日には初の下野杜氏として認定され、自らの味を探求し続けている。

### 本醸造酒
### 松の寿 本醸造 男の友情
「仕込水の軟らかさが生きる」
同郷の作曲家、船村徹氏と蔵元の交流から生まれた酒。キリッとした酸味と優しく滑り落ちる口あたり。

| 本醸造酒 | 1,800ml |
|---|---|
| アルコール分 | 15.4% |
| 原料米 | あさひの夢 |
| 日本酒度 | ＋6.0 |
| 酸度 | 1.4 |

### 大吟醸酒
### 松の寿 大吟醸
「山田錦ならではの華やかな香り」
酒造好適米の最高峰「山田錦」を用いた、柔らかさがあり、薫り高くスッキリとした飲み口の大吟醸。

| 大吟醸酒 | 1,800ml |
|---|---|
| アルコール分 | 15.4% |
| 原料米 | 山田錦 |
| 日本酒度 | ＋4.5 |
| 酸度 | 1.25 |

# 森戸酒造株式会社

〒329-2512栃木県矢板市東泉645　TEL.0287-43-0411

# 「十一屋」の屋号に込めた味のモットー

### 原酒
**"天然吟香"「十一正宗【さくら】原酒」**
「ロックでもお湯割りでも」
桜の花から培養した天然吟香酵母で醸し上げた、"まろやかな口あたり"と"キレのよい"お酒。

| 原酒 | 1,800ml／720ml |
|---|---|
| アルコール分 | 10% |
| 原料米 | とちぎ酒14 |
| 日本酒度 | ＋3.0～＋5.0 |
| 酸度 | 1.0～1.3 |

### 純米大吟醸酒
**十一正宗 尚仁沢湧水仕込**
「名水百選"尚仁沢湧水"使用」
麹を多く使い、厳寒に低温でじっくり醸し上げた"ふくよかな味と香り"のある昔ながらの手造りの逸品。

| 純米大吟醸酒 | 1,800ml／720ml |
|---|---|
| アルコール分 | 15% |
| 原料米 | 山田錦／八反錦 |
| 日本酒度 | ＋3.0 |
| 酸度 | 1.5 |

## 甘からず、辛からず飲み飽きしない旨口の酒

創業は明治7年（1874）、創業者は森戸清平氏。那須連山・高原山を背に仰ぎ、酒造期が終了する4月になると蛙の鳴き声が合唱のように聞こえ、初夏には"ホタル"が舞い遊び、汲めども尽きぬ清冽で豊富な伏流水が湧き出るという、自然環境に恵まれた場所に森戸酒造はある。高原山は「水源の森百選」や「森林浴の森100選」で、そこから湧く"尚仁沢の湧水"は「全国名水百選」に選ばれている。そんな自然環境に恵まれた最適の地で、清酒「十一正宗」は尚仁沢湧水を仕込み水として造られる。「十一屋（じゅういちや）」という屋号のとおり、（ー）甘からず、（＋）辛からず、「飲み飽きしない旨口の品質本位の酒」をモットーにしている。

# 渡邉酒造株式会社

| 水源 | 那珂川水系 |
|------|-----------|
| 水質 | 軟水 |

〒324-0212 栃木県大田原市須佐木797番地1　TEL.0287-57-0107
E-mail: kyokko@sake-kyokko.co.jp

# 地酒を名乗る以上
# 地元に貢献

### 失われていく林業文化
### ならば酒造用の木桶から作る

　明治25年（1892）創業の渡邉酒造は、那須山麓と八溝山麓に挟まれた黒羽町に蔵を構え、その山々から流れ出る清流を仕込み水とし、その山々をおろす冷風を頼りにじっくりと酒を仕込んでいる。その八溝山で生産される木材「八溝杉（やみぞすぎ）」は栃木県きっての良材として用いられてきたが、近年は木材の需要が低下し、林業が廃れてきている。渡邉酒造は林業文化が失われていくことを憂い、「八溝杉」を使用した酒造用の木桶を製作し、伝統的な木桶仕込みの酒造りに挑戦している。社訓「地酒とは地元に愛される酒」を目指し、地酒を名乗る以上、地元経済に貢献するべく、酒米の栽培や酵母の開発など活動している。

### 純米酒
**旭興 純米大吟醸 夢ささら**
「新品種『夢ささら』を使用」
栃木県開発の酒造好適米「夢ささら」で仕込んだ純米大吟醸。酵母は自社開発酵母 ND-3 使用。

| 純米酒 | 720ml |
|--------|-------|
| アルコール分 | 16% |
| 原料米 | 吟風 |
| 日本酒度 | ＋3.0 |
| 酸度 | 1.5 |

### 純米酒
**旭興 辛口 純米吟醸 山卸し廃止酛**
「酒造用の木桶から造って仕込む」
地元特産品「八溝杉」で造った木桶で仕込んだ純米吟醸。

| 純米酒 | 720ml |
|--------|-------|
| アルコール分 | 16% |
| 原料米 | 吟風 |
| 日本酒度 | ＋10.0 |
| 酸度 | 1.5 |

| 水源 | 浅間山系の伏流水 |
|------|------------------|
| 水質 | 軟水 |

# 浅間酒造株式会社

〒377-1304群馬県吾妻郡長野原町大字長野原1392-10 TEL.0279-82-2045
E-mail: info@asama-sakagura.co.jp https://asama-sakagura.co.jp/

# 地元杜氏が醸す
# 地元特産品としての酒

## 純米大吟醸酒

**秘幻 純米大吟醸 禮**

「蔵の新たなフラッグシップ」
自社栽培の「改良信交」を20%まで磨き上げて醸した、雑味を感じない繊細な純米大吟醸酒。

| 純米大吟醸酒 | 720ml |
|--------------|-------|
| アルコール分 | 15% |
| 原料米 | 改良信交 |
| 日本酒度 | 非公開 |
| 酸度 | 非公開 |

## 大吟醸酒

**秘幻 premium 大吟醸**

「甘い洋ナシを彷彿させる香り」
華やかな香りとふくよかな味わいが広がる、芳醇でありながらキレもよいゴージャスな大吟醸。

| 大吟醸酒 | 720ml |
|----------|-------|
| アルコール分 | 15% |
| 原料米 | 山田錦 |
| 日本酒度 | 非公開 |
| 酸度 | 非公開 |

## 地域の環境保全をも考慮した
## 地元特産品としての酒造り

　群馬県の高原地帯に位置し、浅間山の名を冠した浅間酒造は明治5年（1872）創業で、創立148年を迎える蔵。越後杜氏集団による酒造りから、地元の「浅間杜氏」の育成と確立が必要と考え、平成16年（2004）から地元技術者による酒造りを行う体制を整えた。また酒類製造のほか蔵併設の観光センターも運営しており、草津温泉や軽井沢などの近隣観光地を訪れた観光客に、この地域ならではの商品・サービスを提供。その一環として、後継者不足で放棄された休耕田を借り上げ原料米を自社栽培し、地域の環境保全と同時に地域の特産品となる酒造りも行っている。現在、吾妻郡内全域の農家との取り組みに広がり、長野原のみならず吾妻郡全体の特産物へと広がっている。

# 大利根酒造有限会社

| 水源 | 尾瀬水系 |
|---|---|
| 水質 | 軟水 |

〒378-0121 群馬県沼田市白沢町高平1306-2　TEL.0278-53-2334
E-mail: info@sadaijin.co.jp http://www.sadaijin.co.jp

# 尾瀬の恵みの
# ひとしずく

## 大自然に育まれ、伝統手法で醸し出された手造り地酒の逸品

　奥利根の山々に囲まれた、尾瀬山麓に位置する酒蔵。会社としての創業は明治35年（1902）だが、屋敷内にある酒造りの神「松尾様」を祀った石宮には「元文四年」（1739）の文字があり、この場所で酒造りが始められたのは江戸時代中期にまでさかのぼることがうかがい知れる。そんな大利根酒造では、蔵元杜氏の伝統手法による尾瀬の地酒造りを伝承してきた。この蔵が強く訴えるのが、それぞれの土地の伝統・文化に根付き、その土地で守り続けられている酒造りの心を、「地」の酒蔵だからこそ伝えられるという想い。「澄んだ空気。緑深い山々。清冽な流れ。大自然の恵み、そのひとしずくから」という言葉を胸に、小規模酒蔵ならではの地酒造りを心掛けている。

### 純米酒

**左大臣 純米酒**

「燗をつけ心地よい余韻を楽しむ」
「蔵元自身が呑みたい酒」を目指した、濃醇で深みとコクがあり和やかな香りと程よい甘さの食中酒。ぬる燗で。

| 純米酒 | 1,800ml／720ml |
|---|---|
| アルコール分 | 15〜16% |
| 原料米 | 県産米 |
| 日本酒度 | − 1.0 |
| 酸度 | 1.4 |

### 純米大吟醸酒

**純米吟醸 花一匁**

「酒の心を花びら一枚に載せて」
米の旨みを活かした芳醇な香りと、端麗な味わいが広がる純米吟醸酒。刺身や醤油仕立ての料理と好相性。

| 純米吟醸酒 | 1,800ml／720ml |
|---|---|
| アルコール分 | 14〜15% |
| 原料米 | 若水 |
| 日本酒度 | − 2.0 |
| 酸度 | 1.4 |

| 水源 | 赤城山 |
|------|--------|
| 水質 | やや硬質 |

# 近藤酒造株式会社

〒376-0101 群馬県みどり市大間々町大間々1002 TEL.0277-72-2221
https://akagisan.com/

# 赤城山の伏流水で
# 辛口一筋

### 赤城山 大吟醸

「フルーティーで上品な吟醸香」
岩手南部杜氏によるすべて手作り
で究極なお酒。山田錦35%使用。

| 大吟醸酒 | 1,800ml |
|----------|---------|
| アルコール分 | 17.5% |
| 原料米 | 山田錦 |
| 日本酒度 | +2.0 |
| 酸度 | 1.3 |

### 赤城山 純米大吟醸 くろび

「群馬県初の遠心分離搾り」
遠心分離機を使用した雫のよう
なお酒。兵庫県特A地区山田錦
35%使用。

| 純米大吟醸酒 | 720ml |
|--------------|-------|
| アルコール分 | 16.5% |
| 原材料 | 山田錦 |
| 日本酒度 | ±0 |
| 酸度 | 1.2 |

## キレのある辛口で飲み飽きしない
## 地元に愛される酒をこれからも

　明治8年（1875）群馬県大間々町
に創業し、2021年に146年目を迎
えた近藤酒造。当初は赤城山の麓に
位置するため酒名「赤城」として発売、
後に「赤城正宗」と続く。赤城山の伏
流水は淡麗、辛口に最適で、創業以来、
辛口一筋に酒を醸している。3代目
が月を好んでいたことから、国定忠
治の名月赤城山に合わせ、酒名を「赤
城山」に改名。「男の酒 赤城山からく
ち」が人気商品となったのは5代目
の時。さっぱりしてキレのある辛口
で、飲み飽きしない酒が日本酒ファ
ンに喜ばれた。近藤酒造が最も大切
にしているのはチームワーク。全員
が力を合わせ、地元に愛される酒、
世界で一番の食中酒を目指している。

# 島岡酒造株式会社

| 水源 | 赤城山系伏流水 |
|---|---|
| 水質 | 硬水 |

〒373-0036群馬県太田市由良町375-2　TEL.0276-31-2432

# 硬質の水が
# 生み出す男酒

## 日本酒番付の本醸造部門で
## 「横綱」を獲得した銘酒

　美しい上毛の山々と利根、渡良瀬の清流に囲まれた、新田荘宝泉郷（現太田市）。この地は古代東国文化の中心をなし、また建武の忠臣新田一族発祥の地でもある。「宝泉」という地名が示すように、豊かな史跡と清冽な水資源に恵まれた土地だ。島岡酒造で仕込み水として使われる井水はミネラルを多く含む硬水で、その特質を活かすのが伝統製法の山廃酒母であるという考えから、永年にわたりそれを貫き通している。手づくりの麹と小型仕込みによる長期低温発酵が、口当たりがなめらかで旨みのある酒を醸しだす。特に代表銘柄「群馬泉山廃本醸造」は、『食楽・2010／3月号』日本酒番付の本醸造部門において「横綱」に格付けされている。

### 本醸造酒

**群馬泉 山廃本醸造**

「自然で優しい癒し系のお酒」

ボディのある熟成味豊かな本醸造。山廃特有の力強さは、お燗でその風味を一段と高める。

| 本醸造酒 | 1,800ml／720ml |
|---|---|
| アルコール分 | 15〜16% |
| 原料米 | 若水／あさひの夢 |
| 日本酒度 | ＋3.0 |
| 酸度 | 1.6 |

### 純米酒

**群馬泉 山廃超特撰純米**

「昔ながらの本格派」

日本古来の伝統的な製法「山廃」で醸したお酒。爽快な酸味と重厚な熟成味をかねそなえた、山廃純米酒。

| 純米酒 | 1,800ml |
|---|---|
| アルコール分 | 15〜16% |
| 原料米 | 若水 |
| 日本酒度 | ＋3.0 |
| 酸度 | 1.7 |

| | |
|---|---|
| 水源 | 谷川連峰・武尊山系伏流水 |
| 水質 | 軟水 |

# 株式会社永井本家

〒378-0074 群馬県沼田市下発知町703 TEL.0278-23-9118
https://www.nagaihonke.co.jp

# 自然の恵みに
# 酒を醸せることに感謝

## 銘酒「利根錦」へのこだわり
## これが群馬の美味い酒

　群馬県北部山沿い地域、谷川連峰、そして武尊山といった山並みに抱かれた玉原高原。その南に位置する霊峰迦葉山の入り口で、酒を醸している小さな酒蔵が永井本家だ。天然に磨かれた水、澄み切った空気といった自然環境に恵まれ、醸造環境にも適した地。それらの好条件を活かした手造りを基本に酒を醸している。谷川岳、武尊山等を水源とし、最終的に利根川へと流れ込む水は清冽で豊か。香味が良くキメ細かいまろやかな酒へと姿を変える、最高の原料米・山田錦。酒造に必須となる優良な微生物群を育てる、上信越の山々の雪雲の層を通り浄化された群馬の澄んだ空気。そこに伝統を守る杜氏の腕が加わり、"美味しい群馬の地酒"が生まれる。

### 純米酒

**利根錦 純米酒**

「一輪の花、一会の酒」

杜氏が心技を極め、手造りにこだわった自信作。さっぱりした口当たりの中に、純米酒の旨味が溶け込む。

| 純米酒 | 720ml |
|---|---|
| アルコール分 | 15〜16% |
| 原料米 | 美山錦／若水 |
| 日本酒度 | ＋3.0 |
| 酸度 | 1.4 |

### 大吟醸酒

**利根錦 大吟醸**

「酒米の王者、山田錦の旨み」

酒米の王者・山田錦と利根川の名水で仕上げた逸品。米の旨味をしっかり引き出したふくらみのある味。

| 大吟醸酒 | 720ml |
|---|---|
| アルコール分 | 17〜18% |
| 原料米 | 山田錦 |
| 日本酒度 | ＋4.0 |
| 酸度 | 1.3 |

# 栁澤酒造株式会社

| 水源 | 赤城南麓伏流水 |
|---|---|
| 水質 | 軟水 |

〒371-0215 群馬県前橋市粕川町深津104-2　TEL.027-285-2005
E-mail: yanagisawa@mbs.sphere.ne.jp

# 伝統の技法
# もち米四段伝承仕込

## 明治10年創業以来、数少ない 「甘口」の日本酒を造り続ける

　栁澤酒造は群馬県の赤城南麓、粕川町深津に位置する酒蔵。明治10年（1877）の創業以来、代々の当主の口伝として「酒造りはお米が持つ本来のうまみや甘みを上手に残すこと」と伝えられ、数少ない甘口の日本酒造りにこだわり続けている。かつての赤城南麓は養蚕業や麦作が盛んな土地柄で、赤城おろしが吹きつける中で重労働をこなす人々に、疲れを取る甘い酒が好まれたのも自然なことであろう。この蔵の代表的銘柄『桂川 上州一』は、通常は三段で仕込むところを伝統的技法の「もち米四段伝承仕込」で造られ、「冷やで良し、燗で良し、常温でも良し」の三拍子揃った、心地良い甘さと上品な深みを持たせたこだわりの逸品。

### 本醸造酒

### 桂川 上州一 本醸造

「糖類無添加の自然な甘さ」
創業以来、地元で愛飲されている甘口の日本酒。地元の気候風土と食生活により長い年月を経て育まれた。

| 本醸造酒 | 1,800ml |
|---|---|
| アルコール分 | 15〜16% |
| 原料米 | 国産米 |
| 日本酒度 | −7.0〜−4.0 |
| 酸度 | 1.4 |

### 本醸造酒

### 桂川 特撰本醸造

「冷酒で飲めるスッキリした喉越し」
「もち米伝承仕込み」で醸す芳醇甘口の日本酒。特徴のあるほのかな香りと米の旨味が口中に広がる。

| 本醸造酒 | 1,800ml |
|---|---|
| アルコール分 | 15〜16% |
| 原料米 | 国産米 |
| 日本酒度 | −8.0〜−5.0 |
| 酸度 | 1.3 |

114

| 水源 | 利根川水系伏流水 |
|------|------------------|
| 水質 | 軟水 |

# 山川酒造株式会社

〒370-0503群馬県邑楽郡千代田町赤岩185-3 TEL.0276-86-2182

# 独自にアレンジされた
# 近代山廃の技法

## 名水・利根川の伏流水で
## 伝統的な山廃仕込み

　「鶴舞う形の群馬県」東端あたりのくちばしの部分に位置する山川酒造は、早くから発展した宿場町赤岩の地で、新潟杜氏として来村した初代・山川祢五兵衛氏を始祖として、嘉永3年（1850）に創業した。以来、6代150年の間、豊富で清らかな名水「利根川」の伏流水を利用し、伝統的な酒造技法である山廃もとで醸し出された酒は、旨味と柔らかさを兼ね備えた手造りの一品である。
　ただし、この蔵で用いられる山廃仕込みは、独自にアレンジして誕生した「近代山廃」という手法。山廃もとの育成の際、温度を低めにして育成期間を少し短くすることにより、本流であれば醸造後1年ほど寝かせないと本領を発揮しない味が、夏を越した頃には出荷できる。

### 本醸造酒
### 光東 山廃仕込み

「冷やでもお燗でも美味しい」
伝統技法をアレンジした近代山廃仕込み特有の、コクとふくらみに加え柔らかさを持った辛口のお酒。

| 本醸造酒 | 1,800ml |
|---------|---------|
| アルコール分 | 15～16% |
| 原料米 | 国産米 |
| 日本酒度 | +3.0 |
| 酸度 | 1.5 |

### 純米吟醸酒
### 利根川育ち 純米吟醸

「地元の水が育てたお酒」
名水・利根川の伏流水と酒造好適米とを使って手造りされた酒で、まろやかな味と香りが特長。

| 純米吟醸酒 | 1,800ml |
|---------|---------|
| アルコール分 | 15～16% |
| 原料米 | 美山錦 |
| 日本酒度 | +2.0 |
| 酸度 | 1.5 |

# 株式会社釜屋

| 水源 | 利根川伏流水 |
|---|---|
| 水質 | 中硬水 |

〒347-0105 埼玉県加須市騎西1162 TEL.0480-73-1234
E-mail: kamaya@rikishi.co.jp https://www.rikishi.co.jp

# 伝統の技を磨き
# 新たな可能性へ

## 地元・加須の人々の力となり
## 信用を積み重ねてきた酒蔵

　近江商人であった釜屋新八が、中山道の宿場町があった武蔵国埼玉郡の加須の地で、寛延元年（1748）に酒造業を始めたのが初代となる。新八は「良質の品を薄利で売り、お客様の信用を得ること」が大事と考えており、それは代々伝えられていく。それを顕著に示すのが、明治19年（1886）の大飢饉で難民が発生した際、豪勢な貯酒庫を建設して地元に大きな雇用を生んだという逸話。当時は「釜屋のお助け普請」と感謝され、その貯酒庫は今も使用されている。平成27年から発売を始めた「加須の舞」は、加須の農家が丹精込めて酒米を作り、釜屋が醸し、地元の酒販店で販売する。地域活性への願いを込めた、まさに三位一体の「オール加須」の酒である。

### 本醸造酒
### 力士 金撰本醸造
「毎日でも飲みたい晩酌の酒」
釜屋の定番の味。しっかり辛口の晩酌酒で、いつまでも飲み飽きしない味わい。冷やでも常温でも燗でも美味。

| 本醸造酒 | 1,800ml |
|---|---|
| アルコール分 | 15.5% |
| 原料米 | 美山錦／一般米 |
| 日本酒度 | ＋3.0 |
| 酸度 | 1.4 |

### 大吟醸酒
### 力士 大吟醸
「冷やして飲みたい綺麗な味わい」
高貴な吟醸香と味のキレの良さが特長。低温熟成で米の旨みを引き出しつつ雑味がない綺麗な味。食前酒に最適。

| 大吟醸酒 | 1,800ml／720ml |
|---|---|
| アルコール分 | 16.7% |
| 原料米 | 山田錦 |
| 日本酒度 | ＋3.8 |
| 酸度 | 1.1 |

| 水源 | 自社敷地内井戸 |
|---|---|
| 水質 | 軟水 |

# 株式会社 小山本家酒造

〒331-0047 埼玉県さいたま市西区大字指扇 1798 番地　TEL.048-623-0013
https://www.koyamahonke.co.jp

# 200年伝わる
# 「技」と「心」

## 吟醸酒
### 金紋世界鷹 吟醸50

「地元への想いから生まれた酒」
日本酒初心者から酒通まで、幅広い層が満足できるフルーティーな飲みやすさと後味のキレの良さが特徴。

| 吟醸酒 | 1,800ml ／ 720ml |
|---|---|
| アルコール分 | 15% |
| 原料米 | 国産米 |
| 日本酒度 | ±0 |
| 酸度 | 1.2 |

## 普通酒
### 小山本家 界

「一口飲んで違いがわかる美味しさ」
晩酌に、旨さと親しみやすさ、心地よさを提供する上質なパック酒。17度ならではの濃醇なコクと旨味が特長。

| 普通酒 | 2,000ml ／ 900ml |
|---|---|
| アルコール分 | 17% |
| 原材料 | 国産米 |
| 日本酒度 | +1.0 |
| 酸度 | 1.7 |

## 酒の命である「水」を守るため社をあげて環境問題に取り組む

　小山本家酒造の創業は文化5年（1808）。灘・伏見で酒造技術を学んだ兵庫県生まれの初代、小山屋又兵衛が、当時は上尾宿寄場64か村組合に属していた指扇にて酒造業を創業したのが始まりだ。この蔵が守る、お客様の暮らしの中の1日を「いい時間」にするため、飲み飽きしないリーズナブルな「いい酒」を提供するという姿勢は、小山本家ブランドロゴにあるキャッチコピー「いい日、いい酒、いい時間」に集約されている。また近年、小山本家酒造は環境問題にも取り組み、主要銘柄「金紋世界鷹」の売り上げの一部を埼玉県NPO基金「みどりと川の再生」に寄付している。酒の命ともいえる「水」の重要性を熟知している酒蔵ならではの活動である。

117

# 武甲酒造株式会社

| 水源 | 武甲山伏流水 |
|---|---|
| 水質 | 中硬水 |

〒368-0046埼玉県秩父市宮側町21-27　TEL.0494-22-0046
https://www.bukou.co.jp

# 秩父とともに歩む
# 歴史ある蔵

## "酒一筋" 伝統と名杜氏の秘技に育くまれた「武甲正宗」

　秩父の名峰・武甲山を酒銘とした「武甲正宗」の醸造元・柳田総本店は、江戸中期・宝暦3年(1753)創業以来、秩父の歴史と共に勤しんできた。秩父民話の「七ッ井戸」に知られるような、質・量共に素晴らしい名井戸の水系にあり、平成20年「平成の名水百選」「武甲山伏流水」に選ばれた。営業時間内は内井戸を開放しており、容器持参で水を持ち帰ることができる。店舗は秩父谷に残る最も古い店構えの面影を残し、平成16年（2004）2月には国指定登録有形文化財に指定されるに至った。酒一筋、伝統と名杜氏の秘技に育くまれた「武甲正宗」は、長年にわたって品評会、鑑評会で幾多の賞を受賞し、その品質は武州秩父に銘酒ありと知られている。

### 純米酒
**武甲正宗 純米酒**

「旨みの幅がある芳醇な酒」
米と米麹だけで作った伝統的な酒。キレがあり、スッキリしたのどごし。冷やして、燗はひと肌がよい。

| 純米酒 | 1,800ml |
|---|---|
| アルコール分 | 15〜16% |
| 原料米 | 美山錦 |
| 日本酒度 | ＋2.0 |
| 酸度 | 1.5 |

### 大吟醸酒
**武甲正宗 大吟醸**

「フルーティーな吟醸香」
酒造りの技術を結集した、蔵を代表する芸術作品で特別限定品。冷やしてそのまま香りを楽しみたい。

| 大吟醸酒 | 720ml |
|---|---|
| アルコール分 | 16% |
| 原料米 | 山田錦 |
| 日本酒度 | ＋3.0 |
| 酸度 | 1.3 |

| 水源 | 秩父山系伏流水 |
| 水質 | 弱硬水 |

# 北西酒造株式会社

〒362-0037 埼玉県上尾市上町 2-5-5 TEL.048-771-0011
E-mail: furukawa@bunraku.net https://www.kitanishishuzo.co.jp

# Science
# × Romance

### 純米吟醸酒
### 文楽 純米吟醸 一回火入れ

「料理によく合う心地よい香り」

控えめで心地よい吟醸香、口の中で
ふくらむ旨みとすっと喉を通るきれ
いな辛口の味わいのバランスが絶妙。

| 純米吟醸酒 | 720ml |
|---|---|
| アルコール分 | 15% |
| 原材料 | 非公開 |
| 日本酒度 | 非公開 |
| 酸度 | 非公開 |

### 純米吟醸酒
### 純米吟醸 彩來（Sara）

「彩の国より来し、見知らぬ麗酒」

5年をかけて酒質を設計。気品ある
吟醸香、米の甘味、そして上質
な酸の彩りが造り出す調和が秀逸。

| 純米吟醸酒 | 720ml |
|---|---|
| アルコール分 | 16% |
| 原材料 | 非公開 |
| 日本酒度 | 非公開 |
| 酸度 | 非公開 |

## さまざまな季節や料理に合う
## 豊富なブランドを誇る蔵

　明治27年（1894）、北西亀吉が創業し
た埼玉県上尾市の酒蔵。上尾は五街道の
ひとつとして名高い中山道沿いの旧上
尾宿という宿場町で、江戸時代に諸大名
の参勤交代や皇族の下向の中継地とし
て賑わった。また、昔から秩父の質の良い
伏流水が湧き出ることでも知られた、歴
史ある酒どころでもある。北西酒造は、豊
かな地下水を仕込み水に使い、醸造につ
いては科学的なアプローチを基軸としつ
つも、五感を用いた造りも心掛けており、
蔵人は伝統文化である日本酒の醸造に
夢や冒険心を持ちながら醸している。芸
能・文楽をこよなく愛した創業者の亀吉
が名付けた主要銘柄「文楽」シリーズの
ほか、地産原料にこだわった「AGEO」ブ
ランド、今までにない酸味に特徴を持た
せた「彩來（Sara）」ブランドなど、評価の
高い酒を次々と生み出している。

# 株式会社矢尾本店

| 水源 | 荒川水系 |
|------|---------|
| 水質 | 軟水 |

〒368-0054 埼玉県秩父市別所字久保ノ入1432　TEL.0494-23-8919
E-mail: honten@yao.co.jp　https://chichibunisiki.com/

# 磨き抜かれた 秩父の酒

## 自然豊かな秩父の美しい森で 伝統を受け継ぎ今を生きる

　矢尾本店の創業は寛延2年（1749）。近江国出身の初代・矢尾喜兵衛が大宮郷（現在の秩父市）の名主松本氏より酒株を借受けて酒造業を営み、屋号を升屋利兵衛と称したのが始まり。埼玉・山梨・長野の三県にまたがる甲武信ヶ岳に源を発する荒川水系の良質な水に恵まれ、澄んだ空気と寒暖の差が激しい気候という、美味しい酒造りに欠かせないすべての条件が揃った自然環境の中、長年にわたってこの地方でしか造れない日本酒を育んできた。年間を通して数多くの神事が行われる秩父では、神事のための日本酒は切っても切れない縁がある。そんな山深い里で270有余年の歴史とともに育まれてきたのが、秩父で産まれ秩父で愛される地元の銘酒「秩父錦」だ。

### 大吟醸酒
### 秩父錦 大吟醸 技の極み
「秩父杜氏、入魂の技の冴え」
杜氏入魂の自信作。気品ある華やかな香り、まろやかで深い味わいと豊かな余韻が楽しめる。数量限定生産品。

| 大吟醸酒 | 1,800ml ／ 720ml |
|---------|------------------|
| アルコール分 | 17% |
| 原料米 | 山田錦 |
| 日本酒度 | ＋3.0 |
| 酸度 | 1.3 |

### 特別純米酒
### 秩父錦 特別純米酒
「飲み飽きない秩父錦の定番品」
秩父錦の純米酒バリエーション中、最も人気の高い酒。芳醇なコクがありつつもサラリとした喉ごしが特徴。

| 特別純米酒 | 1,800ml ／ 720ml |
|-----------|------------------|
| アルコール分 | 15～16% |
| 原料米 | 美山錦 |
| 日本酒度 | ＋2.0 |
| 酸度 | 1.9 |

| 水源 | 房総丘陵伏流水 |
|------|------------|
| 水質 | 軟水 |

# 稲花酒造有限会社

〒299-4303 千葉県長生郡一宮町東浪見5841番地　TEL.0475-42-3134
http://www.inahana-syuzou.com/

# 文化文政時代から地元に貢献する酒造り

### 大吟醸酒

**大吟醸 金龍稲花正宗**

「冷やで呑むのがおすすめ」

40％精白した酒造好適米と岩清水を原料に、比類のない吟醸酒の香りと芳醇な味わいのバランスが楽しめる逸品。

| 大吟醸酒 | 1,800ml／720ml |
|---------|---------------|
| アルコール分 | 16% |
| 原料米 | 美山錦 |
| 日本酒度 | ＋4.0 |
| 酸度 | 1.3 |

### 純米酒

**純米 かもし酒**

「生酒のような滑らかさ」

抑えられた甘さと酸味のバランスが際立つ純米酒。後口は酒が舌に絡みつつ、キレの良さがある。

| 純米酒 | 1,800ml／720ml |
|---------|---------------|
| アルコール分 | 16% |
| 原材料 | 美山錦 |
| 日本酒度 | ＋4.0 |
| 酸度 | 1.3 |

## 家訓は「地元あっての地酒屋であれ」「千葉の米は美味しい」と知られたい

　江戸時代文化文政時代、徳川幕府に50石の増石申請書を申し出ていることから、この頃にはすでに酒造りを行っていたとされる稲花酒造。文化文政時代の九十九里浜一帯は、空前の地引網漁による大漁時代となり、地主で網主だった先祖が干鰯（肥料）を作り、江戸に運んだ。鰯漁の大漁の振る舞い酒、祝い酒として増石したと伝えられている。家訓は「地元あっての地酒屋であれ」で、地元への貢献を一番に考えている。近年は地元農家と協力して、山田錦などの酒造好適米栽培を行い、安心で安全な酒造りにチャレンジしている。「千葉の米は美味しい」と広く知られることを願いながら、これからも良い酒を造り続けていく。

# 株式会社飯沼本家

| | |
|---|---|
| 水源 | 北総台地地下水 |
| 水質 | 中硬水 |

〒285-0914 千葉県印旛郡酒々井町馬橋106　TEL.043-496-1111
E-mail: hokusou@iinumahonke.co.jp　https://iinumahonke.co.jp

# SAKE文化を
# 創造する蔵

## 「人」と「酒」とが創り出す
## 新しい価値を創造する蔵へ

　飯沼本家の先祖が酒々井に住み着いたのは、およそ400年前。もともとは農業と林業を営んでいたが、江戸元禄年間（1688〜1703）に幕府から神社仏閣に奉納する酒を造る許可を得て、日本酒造りを始めたという。今も蔵がある酒々井は、文字通り「酒の井戸」を由来とする町。酒蔵が発展すれば酒々井が発展し、酒々井が発展すれば酒蔵が発展する。そんな相互関係を大切にしたいと蔵元は考えている。また飯沼本家では、原料となる酒米の生産から酒造りと酒の販売に至るまでを、一貫して自社で行う6次産業化を図っている。さらに体験・観光型の新しい酒造を目指し、蔵直営のカフェやギャラリーを経営するなど、日々新たな取り組みに挑戦している。

### 純米吟醸酒
**甲子 純米吟醸**
きのえね

「生酒のようにフレッシュな味わい」
フルーティーな吟醸香と爽やかな酸味、余韻に生じる甘みが特長。火入れだが発酵によるガス感も楽しめる。

| 純米吟醸酒 | 1,800ml／720ml |
|---|---|
| アルコール分 | 16% |
| 原料米 | 山田錦／五百万石 |
| 日本酒度 | ±0 |
| 酸度 | 1.6 |

### 純米吟醸酒
**純米吟醸生酒 きのえねアップル**

「可愛くて飲みやすい、でも本格派」
リンゴ酸が奏でる奥ゆかしい香り、甘味と酸味が調和した爽やかな余韻に新しさを感じる酒。冷やがおススメ。

| 純米吟醸酒 | 1,800ml／720ml |
|---|---|
| アルコール分 | 15% |
| 原料米 | 山田錦／五百万石 |
| 日本酒度 | −18.0 |
| 酸度 | 2.7 |

| 水源 | 岩清水 |
|---|---|
| 水質 | 軟水 |

# 亀田酒造株式会社

〒296-0111 千葉県鴨川市仲329番地　TEL.04-7097-1116
E-mail: kameda@jumangame.com　http://jumangame.com/

# 神に奉げる
## 白酒作りがルーツ

### 大吟醸酒
### 超特撰大吟醸 寿萬亀

「気品ある香りと深い旨み」

嶺岡山系からの清冽な水、兵庫県
三木市吉川町産山田錦。極限の
35%まで精米した究極の大吟醸。

| 大吟醸酒 | 720ml |
|---|---|
| アルコール分 | 17% |
| 原料米 | 山田錦 |
| 日本酒度 | ＋3.0 |
| 酸度 | 1.3 |

### 大吟醸酒
### 純米大吟醸 寿萬亀 愛山

「丁寧に長期低温発酵」

栽培が難しいとされる酒米の愛山。
そのためこの酒米を使った酒は、
幻の酒と言われている。

| 大吟醸酒 | 1,800ml ／ 720ml |
|---|---|
| アルコール分 | 16% |
| 原料米 | 愛山 |
| 日本酒度 | ＋1.0 |
| 酸度 | 1.4 |

## 255年に及ぶ伝統の酒造り
## 明治神宮新嘗祭に奉納も

　亀田酒造は、房総を代表する清酒
銘柄「寿萬亀」を筆頭とする日本酒
の醸造・販売を行う、千葉県最南端
の冷房蔵による四季醸造を30年前
より行っている地酒蔵。本格焼酎や
リキュールなど、地元の特産農作物
を原料とした酒類の製造、販売も行
なっている。宝暦年間、山伏によっ
て白酒が造られ 神に供えられたこと
から酒造りが始まった。以来、255
年間にわたり、伝統の酒造りが続け
られ今日に伝えられている。また明
治4年（1871）、明治天皇即位大嘗
祭にあたって選定された主基斎田（新
嘗祭で供奉する新穀を栽培する田）
が蔵の近くにあり、亀田酒造は地元
崇敬講役員として斎田の米による白
酒醸造を担当。毎年、明治神宮新嘗
祭の御神酒として奉納している。

# 木戸泉酒造株式会社

| 水源 | 井戸水 |
|---|---|
| 水質 | 中硬水 |

〒298-0004 千葉県いすみ市大原 7635-1 TEL.0470-62-0013
E-mail: s1879@kidoizumi.jp http://www.kidoizumi.jp

# 後世に伝える伝統神事の
# 御神酒造り

## 積極的な地域行事への参加は
## 地元の酒蔵としての誇り

　創業は明治 12 年（1879）。戦後
間もない頃までは、酒造業の他に漁
業も商いの一つだった。それだけに、
地元で揚がる海産物との相性は言う
こと無し。現在では毎月開催されて
いる港の朝市への出店で、海産物と
並び好評を博している。また、3 年
前から地元の商工会・商店街との協
力により、"外房いすみ酒蔵開き"を
開催。これは酒蔵を地域ブランドと
して醸成していくイベントで、ここ
でも地元の物産と共に多くの来場者
を楽しませている。地元との繋がり
を最も感じられるのは、毎年 9 月
23・24 日に開催される "大原はだ
か祭り" の御神酒として扱われてい
ること。18 社ある各神社の奉納や各
氏子らのお供としての御神酒造りは、
蔵の誇りである。

### 純米酒
**木戸泉 純米醍醐**

「高温山廃仕込みゆえの深みとキレ」
山田錦のしっかりした旨みと、乳
酸菌由来の爽やかな酸のキレが魅
力。ぬる燗での味わいは抜群！

| 純米酒 | 1,800ml |
|---|---|
| アルコール分 | 16% |
| 原料米 | 山田錦 |
| 日本酒度 | 非公開 |
| 酸度 | 非公開 |

### 純米酒
**純米生アフス**

「白ワインのような純米酒」
甘みと酸味が特徴の白ワインのよ
うな木戸泉の看板酒。原料米と米
麹を一度に入れる一段仕込み製法。

| 純米酒 | 500ml |
|---|---|
| アルコール分 | 13% |
| 原料米 | 総の米 |
| 日本酒度 | 非公開 |
| 酸度 | 非公開 |

| 水源 | 井戸水 |
|------|--------|
| 水質 | 中硬水 |

# 窪田酒造株式会社

〒278-0022 千葉県野田市山崎 685　TEL.04-7125-3331
E-mail: kubotasb@cello.ocn.ne.jp

# 良い水に恵まれた
# 野田を代表する地酒

### 勝鹿 大吟醸酒

「滑らかで上品な味わい」

山田錦を 40％にまで磨き上げ、低温でじっくりと発酵させて醸した大吟醸酒。

| 大吟醸酒 | 1,800ml |
|----------|---------|
| アルコール分 | 16% |
| 原料米 | 山田錦 |
| 日本酒度 | ＋1.0 |
| 酸度 | 1.7 |

### 勝鹿 純米吟醸 宝船

「冷やがおすすめ」

山田錦を使用し、精米歩合は55％。濃厚で甘口で、純米吟醸ならではのコクと風味。

| 純米吟醸酒 | 1,800ml ／ 720ml |
|------------|------------------|
| アルコール分 | 15% |
| 原料米 | 山田錦 |
| 日本酒度 | －3.0 |
| 酸度 | 1.8 |

## 水運にも恵まれた地で
## かつては大問屋の歴史も持つ

千葉県最北にある窪田酒造の創業は明治 5 年（1872）。初代宗吉がこの地を選んだのは酒造りで一番大切な良い水が得られたことと、運河による水運の便が良かったことにある。自家で造った清酒、みりん、本直、焼酎を近在に売るだけでなく、東京・新川に出荷し、帰りの船で米や灘の酒などを運び、問屋・小売店に卸す大問屋も兼ねていた。現在は、千葉県を中心に厳選した酒米を使用し、伝統を重んじる丁寧な酒造りでファンを魅了している。代表銘柄は「勝鹿」。山田錦を使用した大吟醸や米の味が感じられる純米酒、辛口の本醸造生原酒など、野田を代表する地酒を醸している。

# 鍋店株式会社

| | |
|---|---|
| 水源 | 利根川水系 |
| 水質 | 硬水 |

〒286-0026 千葉県成田市本町338番地　TEL.0476-22-1455

# 心と心の間に酒がある

## 成田のお不動様の名に恥じない高品質な酒造りを目指して

成田山新勝寺の山門前に店を構える、鍋店（なべだな）という風変わりな名の酒蔵。創業は元禄２年（1689）で、佐倉藩より酒造株（現在の製造免許にあたる）1,050株を下賜され、現在本社がある地で醸造を開始した。だがそれ以前から、「金座」や「銀座」といった「座」のひとつである「鍋座」として、鍋を作る鉄類の製造管理を瀑布から預かっていた。それが屋号の由来である。そして創業より310年以上、蔵は伝統的手法を守りながらも新たな技術を積極的に導入し、高品質な酒造りに挑戦を続けている。「人は人徳と勇気持って生きるべし」との家訓から命名された「仁勇」と、成田不動にあやかり命名された「不動」が、多数のファンがいる人気銘柄。

純米吟醸酒

### 仁勇 純米吟醸

「控えめな香りと飽きない味わい」

控えめな吟醸香と適度なコクのある味わいが、バランス良く調和している。冷やすとなお美味しい純米吟醸酒。

| | |
|---|---|
| 純米吟醸酒 | 1,800ml |
| アルコール分 | 15% |
| 原料米 | 国産米 |
| 日本酒度 | ＋3.0 |

純米吟醸酒

### 不動 吊るししぼり 無濾過 純米吟醸生原酒

「お気軽に楽しめる味わい重視の酒」

酒こまちだけで作った純米吟醸生原酒。コクと香りのバランスが良い名酒を、お手ごろ価格で気軽に楽しめる。

| | |
|---|---|
| 純米吟醸酒 | 1,800ml |
| アルコール分 | 17% |
| 原料米 | 酒こまち |
| 日本酒度 | ＋2.0～＋4.0 |
| 酸度 | 1.7 |

| 水源 | 佐原洪積台地の地下水 |
|---|---|
| 水質 | 中硬水 |

# 株式会社 馬場本店酒造

〒287-0003 千葉県香取市佐原イ 614-1　TEL.0478-52-2227
E-mail: babahonten@jasmine.ocn.ne.jp

# 利根川に抱かれた
# 小江戸・佐原の蔵

## 大吟醸酒

### 大吟醸 海舟散人

「蔵を訪れた勝海舟ゆかりの酒」
最上級の山田錦を磨きに磨いて醸した大吟醸。フルーティーな香り、スッキリしながらも奥深い味わいがある。

| 大吟醸酒 | 1,800ml ／ 720ml |
|---|---|
| アルコール分 | 15～16% |
| 原料米 | 山田錦 |

## 本醸造酒

### 本醸造 糀善

「馬場本店酒造、最古の銘柄」
すっきりとしたやや辛口の酒だが、旨み、甘みも感じられ後口はすっきり。冷やでも燗でも美味しく飲める酒。

| 本醸造酒 | 1,800ml ／ 720ml |
|---|---|
| アルコール分 | 15～16% |
| 原材料 | 美山錦／みつひかり |

## 佐原の歴史と共に三百余年
## 伝統の製法を守り続ける蔵

江戸開府に前後して整備された利根川は物資輸送の要であり、その中継地として繁栄した水郷・佐原は米づくりでも知られた地。同時に、「関東の灘」と呼ばれるほど酒造りが盛んだった。初代・馬場善兵衛がこの地で創業したのは天和年間（1681～1683）。当初は麹屋だったが5代目から酒造を始め、以降、伝統の製法を守りつつ日本酒、味醂の醸造を家業としている。主要銘柄「糀善」の名は、屋号である「糀屋善兵衛」が由来。調味料の味醂の味が変わると料理の味も変わるため、「味を変えるな」が代々の教え。最高級の山田錦をはじめ国産のもち米などに、佐原南部洪積大地より湧き出す地下水を使用し、安全・安心な酒造りと味醂作りを心掛けている。

# 株式会社 宮崎本家

| 水源 | 井戸水 |
|------|--------|
| 水質 | 硬水 |

〒289-3181 千葉県匝瑳市野手1699　TEL.0479-67-2005
E-mail: info@miyazaki-honke.com　http://www.miyazaki-honke.com

# 酒は無二の親友
# 不二の友

## 最良の水と豊かな自然の恵みで
## じっくりと醸しだされた酒

　慶応年間（1865～1868）に創業し、九十九里平野の豊かな自然の恩恵を受ける蔵。主要銘柄の「富士乃友」は、不二の友、無二の親友という意味に、霊峰富士をかけて名づけられたという。蔵が所在する歴史ある街"匝瑳市（旧：匝瑳郡野栄町）"は、千葉県北東部の成田空港から車で30分の距離に位置し、広大な九十九里浜を臨む南部と"日本の里山100選"の地に選ばれた北部の豊かな大自然に囲まれている。「富士乃友」は、そんな最良の水と豊かな街の自然の恵みを存分に受け、時間をかけてじっくりと醸しだされた酒である。仕込みには蔵内の井戸水を用い、原料米には自家栽培の低農薬米を使用するなど、水と米にこだわった酒造りを続けている。

### 純米酒

**富士乃友 純米酒**

「米の旨みとコクのある飲み口」
芳醇な香りと米の旨みを凝縮したキレの良い辛口純米。熱燗、ぬる燗、常温、冷やのどれでも美味しい。

| 純米酒 | 1,800ml ／ 720ml |
|--------|------------------|
| アルコール分 | 14% |
| 原料米 | 自家栽培低農薬米好適米 |
| 日本酒度 | +3.0 |
| 酸度 | 1.5 |

### 純米吟醸酒

**富士乃友 純米吟醸**

「軽快な香りと喉ごし」
軽快な香りがほのかに漂う旨みのあるスッキリとした酒。冷やで味わいが、ぬる燗で香りが楽しめる。

| 純米吟醸酒 | 720ml |
|-----------|-------|
| アルコール分 | 15% |
| 原料米 | 山田錦 |
| 日本酒度 | +4.0 |
| 酸度 | 1.6 |

| 水源 | 地下150m 井戸水 |
| 水質 | 中硬水 |

# 石川酒造株式会社

〒197-8623 東京都福生市熊川１番地　TEL.042-553-0100
E-mail: kura@tamajiman.co.jp https://www.tamajiman.co.jp/

# 多摩の空気と水で造る酒

### 純米酒

**多満自慢 純米酒**

「お燗にすると味わい広がる」
米の旨みと甘みを最高に引き出した純米酒。調和が取れて酸味もあり、味噌や醤油の味付けとよく合う味わい。

| 純米酒 | 1,800ml ／ 720ml |
|---|---|
| アルコール分 | 14% |
| 原料米 | 酒こまち |
| 日本酒度 | −10.0 |
| 酸度 | 1.8 |

### 大吟醸酒

**多満自慢 大吟醸**

「山田錦100％使用の大吟醸酒」
山田錦を贅沢に使用した華やかな吟醸香を楽しめる逸品。飲み口はサラッと仕上げ、味わいは綺麗でスッキリ。

| 大吟醸酒 | 1,800ml ／ 720ml |
|---|---|
| アルコール分 | 15% |
| 原材料 | 山田錦 |
| 日本酒度 | −2.0 |
| 酸度 | 1.2 |

## 人の心を満たす多摩地域自慢の酒「多満自慢」は伝統の寒造り

　石川酒造がある福生市は、東京都の多摩地域西部に位置する町。市中を多摩川が流れ緑も多く、伝統ある名所も多い。同時に米軍横田基地があり異国情緒も感じられる土地。石川酒造の創業は文久３年（1863）。多摩川の対岸、小川村（現在のあきる野市）の森田酒造の蔵を借りて酒造業を始めた。森田酒造の酒「八重菊」と姉妹関係ということで、石川酒造の創業銘柄は「八重桜」。現在の主要銘柄「多満自慢」は昭和８年（1933）から。明治期にはビールも製造しており、1998年にそれを再開し「多摩の恵」と名付けた。蔵自体の歴史も長いが、敷地内にある石川家のご神木・大ケヤキの樹齢は700年。「石川家のケヤキ」として市の天然記念物に指定されている。

129

# 小澤酒造株式会社

| 水源 | 自社井戸水 |
|---|---|
| 水質 | 軟水 |

〒198-0172東京都青梅市沢井2-770　TEL.0428-78-8215
E-mail: tokyo@sawanoi-sake.com　http://www.sawanoi-sake.com

# 奥多摩の大自然が
# 恵みの酒を生む

## 東京に残る自然を利用し、関東の味覚に合う極上の地酒を醸す

元禄15年（1702）創業の小澤酒造は東京都下ながら、大自然あふれる深山峡谷奥多摩にある。名水郷・沢井という地名から名づけられた「澤乃井」は300年にわたり東京・奥多摩の地酒として親しまれてきた。横井戸から湧き出る仕込水を見ることができる酒蔵見学や、仕込水を使った豆腐と湯葉が食べられる食事処、自然庭園、江戸からの技術の粋を集めた工芸品が見られる「櫛（くし）かんざし美術館」など、蔵周辺を訪れる人は後を絶たない。連なる山々と豊かな緑、澄み切った奥多摩の空気、選りすぐった国産の米、天然の仕込水、磨き上げた伝統の技、丁寧な仕事、そして真心。これらが一体となった酒「澤乃井」は、これからも根強く愛され続けるだろう。

### 純米酒

**澤乃井 純米大辛口**

「すっきりとした本格辛口」

醤油味の多い関東の食文化に合う本格の辛口。すっきりしたキレのよさが米のコクを引き立てる。

| 純米酒 | 1,800ml |
|---|---|
| アルコール分 | 15〜16% |
| 原料米 | アケボノ |
| 日本酒度 | ＋10.0 |
| 酸度 | 1.7〜1.9 |

### 特別純米酒

**澤乃井 特別純米**

「しっとりと豊かな味わい」

60%精米で醸した特別純米酒。上品でほのかに甘く、ふくよかな味わい。

| 特別純米酒 | 1,800ml |
|---|---|
| アルコール分 | 15〜16% |
| 原料米 | 五百万石 |
| 日本酒度 | ＋1.0 |
| 酸度 | 1.5〜1.7 |

| 水源 | 丹沢山系伏流水 |
| 水質 | 中硬水 |

# 熊澤酒造株式会社

〒253-0082 神奈川県茅ヶ崎市香川 7-10-7 TEL.0467-52-6118
E-mail: kura@kumazawa.jp https://www.kumazawa.jp/

# 湘南の風土を酒に醸す

純米吟醸酒

**千峰天青 純米吟醸**

「幅広い料理に合う」

穏やかな吟醸香があり、山田錦特有の奥行きのある味わいと上質な甘みを感じられる純米吟醸酒。

| 純米吟醸酒 | 1,800ml / 720ml |
| アルコール分 | 16% |
| 原料米 | 山田錦 |
| 日本酒度 | ＋2.5 〜＋3.5 |
| 酸度 | 1.3 〜 1.5 |

**こだわりのお酒にこだわりの料理 イタリアン、和食のレストランも経営**

明治 5 年（1872）の創業以来、手作りの少量生産による良質な酒を造り続けている熊澤酒造は、湘南に残されたただ一つの蔵元。その存在意義は地域の誇りとなる酒造りはもちろんだが、人々が集い、酒を酌み交わし、何かを生み出す地域文化を担っている点にある。銘柄「天青」は、中国の故事「雨過天青雲破処」の言葉から取ったもので、「雨過天青雲」のような突き抜ける涼やかさと潤いに満ちた味わいを目指している。実際、丹沢山系の伏流水で仕込んだその味わいは湘南の風土が感じられる逸品である。地元湘南では、こだわりの料理とお酒を楽しめるダイニングレストラン「MOKICHI TRATTORIA」など４店舗を経営し、お客様を喜ばせている。

131

# 中沢酒造株式会社

| 水源 | 丹沢山系の伏流水 |
| 水質 | やや軟水 |

〒258-0003 神奈川県足柄上郡松田町松田惣領1875 TEL.0465-82-0024
E-mail: info@matsumidori.jp https://www.matsumidori.jp/

# 若き蔵元が挑む
# 新しい酒造り

## 「特徴ある酒を造りたい」
## 十一代目が新しい酒に挑戦

中沢酒造は文政8年（1825）の創業。当時は小田原藩の御用商人として小田原城に酒を献上しており、藩主から蔵がある松田周辺の景勝地にちなんだ酒名「松美酉（まつみどり）」を賜った。酒は代々当主が指揮を執り、丹沢山系の伏流水で時間をかけて造り上げる。宮城県の老舗「一ノ蔵」で修行し、2011年に実家の蔵に戻った11代目・鍵和田亮（あきら）氏が、現在新しい酒造りに挑んでいる。蔵の裏山に咲く河津桜から自らが発見・分離した酵母で仕込んだ「亮（りょう）」は、松田町の特産品となり、地域一体となって河津桜の開花を祝う。また1909年に発見された幻の酵母を復活させて造った「松みどり 純米吟醸 S.tokyo」も発売し、国内外に神奈川地酒の魅力を発信している。

### 純米酒
**松みどり 純米酒**

「コクとキレを兼ね備えた酒」

穏やかな香りと米の旨味・甘味を楽しめる、料理を引き立たせる酒。燗にするとより一層深みが増す。

| 純米酒 | 1,800ml・720ml |
| --- | --- |
| アルコール分 | 15～16% |
| 原料米 | 美山錦 |
| 日本酒度 | ＋2.0～＋3.0 |
| 酸度 | 1.3～1.4 |

### 純米吟醸酒
**松みどり 純米吟醸 S.tokyo**

「111年の酵母で醸す日本酒」

口中でブドウのような爽やかな香りが広がる、濃厚でなめらかな口当たり。酵母特有の酸味も良好。

| 純米吟醸酒 | 720m |
| --- | --- |
| アルコール分 | 14～15% |
| 原料米 | 国産米 |
| 日本酒度 | 非公開 |
| 酸度 | 非公開 |

# 関東地方

## 関東地方の食文化

**茨城**：東は太平洋に面し、南は利根川沿いに霞ヶ浦などの湖や沼がある。太平洋で採れるアンコウや魚介類を使った「アンコウ鍋」や「けんちん汁」の他、山ではキノコ類の収穫や米作りも盛んである。

**栃木**：海のない県で、内陸にあるため昼と夜の気温差が大きく、イチゴ、大麦などの作物や、川魚を甘露煮にしたり、串焼きにしたあとに田楽みそをかけた料理がある。かんぴょうやゆばなど保存性が高い食べ物の産地としても有名である。

**群馬**：火山灰が含まれた土地が多く、稲作より畑作が盛んで小麦が生産されている。焼きまんじゅう、うどんや「おっきりこみ」など小麦粉を使った料理がいろいろある。また、小魚の甘露煮や高原の地域ならではの高原キャベツ、下仁田の土地で育った下仁田ネギがある。

**埼玉**：秩父山地と狭山丘陵に囲まれ、夏は蒸し暑く冬は乾燥した日が多いのが特徴で、ネギ、ホウレンソウ、サトイモ、クワイなどの野菜作りが盛んである。

**千葉**：イワシ漁が盛んで、房総半島沖を流れる黒潮が伊勢エビの生育に良いため漁獲量も多い。落花生やカブなど野菜の生産も盛んである。

**東京**：武蔵野台地や東京湾など温暖な気候。アナゴ、アサリ、タコなど東京湾で採れた魚をつかったすしや天ぷら料理があり「江戸前」と呼ばれるようになった。

**神奈川**：東京湾と相模湾に面し、三崎のマグロの水揚げは有名である。アジすしやしらす、練り製品の「かまぼこ」も名物である。多摩丘陵や丹沢山地に囲まれた平野では、野菜や茶、ミカンが作られる。

## 関東地方の郷土料理

133

# 関東地方

## 関東地方の代表的使用酒米

**愛山（あいやま）**：1941年兵庫県立明石農業改良実験所で生み出された、戦前からの歴史がある酒米。母方の父が雄町、父方が山田錦と雄町の流れを汲む酒米会のサラブレッド。

**吟風（ぎんぷう）**：八反錦、上育404号、きらら397との交配で誕生した酒造好適米。心白が大きく発現率も高い。味の丸さや柔らかさに定評があり、芳醇な味の酒が期待できる。

**五百万石（ごひゃくまんごく）**：亀の尾系統の新200号と雄町系統の菊水との交配で生まれた、新潟が誇る酒造好適米。フルーティーな香りを醸し出す、吟醸酒ブームの立役者。

**酒こまち（さけこまち）**：秋田県の酒造好適米新品種開発事業において、山田錦、美山錦に匹敵する吟醸酒用の酒造好適米として開発された。

**とちぎ酒14**：栃木県オリジナルの純米酒を造るため、多収で栽培しやすい品種を目指し開発された。淡麗でスッキリとした味わいの純米酒になる。

**とちぎの星（とちぎのほし）**：2014年の新品種。基本は食用だが、栃木出身のお笑いコンビU字工事が「この米のお酒も飲みたい」と言ったことで、宇都宮酒造が純米酒を醸造。

**総の舞（ふさのまい）**：千葉で栽培しやすい酒造好適米をという目標で、白妙錦と中部72号を交配させて生まれた、倒伏や冷害、いもち病に強い品種。

**みつひかり**：民間の三井化学アグロによって開発されたハイブリッド米。基本的に飯米のため、酒造では普通酒の原料として使われることが多い。

**山田錦（やまだにしき）**：酒米の最高峰にして生産量トップを誇る酒造好適米。山田穂と短稈渡船との交配で生まれた。兵庫県産が全生産量の6割を占めるが、全国的に栽培されている。

**夢ささら（ゆめささら）**：栃木県が13年をかけて開発した酒造好適米。山田錦とT酒25との交配で生まれ、2018年に品種登録したばかり。

**若水（わかみず）**：五百万石とあ系酒101との交配により、愛知で生み出された酒造好適米。大粒で心白も大きく、山廃造りで好まれる。

掲載企業以外にも東京農業大学卒業生が関係している酒蔵

## 関東地方

**茨城県**  森島酒造株式会社
　　　　　株式会社宏和商工
　　　　　岡部合名会社
　　　　　合資会社瀧田酒造
**栃木県**  北関酒造株式会社
　　　　　合資会社小島酒造店
　　　　　三福酒造株式会社
**群馬県**  井田酒造株式会社
　　　　　聖徳銘醸株式会社
　　　　　松屋酒造株式会社
　　　　　株式会社町田酒造店
**埼玉県**  石井酒造店株式会社
　　　　　寒梅酒造株式会社
　　　　　長澤酒造株式会社
　　　　　五十嵐酒造株式会社
　　　　　株式会社横関酒造店
**千葉県**  飯嘉本家
　　　　　梅一輪酒造株式会社
　　　　　花の友株式会社
　　　　　東灘酒造株式会社

各社の都合により掲載は割愛しております。

# 蔵元&銘酒案内

# 甲信越地方

山梨県・長野県・新潟県

越銘醸
P165

村祐酒造
P175

渡辺酒造店
P176

加賀の井酒造
P166

池田屋酒造
P163

竹田酒造店
P170

君の井酒造
P168

西飯田酒造店
P157

土屋酒造店
P153

岡崎酒造
P144

酒千蔵野
P148

酒ぬのや本金酒造
P149

宮坂醸造
P158

大信州酒造
P143

湯川酒造店
P159

七笑酒造
P156

米澤酒造
P160

仙醸
P151

小野酒造店
P145

春日酒造
P142

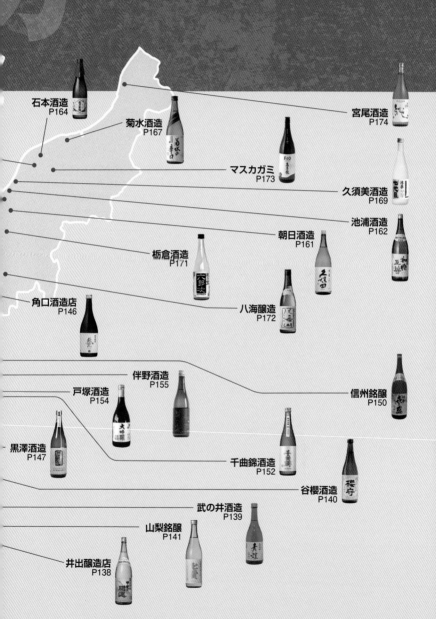

石本酒造
P164

菊水酒造
P167

マスカガミ
P173

宮尾酒造
P174

久須美酒造
P169

池浦酒造
P162

朝日酒造
P161

栃倉酒造
P171

八海醸造
P172

角口酒造店
P146

伴野酒造
P155

戸塚酒造
P154

信州銘醸
P150

黒澤酒造
P147

千曲錦酒造
P152

谷櫻酒造
P140

武の井酒造
P139

山梨銘醸
P141

井出醸造店
P138

# 井出醸造店

| 水源 | 富士山麓伏流水 |
| 水質 | 軟水 |

〒401-0301 山梨県南都留郡富士河口湖町船津8 TEL.0555-72-0006
E-mail: info@kainokaiun.jp http://www.kainokaiun.jp

# 富士五湖唯一
# の酒蔵

## 現当主で21代目
## 富士の湧水が大切な宝

　富士の北斜面、河口湖の南岸に位置する井出醸造店は、富士五湖唯一の酒蔵として消費者に愛される酒を目指し、日々努力を重ねている酒蔵。その前身となるのは、江戸中期（1700年頃）に始めた醤油醸造である。江戸末期（1850年頃）に、当家16代となる井出與五右衛門が、標高850mの冷涼な富士北麓の気候と豊富に湧き出る清冽な水に着目し、従来の醤油醸造に合わせて清酒の製造も始め、現在の当主で21代となる。代表銘柄の名は、江戸末期に皇女和宮の婚姻と同時期に製造を始めたため、それにちなんで「開運」と命名された。その後、「開運正宗」として長い期間親しまれたが、昭和60年に「甲斐の開運」を正式名として現在に至っている。

### 純米酒
**甲斐の開運 純米**
「じっくりと熟成された旨み」
旨みを感じさせるやわらかく芳醇な香りは、純米ならではのもの。きめの細かい、なめらかな味わい。

| 純米酒 | 1,800ml |
| アルコール分 | 15〜16% |
| 原料米 | ひとごこち／夢山水 |
| 日本酒度 | +3.0 |
| 酸度 | 1.3 |

### 大吟醸酒
**甲斐の開運 大吟醸**
「バランスのよい穏やかな果実香」
酸度は低く、綺麗でありつつ広がりのある味わいで口中をなめらかにすべり落ち、爽やかな余韻を残す。

| 大吟醸酒 | 720ml |
| アルコール分 | 15〜16% |
| 原料米 | 山田錦 |
| 日本酒度 | +3.0 |
| 酸度 | 1.0 |

| 水源 | 八ヶ岳伏流水 |
|---|---|
| 水質 | 中軟水 |

# 武の井酒造株式会社

〒408-0012 山梨県北杜市高根町箕輪 1450　TEL.0551-47-2277
E-mail: sake-takenoi@nifty.com　http://takenoishuzo.jp

# 東京農大で生まれた
# 花酵母の力

### 青煌 純米吟醸 雄町

「杜氏が選んだ最高の米と麹」

「つるばら酵母」を使用した日本酒。クラスごとに全国の酒造好適米を使い分け、多彩な味わいを醸し出している。

| 純米吟醸酒 | 1,800ml ／ 720ml |
|---|---|
| アルコール分 | 15% |
| 原料米 | 酒造好適米 |
| 日本酒度 | + 3.0 |
| 酸度 | 1.7 |

### 武の井 純米酒 ひとごこち

「ふくよかで優しい味わい」

地元北杜市の農家とタッグを組んで栽培した「ひとごこち」100%使用。幅広い温度帯で美味しい。

| 純米酒 | 1,800ml ／ 720ml |
|---|---|
| アルコール分 | 15% |
| 原料米 | ひとごこち |
| 日本酒度 | +2.0 |
| 酸度 | 1.5 |

## 自然の恵み・八ヶ岳の伏流水と花酵母で醸される日本酒と焼酎

　八ヶ岳の伏流水で仕込んだお酒が自慢の武の井酒造は、日本酒だけでなく、純米焼酎も手掛ける有数の酒蔵。慶応元年（1865）の創業で、社名と酒名を兼ねる「武の井」の名は、創業者である清水武左衛門の「武」と、良水の湧き出る井戸の「井」をかけて命名された。大自然に恵まれた環境から生まれるお酒は、通をも唸らせる豊かな味わいである。昔から変わらず地元に愛されており、祭事などのイベントで重宝されるほか、近隣神社のお神酒にも使用される。注目は東京農大卒の専務常務兄弟が醸すお酒。新ブランドの杜氏を務める兄・紘一郎氏が造る「つるばら酵母」仕込みの純米銘柄「青煌」と、焼酎杜氏の弟・大介氏が造る焼酎「太陽と〜の恵み。」シリーズがある。

# 谷櫻酒造有限会社

| | |
|---|---|
| 水源 | 八ヶ岳南麓伏流水 |
| 水質 | 弱軟水 |

〒409-1502 山梨県北杜市大泉町谷戸 2037　TEL.0551-38-2008
https://www.tanizakura.co.jp

# 始まりは
# 小さな御神酒酒屋

## 本物の味にこだわった日本酒
## 八ヶ岳の自然が育んだ「谷櫻」

　創業は嘉永元年（1848）。当時、蔵の敷地から大量の古銭が出土したことから屋号「古銭屋」と称され、小さな御神酒酒屋として出発した。以来、八ヶ岳・大泉の壮大な自然と、清らかな湧水の恵みに育まれた谷櫻の酒と、時代とともに愛される味を求め、本物にこだわり続ける魂が生き続け、現在は四代目が営んでいる。銘柄は「谷櫻」。原料米に良質な山田錦や美山錦、有機栽培米を使用し、麹は蔵人が丹精込めて丁寧に造りだし、そして水は深井戸にこんこんと湧く名水・八ヶ岳南麓湧水群の伏流水が大きな役割を果たす。また蔵人たちは、仕込み期間の10月末から翌年4月まで寝食をともにするのが伝統で、チームワークでの酒造りを行っている。

### 本醸造酒
### 生酛造り本醸造 櫻守
「燗で美味しく呑める酒」
熟成した香りと濃厚で腰の強い酒。爽酒と醇酒中間タイプとして燗酒で美味しく、鍋料理にも相性が良い。

| | |
|---|---|
| 本醸造酒 | 720ml |
| アルコール分 | 14～15% |
| 原料米 | 国産米 |
| 日本酒度 | +6.0 |
| 酸度 | 1.9 |

### 純米大吟醸酒
### 純米大吟醸生酒 古銭屋の酒
「古銭屋の屋号を冠した自信作」
谷櫻の伝統を守り醸した、吟醸味豊かな生酒。八ヶ岳の荒々しさに腰の強い切れ味を増している。

| | |
|---|---|
| 純米大吟醸酒 | 720ml |
| アルコール分 | 17% |
| 原料米 | 山田錦 |
| 日本酒度 | +4.5 |
| 酸度 | 1.6 |

| 水源 | 井戸水 |
|------|--------|
| 水質 | 軟水 |

# 山梨銘醸株式会社

〒408-0312 山梨県北杜市白州町台ヶ原2283　TEL.0551-35-2236
E-mail: info@sake-shichiken.co.jp　https://www.sake-shichiken.co.jp/

# 名水で醸して 300年

**七賢 純米吟醸 天鵞絨の味**（びろーどのあじ）

「契約農家栽培の米を使用」
爽やかな口当りと軽やかな吟醸香
が特徴。七賢の定番の純米吟醸。

| 純米吟醸酒 | 1,800ml |
|------------|---------|
| アルコール分 | 15% |
| 原料米 | 夢山水 |
| 日本酒度 | 非公表 |
| 酸度 | 非公表 |

## 名水百選に選ばれた仕込水と、「食」を通じた新たな提案

　長野県で代々酒蔵業を営んでいた北原家の7代目、北原伊兵衛光義が白州の水に惚れ込み、分家を出したのが寛延3年（1750）。以来、甲斐駒ヶ岳の伏流水を仕込水として醸し続けてきた。酒蔵の近くを流れる尾白川は日本名水百選に選ばれ、銘酒「七賢」には創業以来300年の歴史が刻み込まれている。社員による酒造りとは何か、その答えを追い求めながら、新たな「食」の提案も行っている。近年では、甘酒や麹を活用した製品の開発など、日本の食文化の情報発信を怠らない。酒蔵の隣接地にある直営レストランでは、地元産の米や野菜を活かした旬の献立を提供。中でも「鮭の麹づけ」と「わさびの醤油づけ」は加工食品として発売され、人気を呼んでいる。

# 春日酒造株式会社

| 水源 | 中央アルプス水系 |
|---|---|
| 水質 | 軟水 |

〒396-0026長野県伊那市西町4878-1　TEL.0265-78-2223
E-mail: kasuga-shuzo.co.jp

## 兄弟蔵人が醸す
## 伊那谷の銘酒

**信州伊那の酒蔵のモットーは
「多くを造るより美酒を造れ」**

　銘酒「井乃頭」の蔵元である漆戸醸造は、中央アルプスと南アルプスに囲まれた信州伊那谷、天竜川の流れる伊那市にある。大正4年（1915）10月、伊那市伊那部宿にあった休業中の造り酒屋"いさわ"の店舗を借り受け、初代・漆戸周平によって創業された。徳川300年のご用水である東京・井の頭公園の名水に因み、最高の湧水のある所という意味で命名された「井乃頭」は、中央アルプス水系の軟らかい良質な水を用いて醸され、飲み飽きしない味わいである。「多くを造るより美酒を造れ」という考えのもと、信州伊那の地で収穫される酒米"ひとごこち"や"美山錦"を用い、蔵元兄弟ふたり（ともに醸造学科卒）のみで、すべての酒を丁寧に醸している。

### 純米吟醸酒
**井乃頭 純米吟醸**

「果実香のような芳醇な香り」
華やかな香りやや甘めの飲み口の純米吟醸酒。冷やして香りを楽しめる。肴は信州サーモンが合う。

| 純米吟醸酒 | 720ml |
|---|---|
| アルコール分 | 15% |
| 原料米 | 長野県産美山錦 |
| 日本酒度 | −2.0 |
| 酸度 | 1.5 |

### 純米酒
**井乃頭 純米**

「果物のキウイを感じさせる酸味」
おだやかな香り、まろやかなのど越しの優しい純米酒。常温にて、旨みを味わう飲み方がベスト。

| 純米酒 | 720ml |
|---|---|
| アルコール分 | 15% |
| 原料米 | 上伊那産ひとごこち |
| 日本酒度 | +2.0 |
| 酸度 | 1.6 |

| 水源 | 北アルプスの伏流水 |
| 水質 | 中軟水 |

# 大信州酒造株式会社

〒390-0852 長野県松本市島立 2380　TEL.0263-47-0895
E-mail: info@daishinsyu.com　http://www.daishinsyu.com/

# 自然に感謝をこめてつくる
# 「天恵の美酒」

### 大信州 NAC 金紋錦 純米大吟醸

「なめらかな旨口のお酒」

すべての原材料が長野県産で高品
質な証としてN.A.C.長野県原産地
呼称管理委員会認定のお酒。

| 純米酒 | 1,800ml ／ 720ml |
| アルコール分 | 10% |
| 原料米 | 長野県産契約栽培米金紋錦 |
| 日本酒度 | ＋5.0 |
| 酸度 | 1.4 |

### 大信州手いっぱい 純米大吟醸

「味わいと香りがうまく調和」

精米から醸造、貯蔵にいたるまで"手
いっぱい"手塩にかけて醸した純米
大吟醸。

| 純米吟醸酒 | 1,800ml ／ 720ml |
| アルコール分 | 16% |
| 原料米 | 長野県産契約栽培米金紋錦 |
| 日本酒度 | ＋2.0 |
| 酸度 | 1.5 |

## 雄大な自然、熱意ある酒米農家、正真正銘の地酒を目指して

　長野県松本市に蔵を置く大信州酒
造。信州の気候、風土を映しこんだ
地酒、「天恵の美酒」を目指し酒づく
りを行っている。酒造りに使用する
仕込水は、蔵から見える北アルプス
が地中をめぐって湧き出る天然水。
また、使用する酒米は全て長野県生
まれの酒造好適米。この酒米を県内
10件の契約農家が愛情を込めて育て
ている。あえて四季醸造を行わない
のは、技術により、自然を操作する
のでなく、「この地に根付く気候に寄
り添ったお酒をつくりたい」という
蔵の理念が表れている。その理念を
表した言葉が「愛感謝」仕込み。蔵
人は酒の仕込みが始まる頃、自ら手
書きしたこの言葉を持ち場に貼り、
酒造りに臨んでいる。

# 岡崎酒造株式会社

| 水源 | 菅平水系 |
|---|---|
| 水質 | 軟水 |

〒386-0012 長野県上田市中央4-7-33　0268-22-0149
http://www.ueda.ne.jp/~okazaki/

# 信州上田で育まれた酒蔵

## 350年続く伝統の技を受け継ぎ地域の地酒文化を守り続ける

　岡崎酒造の創業は寛文5年（1665）。350年を超える歴史に裏付けられた伝承の技で、地元に愛される酒造りを続ける地酒蔵である。蔵がある上田市は、菅平高原から美ヶ原高原にかけてすり鉢状の盆地になり、平野部では米や果物、高原では野菜、山ではマツタケなど、全国でもトップクラスの収穫量を誇る土地。そんな上田市は稲倉の棚田でも有名で、岡崎酒造は棚田を後世まで保全するために酒米オーナー制度を採り入れたり、棚田とのパートナーシップ協定を締結したりと、積極的な地域活動を続けている。また長野県で開発された新種米「山恵錦（さんけいにしき）」についても、上田市5蔵の酒蔵で「山恵錦プロジェクト」を結成し、日々切磋琢磨している。

### 純米大吟醸酒

**信州亀齢 美山錦 純米大吟醸**

「手間暇惜しまず醸した銘酒」
メロンのように上品な吟醸香が、美山錦のシャープな旨みと調和する。繊細で透明感ある味わいが極上の逸品。

| 純米大吟醸酒 | 1,800ml／720ml |
|---|---|
| アルコール分 | 15% |
| 原料米 | 美山錦 |

### 純米酒

**信州亀齢 ひとごこち 純米**

「食中酒として幅広く楽しめる純米」
口に含むと「ひとごこち」の優しい味わいが広がる。のど越しはスッキリとし、後味のキレの良さが抜群。

| 純米酒 | 1,800ml／720ml |
|---|---|
| アルコール分 | 15% |
| 原料米 | ひとごこち |

| 水源 | 霧訪山井戸水 |
| 水質 | 軟水 |

# 株式会社小野酒造店

〒399-0601 長野県上伊那郡辰野町小野 992-1　TEL.0266-46-2505
E-mail: info@yoakemae-ono.com　https://yoakemae-ono.com/

# 小野という
# 土地への想い

## 純米吟醸酒
### 夜明け前「生一本」
**「もう一杯、と重ねたくなる酒」**
上品な吟醸香がまろやかにひろがりながら後味はスッキリ。何杯も飲みたくなると好評な逸品。「夜明け前」の代表酒

| | | |
|---|---|---|
| 純米吟醸酒 | 1,800ml / | 720ml |
| アルコール分 | | 16% |
| 原料米 | | 山田錦 |
| 日本酒度 | | ±0 |

## 命に代えても本物を追求する
## 酒造りの精神を受け継いだ蔵

　元治元年（1864）創業。代表銘柄の「夜明け前」は、島崎藤村を尊敬していた5代目が、藤村生誕100年に際し、藤村に因む銘柄をと望んで生まれたもの。『夜明け前』の主人公のモデルである藤村の父・島崎正樹氏が小野と深い交流があったこと、物語の時代背景が蔵の創業時代と重なることなどを考慮し、藤村記念館初代理事長・島崎楠雄氏より直接、使用許諾をいただいた経緯がある。その際「命に代えても本物を追求する精神を忘れることなく、一生を通じて味にこだわって営業して欲しい」との楠雄氏の言葉を受け、それはそのまま小野酒造の酒造りの姿勢となった。「夜明け前」という名そのものに、風土を重んじ大切に酒を造り上げる誓いが込められている。

145

# 株式会社角口酒造店

| 水源 | 鍋倉山湧水 |
|------|-----------|
| 水質 | 軟水 |

〒389-2412 長野県飯山市大字常郷1147　TEL.0269-65-2006
E-mail: info@kadoguchi.jp　http://www.kadoguchi.jp

# 豪雪地
# 奥信濃の地酒

## 「地元の人たちに愛されてこそ本当の地酒」を理念にした酒造り

現在の蔵元所在地で「こくや」の屋号で米穀商を営んでいた村松彦三郎が、明治2年（1869）に酒造業を始めたのが創業とされる。新潟県との県境、冬の間は3メートル以上の雪に覆われる日本有数の豪雪地域長野県飯山市に所在する県内最北端の蔵元である。創業者の「地元の人たちに愛されてこそ本当の地酒である」を理念に、地域の人々をはじめ、この地方を訪れる人々に飲み継がれてきた。厳寒の澄みきった空気と日本有数のブナの原生林を抱く麗峰、鍋倉山より湧き出でる清らかで豊かな水と、高精白の長野県産好適米である「金紋錦」「美山錦」「ひとごこち」をふんだんに使い、長年培った経験と情熱を酒造りに注ぎ込んでいる。

### 特別純米酒
### 北光正宗 金紋錦 特別純米

「大吟醸と同様の仕込み工程」
契約栽培米「金紋錦」の力を余すところなく引きだした、幅のある味わいとスマートなキレ味が特徴。

| 特別純米酒 | 720ml |
|------------|-------|
| アルコール分 | 15% |
| 原料米 | 金紋錦 |
| 日本酒度 | +5.0 |
| 酸度 | 1.6 |

### 大吟醸酒
### 北光正宗 金紋錦 大吟醸

「独特の個性を放つ逸品」
華やかで爽やかな香り、なめらかなのどごしとふくらむ味わいの奥底に「金紋錦」独特の滋味が広がる。

| 大吟醸酒 | 720ml |
|----------|-------|
| アルコール分 | 15% |
| 原料米 | 金紋錦 |
| 日本酒度 | +3.0 |
| 酸度 | 1.0 |

| 水源 | 八ヶ岳・千曲川伏流水 |
| 水質 | 軟水 |

# 黒澤酒造株式会社

〒384-0702 長野県南佐久郡佐久穂町穂積1400　TEL.0267-88-2002
E-mail: info@kurosawa.biz https://www.kurosawa.biz/

# 農業と深くかかわり地域に貢献する

### 井筒長 純米大吟醸 黒澤

「上品な香りと深い味わいの調和」

華やかで心地よい吟醸香と、甘くふくよかな味わい。香味のバランスが良い。ほどよく冷やして。

| 純米大吟醸酒 | 720ml |
| アルコール分 | 16.5% |
| 原料米 | 金紋錦 |
| 日本酒度 | −2.0 |
| 酸度 | 1.2 |

### 黒澤 生酛純米吟醸 ビンテージ

「生酛原酒をふた夏熟成」

バランスよく深い味わい、シャープなキレと余韻の深さが楽しめるビンテージ。冷やかぬる燗で。

| 純米吟醸酒 | 720ml |
| アルコール分 | 17.5% |
| 原料米 | 美山錦 |
| 日本酒度 | ＋3.0 |
| 酸度 | 2.0 |

## 日本でも屈指の高所にあり千曲川最上流となる蔵元

　信州北八ヶ岳山麓千曲川上流、標高800mの高原の町「佐久穂」。そこに蔵を構える黒澤酒造は、冷涼な気候・澄んだ空気・良質な千曲川の伏流水を活かし、安政5年（1858）創業以来、真摯な酒造りを続けている。蔵元杜氏・黒澤洋平の情熱、そして蔵人が一丸となっての丁寧な酒造りが蔵の誇りである。原料米は長野県産米に限定し、更に地元での酒米の作付け推奨・契約栽培、そして自社栽培など農業と深く関わり、原料米の精米も100%自社で行う。また自社田を利用した体験型ファンクラブや酒蔵解放イベントの開催、酒の資料館運営など、観光・文化面での地域に根差した情報発信を行なっている。

# 株式会社 酒千蔵野

| 水源 | 千曲川／犀川 |
| --- | --- |
| 水質 | 中硬水 |

〒381-2226 長野県長野市川中島町今井368-1 TEL.026-284-4062
E-mail: info@shusen.jp http://www.shusen.jp

# 「心が感じる酒」
# 「心で醸す酒」を守る

## 480年の歴史を誇る老舗酒蔵
## 最先端の裏付けで進化する伝統

酒千蔵野（しゅせんくらの）の創業は天文９年（1540）。信州・長野県で最も長い歴史と伝統を誇る酒蔵である。全国的に見ても７番目の歴史を持つ酒蔵で、杜氏である千野家の菩提寺に武田信玄公が休息していた折に、千野の酒をお出ししたとの逸話も残っている。酒蔵がある川中島町は、北アルプス源流の犀川と八ヶ岳源流の千曲川に囲まれた扇状地。ふたつの川の豊かな伏流水が湧く井戸の水を、酒千蔵野では仕込み水として使用している。また米も地元産にこだわり、酒造好適米「美山錦」を地元農家と土造りから協力し契約栽培を行っているという。昔ながらの伝統的な技と味を守りつつも、最新の技術・設備も導入し酒千蔵野の酒は進化を続けている。

### 純米酒

**川中島 特別純米酒**

「コクとキレを楽しめる純米」
長野県産の美山錦を全量使用して仕込んだ、米のコクと爽やかさを持つ純米。いつまでも飽きの来ない味わい。

| 純米酒 | 1,800ml |
| --- | --- |
| アルコール分 | 15～16% |
| 原料米 | 美山錦 |
| 日本酒度 | ±0 |
| 酸度 | 1.3 |

### 純米吟醸酒

**幻舞 純米吟醸【無濾過生原酒】**

「昔ながらの手造りの旨味」
米の旨みにこだわり、華やかな香りとスッキリとした酸が心地よい逸品。天ぷらやしめ鯖に合わせたい。

| 純米吟醸酒 | 1,800ml |
| --- | --- |
| アルコール分 | 16～17% |
| 原料米 | 金紋錦 |
| 日本酒度 | +3.0 |
| 酸度 | 1.6 |

# 酒ぬのや本金酒造株式会社

〒392-0004 長野県諏訪市諏訪 2-8-21　TEL.0266-58-0161
E-mail: info@honkin.net　http://honkin.net

# 本当の一番の
# 酒を醸す

## 地味な酒だが味わい深く、飲み飽きしない地元の晩酌酒

酒ぬのや本金酒造が蔵を構えるのは、御神渡りで有名な諏訪湖がある水と緑に恵まれた自然豊かな土地・長野県諏訪市。甲州街道沿い 500m の間に、酒ぬのやを含めた造り酒屋が 5 軒立ち並ぶ酒造りの街だ。創業者の宮坂伊三郎が、酒株を譲り受けて「志茂布屋（しもぬのや）」の屋号で創業したのは宝暦 6 年（1756）。当時の宮坂家は諏訪の文化・商売の発展にも尽力し、諏訪湖に川海老を放流したり、『諏訪旧跡誌』という書物をまとめたり、神社の神主を勤めたりなど、酒造業以外の活動も多かったという。現在、屋号は「酒布屋」に変わり、家族 5 人が中心の小さな蔵だが、原料米の大半を地元契約農家から仕入れるなど、昔と変わらず地域に根差した酒蔵である。

## 本金
### 「毎日、飲みたい酒を目指して」

本金のロングセラーである黄色ラベル。甘辛のバランスが取れたスッキリした酒質で、毎晩の晩酌に最適である。

| 普通酒 | 1,800ml ／ 720ml |
|--------|------------------|
| アルコール分 | 15〜16% |
| 原料米 | 県産米 |

## 本金 からくち太一
### 「本金といえば「太一」の看板商品」

50 年以上杜氏を勤めた北原太一氏の名を冠した酒。酸を活かしてすっきりした味わいの、透明感ある辛口。

| 本醸造酒 | 1,800ml ／ 720ml |
|----------|------------------|
| アルコール分 | 15〜16% |
| 原料米 | 県産米 |
| 日本酒度 | ＋7.0 |
| 酸度 | 1.4 |

# 信州銘醸株式会社

| 水源 | 依田川伏流水／黒曜水 |
| 水質 | 軟水／超軟水 |

〒386-0407 長野県上田市長瀬2999-1　TEL.0268-35-0046
E-mail: shinmei@ued.janis.or.jp　http://www.shinmei-net.com

# 厳守相伝と
# 挑戦

## 「品質本位」の酒造りを
## 昔ながらの手づくりで

　江戸後期の1834年頃に、丸子町（現上田市）で「桝屋」として創業して180余年となる酒蔵。現在の社名となったのは昭和33年だが、当初は同じ丸子の地で江戸・明治から続く伝統ある4つの蔵が、共同で瓶詰めを行うための会社として設立されたもの。のちの昭和48年（1973）に造りも共同で行うこととなり、現在のような形となった。美しい山々に囲まれた丸子で、"喜びを久しく盛り上げよう"と、4つの蔵の技と心意気が合わさってできた銘酒、それがこの蔵の代表銘柄「明峰喜久盛」である。戦中戦後の三倍醸造酒造りからもいち早く脱却し、杜氏を筆頭とする蔵人達は伝統の技・経験・勘を頑なに守るとともに、新技術も積極的に導入し、旨い酒造りに没頭している。

### 普通酒
**明峰 喜久盛**

「これぞ信州の美酒」

芳醇な香りと、スッキリとしていて爽やかな味わいで、調和のとれた旨口。糖類などの添加物は未使用。

| 普通酒 | 1,800ml／720ml |
| --- | --- |
| アルコール分 | 15% |
| 原料米 | 長野県産米 |
| 日本酒度 | −1.0〜+1.0 |
| 酸度 | 1.1〜1.2 |

### 純米吟醸酒
**瀧澤 純米吟醸**

「高貴さ漂う華やかな酒」

ほのかに香るフレッシュな果実香と口に含んだ際に感じる上質なお米の旨味。キレの良さとのバランスも良い。

| 純米吟醸酒 | 1,800ml／720ml |
| --- | --- |
| アルコール分 | 16〜17% |
| 原料米 | ひとごこち |
| 日本酒度 | ±0 |
| 酸度 | 1.7 |

水源 南アルプスの伏流水

# 株式会社仙醸

〒396-0217 長野県伊那市高遠町上山田2432　TEL.0265-94-2250
E-mail: info@senjyo.co.jp　https://www.senjyo.co.jp

# 米発酵文化を次世代に伝えたい

**黒松仙醸 純米大吟醸 プロトタイプ**
「果実のような深い甘味」
酒米ひとごこちの特徴を生かし、透明感のある甘味を追求した超甘口の純米大吟醸。

| 純米大吟醸酒 | 1,800ml／720ml |
|---|---|
| アルコール分 | 16% |
| 原料米 | ひとごこち |
| 日本酒度 | −15.0 |
| 酸度 | 1.7 |

**黒松仙醸 こんな夜に 純米吟醸 山女**
「信州産美山錦100％使用」
ラベルに描かれているのは長野県の河川にも多く生息する山女（やまめ）。酒米も酵母も長野産。

| 純米吟醸酒 | 1,800ml／720ml |
|---|---|
| アルコール分 | 16% |
| 原料米 | 美山錦 |
| 日本酒度 | 非公開 |
| 酸度 | 非公開 |

## 江戸時代から150年 若い世代への酒造りも

　明治維新と廃藩置県の2年前の慶応2年（1866）に太松酒造店として酒造りを始めたのが前身、現在の仙醸に社名変更したのは1973年。蔵は南アルプスと中央アルプスに挟まれた伊那谷にあり、「豊富な伏流水に恵まれ、降水量が少ない」「標高が高いため昼夜の温度差が大きい」「台風の被害が少ない」という酒にとって大切な米づくりに最も適した場所といえる。当蔵の経営理念は「米発酵文化を未来へ」。江戸時代から150年にわたり、酒造りを通じて米と麹に向き合ってきたからこそ、日本酒、あま酒、米麹、焼酎、酒粕など、米発酵食品を、これらと縁の薄い若い世代にも普及させたいと考えている。商品ラインナップには若き世代へ届けたい革新的な酒も並んでいる。

151

# 千曲錦酒造株式会社

| 水源 | 浅間山水系伏流水 |
|------|----------------|
| 水質 | 弱硬水 |

〒385-0021 長野県佐久市長土呂1110 TEL.0267-67-3731
E-mail: info@chikumanishiki.com https://www.chikumanishiki.com

# 信州佐久に
# 千曲錦あり

## 信州の名水と、信州産の米、
## 信州人蔵人の情熱が造る地酒

千曲錦酒造の祖先は、武田信玄二十四将のひとり原美濃守虎胤。川中島の勲功で佐久岩村田の地を拝領し、その子孫、原弥八郎が名主を勤めるかたわら、天和元年（1681）に酒造業を創業したのが始まりである。酒蔵のある長野県佐久市は、佐久平と呼ばれる標高700mの高原。北に浅間山山系、南に八ヶ岳連峰、その真ん中に日本最長の川「千曲川」が脈々と流れている。真冬の早朝には氷点下10度にまで冷え込む大自然に囲まれ、酒造りには最良の環境に恵まれている。仕込み水には蔵の井戸を用い、13mの浅井戸二つと60mの深井戸二つを使い分け、酒米には長野県産の美山錦を自家精米して使用。佐久に根付いた地酒・千曲錦は、いまも地元に愛され続けている。

### 純米吟醸酒

**純米吟醸 千曲錦**

「浅間山系の名水で醸した銘酒」
「美山錦」を高精白し、長期低温もろみで醸し出した純米吟醸酒。火入囲いも低温貯蔵庫でじっくりと熟成させた。

| 純米吟醸酒 | 1,800ml ／ 720ml |
|------------|------------------|
| アルコール分 | 15% |
| 原料米 | 美山錦 |
| 日本酒度 | －3.0 |
| 酸度 | 1.6 |

### 純米吟醸酒

**帰山 参番 純米吟醸生酒**

「酒造りの原点に帰る地酒」
春の新酒の爽やかな酸味と旨みが特長の生酒。ビン貯蔵氷点管理で安定した旨味を保っている。本数限定出荷。

| 純米吟醸酒 | 1,800ml ／ 720ml |
|------------|------------------|
| アルコール分 | 15% |
| 原料米 | 美山錦 |
| 日本酒度 | －15.0 |
| 酸度 | 3.1 |

| 水源 | 千曲川伏流水／蔵内井戸水 |
|---|---|
| 水質 | 軟水 |

# 株式会社 土屋酒造店

〒385-0051 長野県佐久市中込1914-2 TEL.0267-62-0113
E-mail: info@kamenoumi.com  https://kamenoumi.com/

# 佐久を醸す
# 想いを醸す

**亀の海 特別純米**

「冷やでも燗でも美味い酒」

酸味と米の旨味が調和したバランスの良い香味。余韻にキレがあるので飲みやすい。山の幸に合わせたい。

| 特別純米酒 | 1,800ml ／ 720ml |
|---|---|
| アルコール分 | 15% |
| 原料米 | ひとごこち |
| 日本酒度 | ＋2.0 |
| 酸度 | 1.8 |

**茜さす 特別純米**

「土壌にこだわり育てた米の旨み」

完全な無農薬栽培の「金紋錦」と「ひとごこち」をブレンドして醸す濃醇旨口の酒。上品な旨みと甘みが特徴。

| 特別純米酒 | 1,800ml ／ 720ml |
|---|---|
| アルコール分 | 16% |
| 原料米 | 金紋錦／ひとごこち |
| 日本酒度 | 非公開 |
| 酸度 | 1.6 |

## 地元産の酒米を使った 地元発の酒を醸したい

　土屋酒造店の創業は明治33年（1900）。蔵がある信州佐久は、標高600メートル以上の高原盆地に位置し、肥沃な大地と寒暖のある気候で稲作や酒造りに最適。今でも13の蔵がひしめく酒処だ。昔から佐久鯉や川魚、鶏肉、山菜や漬物（野沢菜や白瓜の粕漬）と共に地酒が親しまれてきた地域で、以前は山の幸に合わせる甘口の酒が多かった。近年は、多様な食材に合わせるため淡麗な傾向である。日本一長い川の源流「千曲川」が中心に流れるため、豊富な軟水と肥沃な圃場で収穫される「美山錦」「金紋錦」「ひとごこち」「山恵錦」を原料に、真の地酒造りに邁進している。最近は無農薬や有機栽培の酒米にも挑戦し、テロワール意識の高い酒造りを進めている。

# 戸塚酒造株式会社

〒385-0022 長野県佐久市岩村田752番地 TEL.0267-67-2105
E-mail: kanchiku@valley.ne.jp https://www.kanchiku.com/

| 水源 | 八ヶ岳伏流水 |
|---|---|
| 水質 | 軟水 |

## 厳寒に息づく寒竹の
## 凛とした姿を映す酒

### 八ヶ岳の雄大な自然に育まれた品質一筋の道を歩み続ける蔵

江戸時代の承応2年（1653）に初代・戸塚平右衛門がどぶろく造りを始めたのが戸塚酒造の始まり。以来、この蔵は数代に渡って岩村田藩御用達とされ、並びに町役人のお役を拝命してきた。代表銘柄である"寒竹"の名前の由来は、実在する寒竹という竹で、これは冬に筍が出るという珍しい種類の竹。それは極寒の佐久で、まさにこの時期にしか生まれない「清酒 寒竹」の様である。山紫水明、米どころ佐久は、八ヶ岳の豊富な伏流水に恵まれ、酒蔵の多い地として知られている。創業以来、戸塚酒造はひたすら手造りに徹し、品質一筋の道を歩んできた。長寿の郷、水よし米よしの佐久の雄大な自然で育まれた、知恵と心を尽くした酒を造り続ける蔵である。

### 大吟醸酒

**寒竹 大吟醸**

「香り際立つ美味しいお酒」

爽やかで品のある味と香り。厚みと旨みを感じながらキリッとした味の酒。5℃～15℃が飲みごろ。

| 大吟醸酒 | 720ml |
|---|---|
| アルコール分 | 16～17% |
| 原料米 | 山田錦 |
| 日本酒度 | +5.0 |
| 酸度 | 1.3 |

### 普通酒

**寒竹**

「常温と燗で変わる味わい」

しっかりとした旨みのある酒で、常温からお燗まで、温度で味わいが変わり、いろいろと楽しめるお酒。

| 普通酒 | 1,800ml |
|---|---|
| アルコール分 | 15% |
| 原料米 | 美山錦 |
| 日本酒度 | +2.0 |
| 酸度 | 1.2 |

| 水源 | 八ヶ岳水系 |
| 水質 | 軟水 |

# 伴野酒造株式会社

〒385-0053 長野県佐久市野沢 123　TEL.0267-62-0021
E-mail: sakagura@sawanohana.com　http://www.sawanohana.com

# 一盃が「旨い」
# 二盃が「心地良い」

### 純米大吟醸酒

**澤の花 中どり純米大吟醸 ひとつぶえり**

「大切に、大切に、ひと滴は儚い」
上品な香りと、みずみずしい味わ
いの純米大吟醸。やや冷やした温
度で飲むのがおススメ。

| 純米大吟醸酒 | 720ml |
| --- | --- |
| アルコール分 | 10% |
| 原料米 | 美山錦 |
| 日本酒度 | − 1.0 |
| 酸度 | 1.5 |

### 純米吟醸酒

**澤の花 純米吟醸 ひまり**

「冬のひだまりのような温かさ」
爽やかな香りと優しい旨みの純米
吟醸。やや冷やして飲んでも、常温・
ぬる燗で飲んでも美味。

| 純米吟醸酒 | 1,800ml ／ 720ml |
| --- | --- |
| アルコール分 | 16% |
| 原料米 | ひとごこち |
| 日本酒度 | ＋3.0 |
| 酸度 | 1.6 |

## 分かりやすくシンプルに
## 魅せる酒を目指す佐久の酒蔵

　伴野酒造は明治 34 年（1901）創
業、美しい自然に囲まれた冷涼の地、
酒どころ信州佐久の酒蔵である。地元
長野県産の良質な酒米、八ヶ岳水系の
地下水と佐久の厳寒な気候の冬に恵ま
れ、低温発酵で清らかな酒を醸してい
る。昔から地域で愛され、親しまれて
きた地元の酒蔵だが、故郷に想いを馳
せる癒しの酒でありたいと心を込め、
全国や世界に販路を広げている。主要
銘柄「澤の花」の酒銘は、信州佐久の
清流に咲く美しい花を意味しており、
シンボルは "あやめ" の花。この酒の
コンセプトは「米の味わいのする "心
地良さ" を感じられる酒」だ。伴野酒
造は「地酒でありたい」という想いと
ともに、安らぎを届ける酒を醸し続け
ている。

# 七笑酒造株式会社

| 水源 | 信州木曽山系の伏流水 |
|---|---|
| 水質 | 軟水 |

〒397-0001 長野県木曽郡木曽町福島5135番地 TEL.0264-22-2073
E-mail: nk7781@titan.ocn.ne.jp https://www.nanawarai.com/

# 笑みがこぼれる
# 旨口の酒

## 険しき中山道を行く旅の苦労は旨し酒で七回笑って吹き飛ばす

「夏でも寒い」と詠われるほど冷涼な地、信州木曽路に蔵を構える七笑酒造の創業は明治25年（1892）。木曽山系の水で醸した酒はやわらかな味わいが特徴で、底冷えする山間で暮らす人々にとっては昔からの楽しみ。ことのほか酒をたしなむ木曽の人々にとって、飲み飽きない七笑の酒は生活の一部となっている。「七笑」の酒銘は「笑う門には福来る」、七回笑えば七福が来る（幸せになる）といった願望が生み出した銘柄であるという。奇を衒うことなく、実直に作られた酒は「淡麗さを備えた、綺麗な旨口酒」として、山菜などの素朴な肴に合わせれば酒が主役に、ごちそうが出れば料理を引き立たせる名脇役にと、安心して飲める食中酒として好まれている。

### 普通酒
**七笑 紅梅**
「淡麗さと芳香味ある本醸造」
甘辛に左右されず旨口を目指した定番酒。やわらかな口当たりながら、キレの良いのど越しが料理を引き立てる。

| 普通酒 | 1,000ml／720ml |
|---|---|
| アルコール分 | 15% |
| 原料米 | 長野県産米 |
| 日本酒度 | ＋2.0 |
| 酸度 | 1.2 |

### 純米吟醸酒
**七笑 純米吟醸**
「冷やで楽しむ美山錦本来の旨み」
ほのかな香りと優しい舌ざわり、きめ細かく滑らかな味わい。米本来の旨みと水のやわらかさが調和している。

| 純米吟醸酒 | 1,800ml／720ml |
|---|---|
| アルコール分 | 15% |
| 原料米 | 美山錦 |
| 日本酒度 | ±0 |
| 酸度 | 1.5 |

| 水源 | 犀川伏流水 |
| 水質 | 中硬水 |

# 株式会社 西飯田酒造店

〒381-2235 長野県長野市篠ノ井小松原1726番地　TEL.026-292-2047
E-mail: nishiida@mx2.avis.ne.jp　http://w2.avis.ne.jp/~nishiida/

# 長野県内で唯一の
# 花酵母使用蔵元

### 信濃光 本醸造

「冷、燗で楽しめる飽きない味」
長野県の県花であるリンドウの花酵母で醸造した、さらりとしながらも旨みのある淡麗な味。

| 本醸造酒 | 1,800ml |
|---|---|
| アルコール分 | 15% |
| 原料米 | 長野県産米 |
| 日本酒度 | ＋2.0 |
| 酸度 | 1.6 |

### 積善 純米酒 りんごの花酵母

「果実のような爽やかな酸味」
りんごの花酵母を使い、果実のような爽やかな酸味が特徴の純米酒。冷で飲むのがおすすめ。

| 純米酒 | 1,800ml |
|---|---|
| アルコール分 | 15% |
| 原料米 | ひとごこち |
| 日本酒度 | －2.0 |
| 酸度 | 1.8 |

## 花酵母と酒米を組み合わせてオンリーワンの酒を醸す

　西飯田酒造店では、酒の発酵に不可欠な酵母、その酵母を自然界の花から抽出・分離した清酒酵母・通称「花酵母」をすべての商品に使用し、醸している。長野県内では唯一の花酵母使用蔵元だ。「信濃光」や「積善」という銘柄で、様々な種類の花酵母と原料の酒造好適米を組み合わせ、オンリーワンの酒質を目指している。また、清酒だけでなく果実酒の製造も行っている。自社農園にて栽培したナイアガラを使用した白ワイン「メローズ」、地元のりんご農園とのコラボレーションで誕生したりんごのスパークリングワインのシードルほか、長野県内産のモモや梅、ブルーベリーなどを使用した果実酒がラインナップされている。

157

# 宮坂醸造株式会社

| | |
|---|---|
| 水源 | 入笠山伏流水 |
| 水質 | 軟水 |

〒392-8686 長野県諏訪市元町1-16 TEL.0266-52-6161
https://www.masumi.co.jp

# 人、自然、時を結ぶ

## 豊かな風土で醸した日本酒を世界酒へと進化させ伝える

地域の風土や伝統・文化を映し出す存在が地酒。酒蔵の成り立ちやそれぞれの時代に生きた人々の想い、原料となる米や水の生まれる自然環境といった、土地に眠る物語が一本の酒には眠っている。寛文2年（1662）創業の宮坂醸造が、江戸後期から使い始めたブランド名「真澄」では、「人 自然 時を結ぶ」をブランドメッセージとして掲げ、信州諏訪の地域振興、自然保護、文化継承といった事業を大切にしている。甲州街道沿いにある酒蔵5蔵と連携してのイベント開催や、地域の風土や人々の暮らしや想いを紹介するタブロイドマガジン『Brew』の発行といった活動はそのひとつ。地域の恩恵に預かる身として、より良い形で未来へ繋げられるよう努めている。

### 純米大吟醸酒
**純米大吟醸 夢殿**

「杜氏が造りたいように造れる酒」
「真澄」が醸す純米酒の最高峰。格調高い芳香と深みのある味わい。ワイングラスなど香りを楽しめる器で。

| 純米大吟醸酒 | 1,800ml ／ 720ml |
|---|---|
| アルコール分 | 15% |
| 原料米 | 山田錦 |
| 日本酒度 | − 3.0 |
| 酸度 | 1.5 |

### 純米吟醸酒
**純米吟醸 漆黒 KURO**

「漆塗りの艶やかな黒をイメージ」
味の調和を大切に醸した透明感とふくらみを合わせ持つ一本。冷酒から常温、ぬるめの燗まで幅広く楽しめる。

| 純米吟醸酒 | 1,800ml ／ 720ml |
|---|---|
| アルコール分 | 15% |
| 原料米 | 山田錦／美山錦 |
| 日本酒度 | ＋ 5.3 |
| 酸度 | 1.4 |

| 水源 | 木曽川源流伏流水 |
|------|------------------|
| 水質 | 中軟水 |

# 株式会社湯川酒造店

〒399-6201 長野県木曽郡木祖村大字薮原1003-1 TEL.0264-36-2030
E-mail: info@sake-kisoji.com https://www.yukawabrewery.com

# 標高 1,000 メートルの
# 風土を活かす

### 木曽路 特別純米酒

「日常に寄り添う晩酌酒」

まろやかな口当たりとふくよかな
コクの特別純米酒。甘味と酸味が
きいた米の旨味たっぷりの味わい。

| 特別純米酒 | 1,800ml / 720ml |
|------------|------------------|
| アルコール分 | 15% |
| 原料米 | 信州産美山錦 |

### 十六代九郎右衛門 純米吟醸 美山錦

「十六代九郎右衛門の定番」

美山錦の苦みや渋みを、爽やかな
酸味と甘みでまとまりよく表現。
冷や・常温・燗のいずれも美味。

| 純米吟醸酒 | 1,800ml / 720ml |
|------------|------------------|
| アルコール分 | 17% |
| 原料米 | 信州産美山錦 |

## 信州木曽街道の奥深くで
## 美味い地酒を造り続け370年

　伝統的な酒造りを踏襲しながら、時代にあわせてその技術や味わいの変化にも挑戦し続けている湯川酒造店は、かつて芭蕉が詠み、広重が描いた信州木曽街道の奥深く、藪原宿の片隅にひっそりと佇んでいる。慶安3年（1650）創業という長い歴史を持ち、13代目の時代には、蔵敷地内の枕流館にアララギ派の歌人たちが集い、蔵の銘酒を呑み交わしたとの逸話もある。だが、そんな歴史にも驕らず造り手の若返りを図り、醸造から販路までの体制を築いてきた。造り続けてきたのは、木曽の良質な水と信州の米を使い、地酒ならではの深いコクを持つ味わい豊かな酒。16代目まで酒造りを続けてきてくれた先代への感謝を忘れず、後世まで継承する思いを誓う。

# 米澤酒造株式会社

| | |
|---|---|
| 水源 | 南アルプス伏流水 |
| 水質 | 軟水 |

〒399-3801 長野県上伊那郡中川村大草 4182-1 TEL.0265-88-3012
E-mail: jizake@imanisiki.co.jp https://imanisiki.co.jp/

# 南信州が育んだ地酒

## 貴重な日本の原風景を守るため棚田の世話から始まる酒造り

米澤酒造は明治40年（1907）創業の、長野県の南部・中川村にある小さな酒蔵。メインブランドの今錦（いまにしき）は、初代米澤八十太郎が草相撲で使っていた四股名に由来する。地域に親しまれる酒造りを続けてきた米澤酒造だが、近年ほかの多くの造り酒屋と同様に存続の危機に瀕し、2014年に「かんてんぱぱ」で知られる伊那食品工業のグループ会社となって再出発を果たした。地元中川村の美しい景観を保全する活動に繋がる、棚田での酒米づくりを地元有志と共に応援している。搾りは伝統的な酒槽で、普通酒から純米大吟醸まですべての酒を手間をかけて上槽。優しく柔らかい飲み口は、ここ数年、国内外の各種コンクールでも高い評価を得ている。

### 純米大吟醸酒

**今錦 純米大吟醸**

「軽く冷やして香りを楽しむ」
低温で長期発酵させたもろみを酒槽で手間をかけて搾った酒。柔らかで爽やかな酸と米の旨味の調和が特長。

| 純米大吟醸酒 | 1,800ml ／ 720ml |
|---|---|
| アルコール分 | 16% |
| 原料米 | 美山錦 |
| 日本酒度 | － 1.0 |
| 酸度 | 1.3 |

### 特別純米酒

**今錦 中川村のたま子 特別純米**

「やや辛口でキレのいい口当たり」
中川村の美山錦を伝統的な酒槽で搾った特別純米シリーズ。同じ原酒で年4回、季節ごとの味を楽しめる。

| 特別純米酒 | 1,800ml ／ 720ml |
|---|---|
| アルコール分 | 16% |
| 原料米 | 美山錦 |
| 日本酒度 | ＋ 1.5 |
| 酸度 | 1.8 |

| 水源 | 創業地内の地下水 |
|------|------------------|
| 水質 | 軟水 |

# 朝日酒造株式会社

〒949-5494 新潟県長岡市朝日 880-1　TEL.0258-92-3181
https://www.asahi-shuzo.co.jp

# 越後杜氏の伝統と
# 時代の先への挑戦

### 久保田 千寿

「すっきり淡麗、久保田の定番」

いつもの食事を特別に美味しくする食
中酒。米本来の旨味と酸味が味わえ、
ほのかな余韻と甘みを感じられる。

| 吟醸酒 | 1,800ml / 720ml / 300ml |
|--------|------------------------|
| アルコール分 | 15% |
| 原料米 | 五百万石 |
| 日本酒度 | ＋5.0 |
| 酸度 | 1.1 |

### 久保田 純米大吟醸

「上質で華やかな香り」

香り、甘み、キレが融合した、新しい
美味しさを追求したモダンでシャー
プな純米大吟醸酒。冷酒か常温で。

| 純米大吟醸酒 | 1,800ml / 720ml / 300ml |
|--------------|------------------------|
| アルコール分 | 15% |
| 原料米 | 五百万石 |
| 日本酒度 | ±0 |
| 酸度 | 1.3 |

## すべてにおいて品質本位
## 銘酒「久保田」を醸す新潟の蔵

　天保元年（1830）、「久保田
屋」の屋号で創業。越後杜氏の
伝統を受け継ぎながらも、時代
の先を見据えた挑戦を続け、品
質本位の酒造りに邁進してきた。
1986年に生まれた「久保田」も、
変化する顧客の嗜好に「淡麗辛
口」を打ち出し、新たな市場を
切り開いたもの。また朝日酒造は、
美味い酒をもたらす越路の自然を守
るため、「きれいな空気・水環境の指
標」であるホタルが生息しやすい環
境づくりに取り組んでいる。食がま
すます多様化する昨今、朝日酒造は
品質本位の酒造りはそのままに、顧
客の声に耳を傾け、新しい美味しさ
を提案すべき時を迎えている。ひと
口飲めば、心も体も喜びに満ちる。
そんな酒を造るため、朝日酒造は酒
造りの正道を歩んでいく。

# 池浦酒造株式会社

| | |
|---|---|
| 水源 | 井戸水 |
| 水質 | 軟水 |

〒949-4524 新潟県長岡市両高1538 TEL.0258-74-3141
E-mail: sake@ikeura-shuzo.com https://ikeura-shuzo.com/

# 酒は文化であるとする
# 風雅な思想

## 品質本位の手作りを基本とし
## 呑み飽きしない酒造りを目指す

江戸末期の天保元年（1830）創業の、当主で7代目を数える老舗の蔵。庄屋の家系であった初代は、この地によい水が湧出することを知り、酒造りを始めたとされる。昭和初期、若い頃から平等思想を重んじた5代目・隆右衛門氏が尊敬し、交流を深めた長岡の哲学者・野本互尊翁の互尊精神に共鳴し、時の漢学者・安岡正篤先生の助言を得て、代表銘柄「和楽互尊」（互いに尊びあえば和やかで楽し）の名が付けられた。酒造りを通じ、広く世の中を平和に導こうという崇高な思想が込められている。また六代目の隆氏もそんな父の影響を受けたのか、長岡市を終焉の地とする良寛和尚の心や徳風を世に広めたいと、「心月輪」「天上大風」の銘柄を出すに至った。

### 特別純米酒

**和楽互尊 特別純米酒**

「造造好適米・高嶺錦の旨み」

米本来の旨みをじっくりと引き出した、味わいのある飲みやすい純米酒。冷や、またはぬる燗で。

| 特別純米酒 | 1,800ml |
|---|---|
| アルコール分 | 15.3% |
| 原料米 | 高嶺錦 |
| 日本酒度 | ＋4.0 |
| 酸度 | 1.4 |

### 純米大吟醸酒

**天上大風 純米大吟醸**

「良寛の里の酒」

地元の酒造好適米「越淡麗」を用い、じっくり丁寧に醸した、上品で含み香豊かな芳香と味わいの酒。

| 純米大吟醸酒 | 720ml |
|---|---|
| アルコール分 | 16.3% |
| 原料米 | 越淡麗 |
| 日本酒度 | ー1.0 |
| 酸度 | 1.4 |

| 水源 | 白馬山麓伏流水 |
|---|---|
| 水質 | 中硬水 |

# 池田屋酒造株式会社

〒941-0065 新潟県糸魚川市新鉄1-3-4 TEL.025-552-0011

# 美談の里の
# 誉酒

## 塩送り美談の里に生まれた
## 越後の銘酒「謙信」の蔵元

### 特別本醸造 謙信

「和食に合う本格派辛口」

きれいで柔らかな口当たり。晩酌向きの、スッキリとしながら旨みもある新潟淡麗辛口酒。

| 特別本醸造酒 | 1,800ml |
|---|---|
| アルコール分 | 15〜16% |
| 原料米 | ゆきの精 |
| 日本酒度 | +3.0 |
| 酸度 | 1.3 |

### 大吟醸 謙信

「全国酒類鑑評会、7年連続金賞」

香りおさえめの吟醸香に口の中に広がる味のふくらみの後、スッと流れゆく酸のキレがあり、後口爽やか。

| 大吟醸酒 | 1,800ml |
|---|---|
| アルコール分 | 16〜17% |
| 原料米 | 山田錦 |
| 日本酒度 | +4.0 |
| 酸度 | 1.3 |

　越後の名将・上杉謙信が、川中島合戦の折に敵将・武田信玄に塩を送るという美談を生んだ「塩の道」こと千国街道の基点近く、新潟県最西端の糸魚川市で、文化9年（1812）に創業した池田屋酒造。蔵元のある糸魚川市は「世界ユネスコジオパーク」に指定され、国石「ヒスイ」の全国唯一の産地として知られている。厳選された酒造好適米の山田錦・五百万石・越淡麗を用い、日本アルプスの白馬岳を水源とする姫川の伏流水を仕込み水とし、生産数量は追わずに地元の食文化に合った、甘みと酸味のバランスが良い酒を醸し出す。小さな蔵ならではの手造り感を大切にしつつ、ベテランの越後杜氏の技と若い感性を取り入れた、新しい新潟清酒を目指す。

# 石本酒造株式会社

| 水源 | 阿賀野川水系 |
|---|---|
| 水質 | 軟水 |

〒950-0116 新潟県新潟市江南区北山847-1　TEL.025-276-2028
https://koshinokanbai.co.jp

# 超有名銘柄 「越乃寒梅」の醸造元

## 米本来の旨みを凝縮した辛口の 「越乃寒梅」は"幻の酒"ではない

超有名銘柄「越乃寒梅」の醸造元である石本酒造は、明治40年（1907）創業。日本酒を愛する者なら一度は飲んでみたいと願う酒だ。蔵元は「越乃寒梅は本来、気軽に晩酌していただきたい酒なんです」と語る。だが実際は、大量生産に走らず、品質向上を最優先しているため"幻の酒"と呼ばれ、プレミア価格が付いてしまうという。高値での取引は蔵元の本意ではないのだ。「越乃寒梅」は良質な原料米にこだわり、すっきりした中に米本来の旨味が凝縮された辛口の酒。料理の味を損なわず、食中酒として楽しめる。需要と供給のバランスが取れていない状況は今も変わりないが、「頑なに極めるということ、越乃寒梅であるということ」という蔵元の誇りも永遠に変わることはない。

### 大吟醸酒
**越乃寒梅 超特撰 大吟醸**

「超贅沢な究極の逸品」
精米歩合30％。吟醸香はひかえめで、料理に寄り添う。口あたりはスッキリとして飲み飽きしない酒。

| 大吟醸酒 | 720ml |
|---|---|
| アルコール分 | 16.6％ |
| 原料米 | 山田錦 |
| 日本酒度 | ＋6.0 |
| 酸度 | 1.1 |

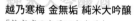

### 純米大吟醸酒
**越乃寒梅 金無垢 純米大吟醸**

「熟成感のある口あたり」
精米歩合35％。低温発酵、低温熟成により、口に含んだときに熟成された柔らかな酒質を感じられる。

| 純米大吟醸酒 | 720ml |
|---|---|
| アルコール分 | 16.3％ |
| 原料米 | 山田錦 |
| 日本酒度 | ＋3.0 |
| 酸度 | 1.3 |

| 水源 | 守門山系の伏流水 |
|------|------------------|
| 水質 | 軟水 |

# 越銘醸株式会社

〒940-0217 新潟県長岡市栃尾大町2番8号　TEL.0258-52-3667
E-mail: koshinotsuru@extra.ocn.ne.jp　https://koshimeijo.jp/

# 地元の棚田を守り
# 酒米を作る

### 越の鶴 純米大吟醸 domaine※

「新生コシノツルを目指した第一歩」
華やか。やわらかな口当たりと後から
締めてくれる程よい辛さ、キレが特徴
的な酒。冷やで飲むのがおススメ。

| 純米大吟醸酒 | 1,800ml |
|--------------|---------|
| アルコール分 | 16% |
| 原料米 | 五百万石 |
| 日本酒度 | ±0 〜+2.0 |
| 酸度 | 1.5 〜 1.7 |

※「domaine（ドメーヌ）」とはフランス語で
区画・領地などを示す言葉で、酒造りにお
いて、栽培・醸造・熟成・瓶詰めまですべ
てをひとつの生産者が行うことを意味する。

### 山城屋 スタンダードクラス 純米大吟醸

「スマートさと透明感のある逸品」
爽やかで穏やか、軽快な酸が特徴。ド
ライさがアクセントを効かせ、和食は
もちろん濃い味の料理とも好相性。

| 純米大吟醸酒 | 1,800ml |
|--------------|---------|
| アルコール分 | 14% |
| 原料米 | こしいぶき／五百万石 |
| 日本酒度 | +7.0 〜+9.0 |
| 酸度 | 1.5 〜 1.7 |

## 手造りを基本とした酒造りを
## 伝統に、美しい酒を追求する

　「売れる酒ではなく美味しいと言っ
てもらえる酒造り」をモットーに長
年栃尾の地で愛飲され続け、地元の
酒販店、農家との繋がりも大切にし
ながら酒造りに取り組んできた酒蔵。
当社、江戸時代の享保年間創業の山
家屋と、弘化2年（1845）創業の山
城屋が昭和9年に合併し、現在の越
銘醸株式会社となった。地元の栃尾
地域は上杉謙信が幼少期を過ごした
歴史深い土地でもある。平成29年
からは栃尾の耕作放棄の棚田にて、
自社による酒造好適米「五百万石」
の栽培を開始。農家の高齢化などの
問題もあるなかで、地元の環境を守
り、地元の米で酒造りを続けていく
ため、今後さらに自社での稲作を進
め、地元に根付いた越銘醸にしかで
きない酒造りを目指している。

# 加賀の井酒造株式会社

| 水源 | 姫川伏流水 |
|---|---|
| 水質 | 中硬水 |

〒941-0061 新潟県糸魚川市大町2-3-5 TEL.025-552-0047
E-mail: kaganoi@cocoa.ocn.ne.jp http://www.kaganoi.co.jp

# 加賀藩糸魚川
# 本陣の酒蔵

## 新蔵が完成し、酒づくりを再開
## 「新たな」加賀の井の味づくりを

加賀の井酒造の創業は慶安3年（1650）。江戸時代、糸魚川市は加賀百万石の参勤交代の宿場だった。加賀前田家3代目の前田利常公の時、当地に本陣が置かれ、利常公により酒銘「加賀の井」は命名された。2016年12月に発生した糸魚川市駅北大火を受けて新たに建設した新蔵が2018年春に完成し、酒造りを再開。新蔵は大火前と比較し、原料米の状態をより見極める事が可能となり、現在はこの蔵の特徴を活かしながら「つくる事は育むこと。基本に忠実な酒づくり」を胸に、自蔵の特徴である「中硬水」の仕込み水との相性を考えながら、新蔵の力を活かした「新たな」加賀の井の味づくりを行っている。

### 加賀の井 純米吟醸

「海の幸との相性抜群」

酒米に五百万石、酵母にきょうかい901号と新潟県の酵母を使用した純米吟醸。

| 純米吟醸酒 | 1,800ml／720ml／300ml |
|---|---|
| アルコール分 | 15% |
| 原料米 | 五百万石 |
| 日本酒度 | ＋3.0 |
| 酸度 | 1.6 |

### 加賀の井 純米吟醸高嶺錦

「酒造好適米高嶺錦」

酒米は使用する蔵が少ない「高嶺錦」。穏やかな香りと豊かな旨みの芳醇旨口の純米吟醸酒。

| 純米吟醸酒 | 1,800ml／720ml |
|---|---|
| アルコール分 | 15% |
| 原料米 | 高嶺錦 |
| 日本酒度 | ＋4.0 |
| 酸度 | 1.7 |

| 水源 | 新発田市上水 |
| 水質 | 軟水 |

# 菊水酒造株式会社

〒957-0011 新潟県新発田市島潟750 TEL.0254-24-5111
E-mail: customer@kikusui-sake.com https://www.kikusui-sake.com

# 味だけではない
# 酒文化の伝承を誓う

### 本醸造酒

### 菊水の辛口

「冴えた辛さに旨みが残る」

軽くて飲みやすい辛口。きりりと
冴えわたる辛さに、しっかりとし
た旨みが立ちのぼる本醸造酒。

| 本醸造酒 | 1,800ml／720ml／500ml／300ml／180ml |
| アルコール分 | 15% |
| 原料米 | 新潟県産米 |
| 日本酒度 | ＋7.0 |
| 酸度 | 1.3 |

### 本醸造生原酒

### ふなぐち菊水一番しぼり

「果実のような香りと旨み」

日本初のアルミ缶入り生原酒。しぼ
りたての酒ならではのフレッシュな
香りと旨みが豊かな味わい。

| 本醸造生原酒 | 1,500ml／500ml／200ml |
| アルコール分 | 19% |
| 原料米 | 新潟県産米 |
| 日本酒度 | －3.0 |
| 酸度 | 1.8 |

## 伝統と新発想の酒造りで
## 味の追求だけにとどまらない

　明治14年（1881）創業の菊水
酒造の地元・新潟県新発田市。その
南北に広がる北越後平野で収穫され
る良質の米に加え、加治川周辺には
豊富な地下水脈があり、飯豊連峰の
雪解け水を含む清冽な伏流水とあい
まって、酒造りに絶好の環境である。
日本初のアルミ缶入り生原酒「ふな
ぐち菊水一番しぼり」や新潟地酒の
定番「菊水の辛口」など、個性豊か
な日本酒を揃えているのが菊水の強
み。時代により変わる嗜好に合わせ
て新商品も開発し、現在では海外20
か国への輸出も行っている。秋に一
面広がる稲穂のような「ふなぐち菊
水一番しぼり」の金色の缶は、どん
な場所どんな気候風土で造られてい
るのかを雄弁に表し、地元・新発田
テロワールを世界に発信している。

167

# 君の井酒造株式会社

| 水源 | 矢代川の伏流水 |
|---|---|
| 水質 | 軟水 |

〒944-0048 新潟県妙高市下町 3-11　TEL.0255-72-3136
E-mail: mail@kiminoi.co.jp　http://www.kiminoi.com/

# これまでもこれからも
# "エレガントな山廃"

## 「蔵付乳酸菌仕込」と銘打ち
## 唯一無二な旨みを追求

君の井酒造は昔の北国街道新井宿の街道沿いに位置している。創業年については、新井は昔から火災が多いため、当蔵に残る最も古い記録から天保13年（1842）としている。君の井の酒造りの大きな特徴は、時間と労力がかかる山廃仕込である。山廃仕込とは自然の乳酸菌で時間をかけて発酵させる製造法だが、蔵には神秘的な"いのち"の営みを促す乳酸菌が生息している。これを「蔵付乳酸菌仕込」と銘打ち、唯一無二な旨みがあふれる"エレガントな山廃"を継承している。この得意とする山廃仕込で、国内外に評価される食中酒をこれからも造り続けていく。

### 純米吟醸酒

**君の井 山廃 純米吟醸**

「山廃ならではの芳醇な旨み」
蔵付乳酸菌仕込で醸した山廃酒。豊かな旨みとキレイさを持ち合わせ飲み飽きしない。

| 純米吟醸酒 | 1,800ml ／ 720ml |
|---|---|
| アルコール分 | 15.5% |
| 原料米 | 五百万石 |
| 日本酒度 | ＋4.0 |
| 酸度 | 1.4 |

### 純米酒

**君の井 山廃 純米**

「穏やかな旨みのあふれる純米酒」
蔵付乳酸菌仕込で醸した山廃酒。「KURA MASTER 2020」純米酒の部でプラチナ賞受賞。

| 純米酒 | 1,800ml ／ 720ml |
|---|---|
| アルコール分 | 15.5% |
| 原料米 | 越淡麗／新潟県産米 |
| 日本酒度 | ＋2.0 |
| 酸度 | 1.7 |

| 水源 | 自家湧水 |
| --- | --- |
| 水質 | 軟水 |

# 久須美酒造株式会社

〒949-4511 新潟県長岡市小島谷 1537-2 TEL.0258-74-3101

# 越後杜氏の匠の技で
# 雪国・新潟の代表蔵に

純米吟醸酒

### 清泉・七代目
「若き蔵人と夢の実現へ」
酒蔵7代目社長が若い蔵人たちと「野
に咲く花のような酒」を目指した酒。
口当たりは上品な白ワインのよう。

| 純米吟醸酒 | 1,800ml／720ml |
| --- | --- |
| アルコール分 | 16% |
| 原料米 | 山田錦 |

純米吟醸酒

### コピリンコ・こぴりんこ
「男のコピリンコ、女のこぴりんこ」
"コピリンコ"とは、発酵学者・小泉
武夫先生が日本酒をじっくり味
わって飲む様子を表現した造語。

| 純米吟醸酒 | 300ml |
| --- | --- |
| アルコール分 | 15% |

## わずかな種もみから名米を復活
## 漫画「夏子の酒」のゆかりの蔵

　天保4年（1833）に初代・久須美
作之助が創業、以来 180 有余年、手
づくりの伝統を守り、雪国・新潟の
自然に恵まれた小さな村里で酒造り
を続けている久須美酒造。裏山から
湧き出る自然水（新潟県の名水指定）
を仕込み水に使い、越後杜氏の匠の
技で丁寧に仕込んだ酒が代表銘柄の
「清泉」。また、大吟醸酒「亀の翁」は、
昭和 55 年に 6 代目の手によって、戦
前に途絶えた幻の名米「亀の尾」を
僅か 1,500 粒の種もみから 3 年がか
りで復活・自家栽培させた米で醸造
した酒だ。この米と酒づくりの物語
が、漫画「夏子の酒」のモチーフに
なり、平成6年には連続テレビドラ
マ化もされて大きな話題に。真摯な
酒造りへの情熱を、美味さとともに
味わいたい。

# 合資会社竹田酒造店

| 水源 | 自社井戸水 |
|---|---|
| 水質 | 弱軟水 |

〒949-3114 新潟県上越市大潟区上小船津浜 171 番地　TEL.025-534-2320
https://www.katafune.jp/

# 銘柄「潟舟」の身上は
# コクのある旨口

## 「米」の特徴をより引き出し
## 豊富で良質な仕込み水を使用

　慶應 2 年（1866）、幕末の時代に竹田清左衛門が漁舟の船着場である上小船津にて酒造業を開始したのが始まりの竹田酒造店。代表銘柄の「潟舟（かたふね）」はその幕末の頃よりの名で、砂丘に点在する「潟」と「舟」に由来する。「潟舟」の身上はコクのある旨口。昨今もてはやされた淡麗辛口に比べるとふっくら丸く辛さと調和したやさしい甘味がある。「米」の特徴をより引き出すため、一反につき八俵以上作らないように契約農家にお願いしている。一方、仕込み水は砂丘で濾過され、豊富で良質な地下水。この米と水、「手を抜かない」という信念で、これからもお客様が喜ぶお酒を造り続けていく。

### 特別本醸造酒

**かたふね 特別本醸造**

「IWC 部門最高賞受賞」
味の深さに加えて軽快な喉越し、燗よし、冷やでよし、すべての人に喜ばれる香り高い一品。

| 特別本醸造酒 | 1800ml／720ml |
|---|---|
| アルコール分 | 15.6% |
| 原料米 | 越神楽／こしいぶき |
| 日本酒度 | − 2.0 |
| 酸度 | 1.3 |

### 純米吟醸酒

**かたふね 純米**

「お米の旨みが味わえる」
米と米麹だけで造られた純米酒。「関東信越国税局酒類鑑評会」純米酒部の部「最優秀賞」。

| 純米吟醸酒 | 1800ml／720ml |
|---|---|
| アルコール分 | 15.7% |
| 原料米 | 越神楽／こしいぶき |
| 日本酒度 | − 3.0 |
| 酸度 | 1.7 |

170

| 水源 | 天然水 |
|------|--------|
| 水質 | 軟水 |

# 栃倉酒造株式会社

〒940-2146 新潟県長岡市大積町1丁目乙274-3　TEL.0258-46-2205
E-mail: t-tochi@niks.or.jp

# 蔵の宝は
# 人の縁

## 「米百俵」の心が根付く長岡で
## 頑なに守り続ける酒造りの技

### 蔵の宝 六郎次 純米吟醸生酒

「匠の名を冠した醸しの技の粋」

「にいがたの名工」にも選出された杜氏、郷六郎次氏の名を冠した蔵こだわりの酒。香り控えめで旨みがある。

| 純米吟醸酒 | 1,800ml／720ml |
|-----------|----------------|
| アルコール分 | 16% |
| 原料米 | 国産米 |
| 日本酒度 | −1.0 |

### 米百俵 伝統の味

「普通酒なれど一切の手抜きなし」

淡麗ながら豊かで自然な甘みと旨み。お手頃価格の晩酌酒だが、精米歩合はなんと吟醸酒なみの60%以下。

| 普通酒 | 1,800ml |
|--------|---------|
| アルコール分 | 15〜16% |
| 原料米 | 五百万石 |
| 日本酒度 | ＋5 |

明治37年（1904）の創業以来、長岡市西部、大積の地で酒造りを営む蔵。栃倉酒造が目指す酒質は、しっかりとした味があり、しかも飽きずに毎日の晩酌で飲めるような酒。そのため、重要な「麹・酒母・もろみ」の各工程ではきめ細やかな手造りを心がけ、とくに麹造りは杜氏自らが行いつつ若い従業員を指導している。仕込み水は蔵の裏山から横井戸で引き込んだ清水、米は地元産の酒造好適米を使用。主力銘柄の「米百俵」は、戊辰戦争後の長岡藩が、見舞いの米百俵を学校創設資金に充てたという故事に因む。人材育成の重要性は酒造りでも同様である。また酒の販売については、県内外の信頼のおける小売店に直接卸す「直販制度」を確立させている。

# 八海醸造株式会社

| 水源 | 八海山系伏流水 |
| 水質 | 軟水 |

〒949-7112 新潟県南魚沼市長森 1051　TEL.0800-800-3865
https://www.hakkaisan.co.jp/

# 神様が酒のために
# 造った場所

## 雪深い新潟から、日本酒の
## スタンダードを引き上げたい

八海醸造は大正 11 年（1922）の創業で、新潟を代表する銘柄「八海山」の酒蔵。新潟県の中越地方に位置する南魚沼市の冬は豪雪地帯。仕込水には八海山系の伏流水 "雷電様の清水" を使用。新潟・魚沼の酒は雪がもたらす安定した低温の伏流水で、雑味のないすっきりとした淡麗の酒が造られる。「神様が酒を造るために、作った場所」と、酒造家が語る場所なのだ。八海醸造はすべてのタイプのお酒の品質を高めることで、日本酒のスタンダードを引き上げていきたいと考えている。普通酒を吟醸酒の、吟醸酒を大吟醸の品質にすることを志にしているのだ。「いい酒をより多くの人に」。その頑固なまでの情熱が、銘酒「八海山」を愛する人たちを増やし続けている。

### 大吟醸酒
### 大吟醸 八海山

「蔵人の技が光る食中酒」
この酒のために選び抜いた山田錦と五百万石を45%まで精米。手づくりの麹と八海山の湧水で醸した大吟醸。

| 大吟醸酒 | 1800ml／720ml／300ml／180ml |
| --- | --- |
| アルコール分 | 15.5% |
| 原料米 | 山田錦／五百万石 他 |
| 日本酒度 | ＋5.0 |
| 酸度 | 1.2 |

### スパークリング日本酒
### 瓶内二次醗酵酒 白麹あわ 八海山

「焼酎製造に用いる白麹を使用」
瓶内発酵による繊細な泡と発酵によってつくられる爽やかな酸味が特徴の発泡性の日本酒。

| スパークリング日本酒 | 720ml／360ml |
| --- | --- |
| アルコール分 | 12% |
| 原料米 | 五百万石 |
| 日本酒度 | ＋1.0 |
| 酸度 | 6.5 |

| 水源 | 粟ヶ岳伏流水 |
| 水質 | 軟水 |

# 株式会社マスカガミ

〒959-1355 新潟県加茂市若宮町 1-1-32 TEL.0256-52-0041
E-mail: info@masukagami.co.jp https://www.masukagami.co.jp/

# 遊び心のある個性的な酒造り

**萬寿鏡 Ｆ４０** エフヨンマル

「40％まで磨いた "Ｆ"（普通酒）」
異例の精米歩合 40％の、ちょっと普通じゃない普通酒。やや甘く柔らかな味わいでキレもある。

| 普通酒 | 1,800ml ／ 720ml |
| アルコール分 | 15% |
| 原料米 | 酒造好適米 |
| 日本酒度 | − 2.0 |
| 酸度 | 1.1 |

**甕覗** かめのぞき

「啓蒙的かつ革命的な甕酒」
一升甕に詰めた酒を柄杓で汲んで飲む嗜好の品。旨みのある味わい深い酒で、年末年始に人気。

| 本醸造酒 | 1,800ml |
| アルコール分 | 17% |
| 原料米 | こしいぶき |
| 日本酒度 | ＋4.0 |
| 酸度 | 1.3 |

## 品質と商品構成で地酒のオンリーワンをめざす

　新津丘陵の南側に位置し、東に粟ヶ岳、西に弥彦山を眺望できる風光明媚な地、新潟県加茂市。桐ダンスをはじめ木工業が盛んで、情緒ある町並みは北越の小京都とも称される。マスカガミは、その加茂市の中心を流れる加茂川のほとりに立地し、明治 25 年（1892）の創業以来、酒造業を営み現社長で 5 代目となる。「萬寿鏡」という銘柄は、万葉集などの和歌に由来。80 余の酒蔵を抱え、多くの有名銘柄を輩出している新潟県酒造組合は、新潟清酒の酒質を表す指針として「淡麗」を掲げる。マスカガミも淡麗で旨みのある品質の酒造りを標榜し、「F40」を筆頭とする「アルファベットライン」や「甕覗」など、遊び心のある個性的な製品づくりを心掛けている。

# 宮尾酒造株式会社

| 水源 | 朝日連峰伏流水 |
|---|---|
| 水質 | 軟水 |

〒958-0873 新潟県村上市上片町5-15 TEL.0254-52-5181
E-mail: miyao.sake@shimeharitsuru.co.jp https://www.shimeharitsuru.co.jp

# 淡麗旨口
# 「〆張鶴」の蔵

## 蔵に脈々と受け継がれてきた
## 酒造りに対する真摯な姿勢

　宮尾酒造株式会社は、新潟県最北の城下町村上市に文政2年（1819）に創業した。江戸末期には北前船を持つ廻船問屋も兼ねており、当時を伝える貴重な資料である「北海道の港が詳細に記された古い航海図」や「古文書」が残っている。また、2代目宮尾又吉が記した『酒造伝授秘法之巻』という造りの秘伝を記した書が残っており、当時から良質な酒造りに取り組んでいたことが伺える。仕込み水には、敷地内の井戸から汲んだ朝日連峰の清冽な伏流水を使用。原料米は、地元産の米を主に使う。村上市、岩船郡内で作られる米は良質なものとして知られているが、「五百万石」を主とした酒造好適米もまた同じように品質が良く、〆張鶴の酒の旨さを支えてくれている。

### 純米吟醸酒
### 〆張鶴 純
「可憐な旨さの純米吟醸」
優雅な香りと純米ならではのまろやかな味わい、後味きれいな純米吟醸酒。村上市名産の鮭料理と相性がいい地酒。

| 純米吟醸酒 | 1,800ml／720ml／300ml |
|---|---|
| アルコール分 | 15% |
| 原料米 | 五百万石 |
| 日本酒度 | ＋2.0 |
| 酸度 | 1.5 |

### 大吟醸酒
### 〆張鶴 金ラベル
「芳醇かつ淡麗辛口な大吟醸」
季節限定・数量限定酒。山田錦を原料に仕込む。華やかで上品な香り、味わいふくよかながら淡麗でスッキリ爽やか。

| 大吟醸酒 | 1,800ml／720ml |
|---|---|
| アルコール分 | 16% |
| 原料米 | 山田錦 |
| 日本酒度 | ＋5.0 |
| 酸度 | 1.2 |

# 村祐酒造株式会社

〒956-0116 新潟県新潟市秋葉区舟戸1丁目1番1号　TEL.0250-38-2028

# 飲み手の感覚で味わって欲しい
# あえてスペックは非公開

### 花越路 大吟醸

「米の旨さを引き出す」

村山健輔氏、入魂の逸品。華やかな、フルーツを思わせる吟醸香に、上品な甘さを感じさせる味わい。

| 大吟醸酒 | 1,800ml／720ml |
|---|---|
| アルコール分 | 15～16% |
| 原料米 | 非公開 |
| 日本酒度 | 非公開 |
| 酸度 | 非公開 |

### 村祐 常盤ラベル 純米大吟醸

「すっきりとした後味」

きめ細やかな上品な甘さとほどよい酸味のバランス。良質な白ワインをイメージさせる純米大吟醸。

| 大吟醸酒 | 1,800ml／720mi |
|---|---|
| アルコール分 | 15% |
| 原料米 | 非公開 |
| 日本酒度 | 非公開 |
| 酸度 | 非公開 |

### 生産石数は200石の小さな蔵
### きめ細かく透明感のある酒を醸す

　昭和23年（1948）新潟市小須戸に創業した村祐酒造は、生産石数は200石（1石＝一升瓶100本）という小さな蔵。目の届く範囲でないと安心できないため、生産量は増やさず、じっくり丁寧な酒造りを行っている。平成14年に誕生した「村祐」という限定銘柄は、村山健輔氏が立ち上げたブランドで、新潟清酒のイメージを覆すきめ細かく透明感のある上品な甘さが特徴。村山氏は東京農業大学短期大学部卒業後、他の酒造メーカーでの修行を経て、実家の村祐酒造に入社するもこの時、蔵は2年間の休業中だった。杜氏のいない蔵で苦労を重ねながら、今日の自分流の酒造りを進歩させた。お酒は、飲み手が飲んでうまいかどうか決めるものとし、あえてスペックは非公開。

# 合名会社渡辺酒造店

| 水源 | 城山水系 |
|---|---|
| 水質 | 軟水 |

〒949-0536 新潟県糸魚川市根小屋 1197-1　TEL.025-558-2006
E-mail: houjyougura@nechiotokoyama.jp　https://nechiotokoyama.jp/

# 根知谷の気候風土を映す
# ドメーヌスタイルの日本酒

## 2003年から自社栽培で「五百万石」と「越淡麗」を育てる

　明治元年（1868）に渡辺平十郎氏が酒造業を始め、現代表は6代目の渡辺吉樹氏。渡辺酒造店は日本有数の米どころ、新潟県糸魚川市にある。日本百名山の一つ雨飾山に源を発して姫川へと西流する根知川に沿いに、根知谷と呼ばれる田園風景が広がる。当店は2003年から自社栽培に取り組み、新潟独自の酒米「五百万石」と「越淡麗」を育て、根知谷の気候風土を映すドメーヌスタイルの日本酒を造っている。日本酒の世界に、産地、品種、品質、ヴィンテージの価値を確立するのが目標だ。先人たちが開いてきた田んぼは、根知谷の共有財産。美しい景観を次世代に残していくこともまた、大切な責務だと考えている。

### 純米吟醸酒

**根知男山 純米吟醸**

「飲み飽きしない味」

米の味わいをやわらかく、香りよく造りあげた純米吟醸。酒米は地元根知産の五百万石と越淡麗を使用。

| 純米吟醸酒 | 720ml |
|---|---|
| アルコール分 | 15% |
| 原料米 | 五百万石／越淡麗 |
| 日本酒度 | 非公開 |
| 酸度 | 非公開 |

### 純米吟醸酒

**Nechi 根知谷産五百万石**

「生産年度で味わいが違う」

五百万石を使用して収穫年ごとに米の出来栄えの違いを表現するヴィンテージが特徴。

| 純米吟醸酒 | 720ml |
|---|---|
| アルコール分 | 16% |
| 原料米 | 五百万石 |
| 日本酒度 | 非公開 |
| 酸度 | 非公開 |

# 甲信越地方

## 甲信越地方の食文化

新潟：日本でもっとも雪の多い地域だが、雪解けの水が川から平野に広がる田を潤して、米の生産とともに日本酒の生産も盛んである。また、ササの葉を使った笹ずしや笹団子、日本海で採れる海産物をはじめ枝豆などの農作物も多い。

山梨：海はないが、山から流れ出る良質な湧き水に恵まれ、山間の清流で育ったワサビで作られた「ワサビ漬」も親しまれた一品である。餅のかわりにほうとうを入れた「小豆ほうとう」やうどんなど、小麦粉を使った料理が多い。ブドウ、モモや小梅も栽培され、良質な湧き水を利用してワインづくりも行われている。

長野：県内の多くが山地におおわれているが、高原ではレタスやハクサイ、山地ではキノコの栽培が盛んである。その冷涼な気候に合う小麦やソバを使った「信州ソバ」や、野菜や山菜を炒めて味噌や醤油で味付けをした具材を、小麦粉をこねて作った皮で包んだ「おやき料理」が親しまれている。米麹と大豆でつくられる「信州味噌」や「野沢菜漬」、乳酸発酵を利用してカブの葉・茎を漬けた「すんき漬」は保存食でもある。

### 甲信越地方の郷土料理

# 甲信越地方

## 甲信越地方の代表的使用酒米

**一本〆（いっぽんじめ）**：五百万石と豊盃との交配により新潟で開発された酒造好適米。高精米でも砕けにくく、米の旨みを感じる酒が造れる。

**雄町（おまち）**：1859 年、備前国上道郡高島村雄町の岸本甚造が発見した品種・日本草を、1922 年に純系分離して生まれた優秀な酒造好適米。

**亀の尾（かめのお）**：明治期の篤農家・阿部亀治により選抜育成された酒造好適米。食味が良く、子孫品種にコシヒカリ、五百万石などがある。

**金紋錦（きんもんにしき）**：高嶺錦と山田錦との交配により生まれた、複雑な香りと旨みを生み出す長野県の酒造好適米。

**越淡麗（こしたんれい）**：高精白に耐えられる県産米を造るため、山田錦と五百万石を交配して開発された。柔らかで膨らみのある味に仕上がる酒米で、県産 100%の大吟醸酒を実現した。

**五百万石（ごひゃくまんごく）**：亀の尾系統の新 200 号と雄町系統の菊水との交配で生まれた、新潟が誇る酒造好適米。フルーティーな香りを醸し出す、吟醸酒ブームの立役者。

**高嶺錦（たかねにしき）**：陸 12 号と農林 17 号を交配させ、高冷地でも栽培できるよう開発された酒造好適米。のちに改良信交や美山錦を生み出すベースとなる。

**ひとごこち**：美山錦よりさらに高品質の酒米を目指し、白妙錦と信交 444 号との交配で開発された酒造好適米。大粒で心白も大きく、淡麗で幅のある味わいの酒が造れる。

**美山錦（みやまにしき）**：味は良いが栽培が難しかった改良信交に代わる酒米を目指し、親の高嶺錦に放射線を照射して突然変異を起こして開発した品種。

**山田錦（やまだにしき）**：酒米の最高峰にして生産量トップを誇る酒造好適米。山田穂と短稈渡船との交配で生まれた。兵庫県産が全生産量の 6 割を占めるが、全国的に栽培されている。

掲載企業以外にも東京農業大学卒業生が関係している酒蔵

## 甲信越地方

**長野県**　株式会社よしのや
　　　　高沢酒造株式会社
　　　　志賀泉酒造株式会社
　　　　天領誉酒造株式会社
　　　　株式会社古屋酒造店
　　　　木内醸造株式会社
　　　　株式会社髙橋助作酒造店
　　　　合名会社亀田屋酒造店
　　　　舞姫酒造株式会社
　　　　高天酒造株式会社
　　　　株式会社豊島屋
　　　　株式会社薄井商店
　　　　大国酒造株式会社
　　　　大雪渓酒造株式会社
**新潟県**　柏露酒造株式会社
　　　　恩田酒造株式会社
　　　　関原酒造株式会社
　　　　緑川酒造株式会社
　　　　株式会社松乃井酒造場
　　　　合資会社小山酒造店
　　　　樋木酒造株式会社
　　　　ふじの井酒造株式会社
　　　　大洋酒造株式会社
　　　　雪椿酒造株式会社
　　　　金鵄盃酒造株式会社
　　　　越後桜酒造株式会社

各社の都合により掲載は割愛しております。

白藤酒造店
P191

福光屋
P194

久世酒造店
P189

東酒造
P193

橋本酒造
P192

鹿野酒造
P187

田嶋酒造
P197

黒龍酒造
P196

三宅彦右衛門酒造
P200

櫻田酒造
P190

髙澤酒造場
P184

清都酒造場
P183

立山酒造
P185

三笑楽酒造
P182

吉田酒造店
P195

菊姫
P188

小堀酒造店
P186

南部酒造場
P198

真名鶴酒造
P199

# 三笑楽酒造株式会社

| | |
|---|---|
| 水源 | 井戸水 |
| 水質 | 軟水 |

〒939-1914 富山県南砺市上梨678番地　TEL.0763-66-2010
E-mail: info-san@sansyouraku.jp　http://www.sansyouraku.jp

# 酒は「楽しく」
# 呑むもの

## 厳冬の秘境「五箇山」が育む
## 呑んで楽しく美味い酒

　三笑楽の創業は明治13年(1880)。蔵がある富山県南西部の「五箇山」は、急峻な山々と深い谷が続く山峡の地。冬の積雪は2メートルを越える豪雪地帯で、五箇山に点在する昔ながらの合掌造り集落は、1995年にユネスコの世界遺産に登録されている。この五箇山の厳しい気候風土は、三笑楽の味の大事なエッセンス。雪崩から集落を守るためのブナ原生林から湧き出す仕込み水。厳しい冬の寒さ、日本有数の降雪量が、三笑楽の酒を育む。「三笑楽」の社名は、中国『廬山記』にある「虎渓三笑」という故事が由来。旧友と呑んだ酒が楽しすぎ、渡るつもりのない「虎渓」を思わず越えて笑ってしまったというもの。「楽しく呑んでこその酒」が三笑楽の理念だ。

### 普通酒

### 三笑楽 上撰
「五箇山で最も愛される酒」
山廃本醸造をブレンドし、ジビエなど山の幸ともよく合い旨味の幅がある酒。冷酒から燗まで幅広く楽しめる。

| 普通酒 | 1,800ml／720ml |
|---|---|
| アルコール分 | 15% |
| 原料米 | 五百万石／県産米 |
| 日本酒度 | ＋4.0 |
| 酸度 | 1.6 |

### 純米酒

### 三笑楽 山廃純米
「きれいな旨味と酸味」
山廃の良さ、酸味が特徴の酒。柔らかな酸味は料理を引き立て、フルーツ香で杯が進む。ぬる燗がおすすめ。

| 純米酒 | 720ml |
|---|---|
| アルコール分 | 16% |
| 原料米 | 山田錦 |
| 日本酒度 | ＋3.0 |
| 酸度 | 1.8 |

| 水源 | 庄川水系伏流水 |
|---|---|
| 水質 | 軟水 |

# 有限会社 清都酒造場

〒933-0917富山県高岡市京町 12-12 TEL.0766-22-0557

# 酒造りの理念は
# 「不容偽」（偽りを容れず）

### 勝駒 大吟醸

「上品な果実香と爽やかな飲み口」
上品でフルーティーな吟醸香に、口の中いっぱいに広がる、ふくらみと透明感のある味わい。飲み口も爽やか。

| 大吟醸酒 | 1,800ml／720ml |
|---|---|
| アルコール分 | 17% |
| 原料米 | 山田錦 |
| 日本酒度 | ＋4.0 |
| 酸度 | 1.4 |

### 勝駒 純米吟醸

「優しい香りと深みのある味わい」
程よく香る果実のように優しい吟醸香に、純米酒ならではの深みのある味わい。ほんのり穏やかな余韻が絶妙。

| 純米吟醸酒 | 1,800ml／720ml |
|---|---|
| アルコール分 | 16% |
| 原料米 | 山田錦 |
| 日本酒度 | ＋2.0 |
| 酸度 | 1.4 |

## 国の有形文化財にも登録された
## 古き良き風情が残る蔵の建物

　創業は明治 39 年（1906）。初代・清都慶介が、日露戦争の際に騎兵隊に所属していたことから、戦勝を記念して「勝駒」と名付け、現在の地で酒造りを始めた。その後、高度成長期以降の大量生産・大量販売の流れの中、地酒として存在を忘れ去られそうになっていた昭和 60 年代、地元有志と共に郷土の産物からふるさとを再発見する「たかおか風味を語る会」を実施。地酒と郷土料理を楽しむ中、「勝駒の吟醸酒を飲みたい」という声に奮起し、大吟醸を発売した。ラベルのロゴはその縁で親交のあった芸術家、故・池田満寿夫氏によるもの。以来、奇を衒わない、生活に根ざした正統派の日本酒を目指し、吟醸造りを磨き続けている。

# 株式会社 髙澤酒造場

| | |
|---|---|
| 水源 | 碁石が峰の清水 |
| 水質 | 中軟水 |

〒935-0004富山県氷見市北大町18-7 TEL.0766-72-0006
E-mail: akebono@p1.cnh.ne.jp https://ariiso-akebono.jp/

# 有磯海に
# 曙を臨む蔵

## 昔ながらの手作りにこだわり
## 「槽搾り」を守り伝える酒蔵

初代髙澤利右ヱ門が江戸時代末期に氷見に来て、明治5年（1872）頃に酒造りを手がけたのが髙澤酒造場の始まり。蔵の正面には富山湾が迫り、背後には富山百山の一つ碁石ヶ峰がそびえ、豊富な井戸水と富山湾から吹き込む海風「あいの風」が酒造りに適した土地。地元富山の良質な酒米を使用し、「あいの風」を利用して蒸米を冷やし、仕込み、丁寧に醸し、全量槽搾りを行い、酒にストレスやダメージを与えない酒造りを心掛けている。この蔵の酒は、眼前に広がる天然の生簀・富山湾で捕れる、四季折々の豊富な魚介類に絶対的に合う。主要銘柄は「有磯（ありいそ）曙」。有磯とは荒い海を意味し、古くは和歌で富山湾を指す言葉として使われたという。

### 純米大吟醸酒

**有磯 曙 純米大吟醸**

「北陸らしい落ち着いた吟醸香」
富山南砺産山田錦100%使用。気品高き香りと米の上品な旨み、ふくよかなエレガンスが感じられる。

| 純米大吟醸酒 | 1,800ml／720ml |
|---|---|
| アルコール分 | 16% |
| 原料米 | 山田錦 |
| 日本酒度 | ＋2.0 |
| 酸度 | 1.5 |

### 純米吟醸酒

**有磯 曙 初嵐 純米吟醸**

「氷見産の酒米『富の香』100%」
富山県開発の酒造好適米「富の香」を100%使用。金沢酵母の華やかな吟醸香、上品な旨みとキレの良さが特長。

| 純米吟醸酒 | 1,800ml／720ml |
|---|---|
| アルコール分 | 16% |
| 原料米 | 富の香 |
| 日本酒度 | ＋4.0 |
| 酸度 | 1.5 |

| 水源 | 庄川伏流水 |
|---|---|
| 水質 | 中硬水 |

# 立山酒造株式会社

〒939-1322 富山県砺波市中野 220 番地　TEL.0763-33-3330
E-mail: tateyama@tateyama-brewing.co.jp　https://www.sake-tateyama.com

# 米どころ富山
# 最大規模の蔵

大吟醸酒

### 大吟醸 立山

「芳醇な上立ち香と優美な口中香」
米の旨みを極限まで追求した品の
ある、なめらかで玲々とした味わ
い。冷やして飲むのがおススメ。

| 大吟醸酒 | 720ml |
|---|---|
| アルコール分 | 15.8% |
| 原料米 | 山田錦 |
| 日本酒度 | ＋3.0 |
| 酸度 | 1.1 |

純米大吟醸酒

### 純米大吟醸 立山雨晴

「爽やかで落ち着きのある吟醸香」
ふくよかな甘みと芳醇な旨みが調和す
る味わい深い酒。食中酒として、冷酒か
ら燗酒まで幅広い楽しみ方ができる。

| 純米大吟醸酒 | 1,800ml／720ml |
|---|---|
| アルコール分 | 15.8% |
| 原料米 | 山田錦 |
| 日本酒度 | ＋1.0 |
| 酸度 | 1.3 |

## 厳選された酒造好適米だけを
## 丁寧に手仕込みして造る酒

　文政 13 年（1830）創業。富山県
西部、敷居村の美しい田園風景が広が
る砺波平野に蔵を構える北陸最大規模
の酒造会社。日本三大名山の一つ「立
山」にちなんで名付けられた銘柄は、
品質追及の信条を基に、白山水系庄川
の伏流水を仕込み水とし、すべて酒造
好適米かつ色彩選別機で自社選別され
た良質な原料米が用いられている。そ
こから造られる酒は、白海老や白身の
焼き魚など北陸の新鮮な魚介と好相性
で、石川、富山の県民に支持されてい
る。近年では首都圏を中心に全国展開
がなされ、直近 20 年間で所轄国税局
鑑評会 20 回金賞（15 回最優等）受賞、
独法全国新酒鑑評会 9 回金賞および
IWC「sake 部門」で 2017、2018、
2019 と続けて GOLD 受賞と、多方
面で評価されている。

185

# 株式会社小堀酒造店

| 水源 | 白山手取川水系伏流水 |
|---|---|
| 水質 | 中軟水 |

〒920-2121 石川県白山市鶴来本町一丁目ワ47番地 TEL.076-273-1171
E-mail: h.jougen@manzairaku.co.jp https://www.manzairaku.co.jp/

# 加賀・鶴来
# 白山麓の銘酒

## 顧客にハッピーを届けたいと想いを込めた銘柄「萬歳楽」

　霊峰白山に抱かれた鶴来の地で、約300年前の江戸享保年間（1716～1734）から酒を醸し続ける蔵。雪深い北陸の気候の中、「山田錦」「五百万石」などを使用し、一時は完全に姿を消した酒造好適米「北陸12号」を地元の農家と協力して復活させるなど、米にこだわりながら上質な酒造りに全霊を傾けている。本物の酒造りを続ける21世紀の手造り蔵を確立せねばならない、静かで水と自然に恵まれた醸造所で良い酒を造りたい、との想いで2001年に吟醸蔵「白山」を竣工。最新の設備を備え、建設時に伐採した杉を建材として使用し、2002年にグッドデザイン賞も受賞した。この蔵の最新醸造設備が、職人の心と手が行き届く小堀酒造店の上質な酒造りを支えている。

### 純米酒

**萬歳楽 劔 山廃純米**

「清澄で素朴な雰囲気を感じる地酒」
白山麓産の五百万石を使用し、旨みと酸味を十分に持った、力強く芯の通った味わい。後味のキレもいい。

| 純米酒 | 1,800ml／720ml |
|---|---|
| アルコール分 | 16% |
| 原料米 | 五百万石 |
| 日本酒度 | ＋8.0 |
| 酸度 | 2.2 |

### 純米酒

**萬歳楽 甚 純米酒**

「GI 白山に認定された地酒」
独自栽培の希少品種「北陸12号」を使用。酒米の香り、まろやかな酸味、柔らかなコクを感じる純米酒。

| 純米酒 | 1,800ml／720ml |
|---|---|
| アルコール分 | 16% |
| 原料米 | 北陸12号 |
| 日本酒度 | ＋4.0 |
| 酸度 | 1.8 |

| 水源 | 白山水系 |
|------|---------|
| 水質 | 軟水 |

# 鹿野酒造株式会社

〒922-0336 石川県加賀市八日市町イ6 TEL.0761-74-1551
E-mail: h.kano@jokigen.co.jp http://www.jokigen.co.jp

# 石川の歴史、酒文化を 見つめてきた蔵

## 吟醸酒

### 常きげん 純米大吟醸

「深みと旨みを極めた純米大吟」

長期低温発酵させたのち、さらに熟成させた純米大吟醸。ふくよかな香りとコクのある味わいが秀逸。

| 吟醸酒 | 1,800ml／720ml |
|--------|----------------|
| アルコール分 | 16% |
| 原料米 | 山田錦 |
| 日本酒度 | ＋2.0 |
| 酸度 | 1.4 |

## 純米酒

### 常きげん 山廃純米

「山廃ならではのコクとキレ」

自然界の乳酸菌を利用して、酵母の培養をする古式の製造法。どっしりしたコクのある飲み口と鋭いキレ。

| 純米酒 | 1,800ml／720ml |
|--------|----------------|
| アルコール分 | 16% |
| 原料米 | 五百万石 |
| 日本酒度 | ＋3.0 |
| 酸度 | 1.8 |

## 地元の逸品食材にマッチした 伝統と歴史浪漫が醸した酒

霊峰白山を望む石川県・加賀市で、文政2年（1819）に創業。代々地主としてこの地域を見守り続けてきた歴史は、そのまま酒造りの歴史と重なる。鹿野酒造の原点は「人、米、水へのこだわり」。自家の水田で収穫された酒米、山田錦、さらにこの地で湧き出る「白水の井戸」を仕込水として使用している。鹿野酒造がときに「田園酒蔵」と呼ばれる所以である。「白水の井戸」は、お茶やコーヒー用にわざわざ汲みに来る地元民も多いとか。鹿野酒造と地元との縁は深く、代表銘柄「常きげん」の名も、ある年の大豊作を村人たちと祝う宴の席で、4代目当主が「八重菊や酒もほどよし常きげん」と一句詠んだことが由来である。

# 菊姫合資会社

| 水源 | 白山水系 |
| 水質 | 中硬水 |

〒920-2126 石川県白山市鶴来新町夕8 TEL.076-272-1234
E-mail: webmaster@kikuhime.co.jp https://www.kikuhime.co.jp

# 安土桃山の御世から続く
# 伝統の味

## 旨い日本酒造りへの探求のため
## 妥協を排し、困難に挑戦する酒蔵

創業は安土桃山時代の天正年間（1573～1592）という老舗中の老舗。創業時の屋号は「小柳屋」だったが、明治35年に「合資会社柳酒造店」へと改組し、さらに昭和3年に現在の「菊姫合資会社」へと改組した。昭和43年に原料をはじめとした造り全体を品評会レベルに高め、なおかつ飲んで旨い吟醸酒「大吟醸」を発売。また昭和53年には、山廃酒母を使用し、米の旨みがたっぷり乗った個性的な純米酒「山廃仕込純米酒」を日本で最初に発売した。この製法は酒母の育成に手間がかかる上に、主流の淡麗タイプの清酒には不向きであり、ほぼ消滅に近い状態となってしまったが、菊姫はこれを復活させ、現在では多くのファンに支持されている。

### 普通酒

**菊姫 普通酒 菊**

「昔ながらの山廃仕込み」

昔ながらの山廃酒母を使用した醸造を施しており、色や味・香りが濃く、飲み応えのある普通酒。

| 普通酒 | 1,800ml |
| --- | --- |
| アルコール分 | 15～16% |
| 原料米 | 山田錦 |
| 日本酒度 | － 2.0 |
| 酸度 | 1.5 |

### 大吟醸酒

**菊姫 大吟醸**

「山田錦の最高級品を使用」

吟醸酒の世界を創り変えてきた先駆の酒。独特の熟成香、まろやかな風味と舌触りが増した逸品。

| 大吟醸酒 | 1,800ml |
| --- | --- |
| アルコール分 | 17～18% |
| 原料米 | 山田錦 |
| 日本酒度 | ＋5.0 |
| 酸度 | 1.2 |

| 水源 | 自社地下水／「清水」の湧水 |
| 水質 | 硬水／軟水 |

# 株式会社久世酒造店

〒929-0326 石川県河北郡津幡町清水イ122 TEL.076-289-2028
E-mail: info@choseimai.co.jp https://www.choseimai.co.jp

# こだわりの自社栽培米
# 長生米

### 長生舞 特別純米酒

**「無濾過で仕上げた特別純米」**
硬水と軟水で仕込むこだわりの酒。
米の旨みとコシがあり、しっかり
とした中にもふくらみがある。

| 特別純米酒 | 720ml |
| --- | --- |
| アルコール分 | 15% |
| 原料米 | 長生米（自社栽培米） |
| 日本酒度 | ＋4.0 |
| 酸度 | 1.5 |

### 能登路 大吟醸

**「男性的な味の大吟醸酒」**
山田錦を40%に精米し、自社地下
水（硬水7.62度）で仕込む。香
りがデリシャスで味はなめらか。

| 大吟醸酒 | 720ml |
| --- | --- |
| アルコール分 | 17% |
| 原料米 | 山田錦 |
| 日本酒度 | ＋2.0 |
| 酸度 | 1.2 |

## 米作りから酒造りまでを
## 一貫生産する日本唯一の酒造店

　天明6年（1786）の創業以来、
自社の田にて独自の酒米である「長
生米」を作り、その米で酒造りをし
ている酒蔵。長生米はコシヒカリな
どの通常米と比べると大粒で心白（デ
ンプンからなる不透明な部分）があ
り、酒造りに適した米である。仕込
み水は、自社地下水（硬水）と霊水
「清水」の湧水（軟水）を使い分けて
仕込んでいる。硬水で仕込むと男性
的でコシがあり、しっかりとした酒
になり、軟水で仕込むと女性的なふ
くらみがあり、やわらかい酒になる
という。久世酒造店ではこうした二
種類の違った味の酒が楽しめる。創
業以来、米作りから酒造りと一貫生
産している日本唯一の酒造店。全国
新酒鑑評会では入賞5回、そのうち
2回は金賞受賞。

# 櫻田酒造株式会社

| 水源 | 井戸水 |
|---|---|
| 水質 | 弱軟水 |

〒927-1204 石川県珠洲市蛸島町ソ -93　TEL.0768-82-0508
E-mail: info@sakurada.biz　https://www.sakurada.co.jp

# 漁師町の造り酒屋

## 子の代、孫の代になっても
## 愛飲される酒造りを目指して

　能登半島の突端、珠洲市の漁師町・蛸島町にある櫻田酒造は、家族4人で営む小規模な造り酒屋。大正4年（1915）に創業され、酒飲みの地元漁師たちと接しながら、彼らが好む酒造りを続けてきた。この蔵で造る酒のおよそ9割が珠洲市で飲まれ、さらにその6割は蛸島地区での消費となる。櫻田酒造での酒造りは店主自らが杜氏となり、酒蔵に棲み付いたいわゆる「蔵つき酵母」を用いての、昔ながらの手造りである。酒蔵の表通りに面した部分は店舗になっており、地方ならではの町の酒屋として、地元民の慶弔事や祭事、あるいは日常の楽しみとして酒を買いに来る。子や孫の代になっても愛飲してもらえるよう、櫻田酒造は地元とともに酒造りを続ける。

### 本醸造酒

**能登上撰 本醸造 初桜**

「日常的に楽しめる本醸造」
燗でも冷やでも美味しい、じっくりと作った本醸造。地元では冠婚葬祭や祝い事の酒として重宝されている。

| 本醸造酒 | 1,800ml ／ 720ml |
|---|---|
| アルコール分 | 16% |
| 原料米 | 五百万石／石川門／もち米 |
| 日本酒度 | ±0 |
| 酸度 | 1.2 |

### 特別純米酒

**特別純米酒 大慶**

「大漁の喜びを祝って飲む酒」
米の旨味を活かした味わい深い酒。創業当時の銘柄を再現するため、杜氏が試行錯誤の末に辿り着いた酒質。

| 特別純米酒 | 1,800ml ／ 720ml |
|---|---|
| アルコール分 | 16% |
| 原料米 | 山田錦／百万石乃白 |
| 日本酒度 | ±0 |
| 酸度 | 2.0 |

| 水源 | 蔵の裏山 |
|---|---|
| 水質 | 軟水 |

# 株式会社白藤酒造店

〒928-0077 石川県輪島市鳳至町上町24番地　TEL.0768-22-2115

# 奥能登・輪島に
# 咲く白菊

### 奥能登の白菊 純米吟醸

「優しい甘みとコクの純米吟醸酒」

上品で穏やかな香りと甘みが特長。冷やから人肌がおススメ。海外の日本酒コンクールで好成績を上げている。

| 純米吟醸酒 | 1,800ml / 720ml |
|---|---|
| アルコール分 | 10〜17% |
| 原料米 | 山田錦／五百万石 |
| 日本酒度 | − 4 |
| 酸度 | 1.5 |

### 奥能登の白菊 特別純米

「品のよい山田錦の旨みと香り」

バナナの様な爽やかな香りが感じられ、旨味と酸味のバランスがとれた味わい。冷やでも熱燗でも楽しめる酒。

| 特別純米酒 | 1,800ml／720ml |
|---|---|
| アルコール分 | 15〜16% |
| 原料米 | 山田錦／五百万石 |
| 日本酒度 | ＋3.5 |
| 酸度 | 1.5 |

## 年間230石の小規模生産で
## 地元とともに歩む優しい酒

　18世紀初頭に廻船問屋として創業し、江戸末期より酒造業を始めた酒蔵。廻船問屋時代の屋号「白壁屋」と、重陽の節句で飲まれる「菊酒」から酒銘を「白菊」とし、のちに似た酒銘との混同を避けるため「奥能登の白菊」を正式な商標とした。平成8年度から8代目蔵元自らが杜氏を務めるようになり、現在は9代目の蔵元夫妻が自分たちの理想とする酒造りに励んでいる。平成19年（2007）に発生した能登半島地震で大きな被害を受けたが、設備を一新させて蔵を再建。地元に愛される酒、料理を引き立たせる酒を目指して再起した。近年、地元輪島市の農家に酒造好適米の栽培を依頼しており、地元・能登とともに歩む姿勢も健在である。

# 橋本酒造株式会社

| 水源 | 大日山伏流水 |
|---|---|
| 水質 | 軟水 |

〒922-0331 石川県加賀市動橋町イ184　TEL.0761-74-0602
E-mail: webmaster@judaime.com　https://judaime.com/

# 加賀の地酒は
# 百万石の風土の賜物

## 厳しいまでに水と米にこだわり
## 能登杜氏が醸す加賀の酒

　山代温泉や山中温泉など、有名な温泉地を擁する加賀の地で蔵を営む橋本酒造。宝暦10年(1760)の創業以来260年、磨かれた酒造りの技を活かしながら、日本の伝統文化である日本酒を醸し続けているという誇りを胸に、日々精進している。歴史を紐解いていくと、蔵元・橋本家の先祖は平家の侍に行き着く。現在の10代目当主が代表に就任した折、橋本家の歴史を集大成した純米大吟醸「十代目」を謹製したのも、そんな日本の侍魂を忘れず心に抱いていたからだろう。厳しいまでに水と米にこだわり、木槽搾りや低温長期熟成といった妥協を許さない杜氏の熟練した技で醸される日本酒は、まさに本物の酒といえる。橋本酒造の地酒、そこには今なお、初代杜氏の魂が息づいている。

### 本醸造酒
### 十代目 旨熟本醸造

「価格を超えた味わいと熟成感」
柔らかな吟醸香と旨熟な味わい。優しい余韻が舌をくすぐる食中酒。冷から燗まで幅広く楽しめる。

| 本醸造酒 | 1,800ml ／ 720ml |
|---|---|
| アルコール分 | 17% |
| 原料米 | 国産米 |
| 日本酒度 | ＋3.0 |
| 酸度 | 1.6 |

| 水源 | 白山系伏流水 |
|------|------------|
| 水質 | 軟水 |

# 東酒造株式会社

〒923-0033 石川県小松市野田町丁35番地　TEL.0120-47-2302

# 加賀の菊酒
# 「神泉」

## 地元産にこだわった酒造りで
## 少量でも良い質の酒を醸す

**神泉 純米吟醸 ブルーラベル**

「フルーティーなリンゴの香り」

芳醇辛口の純米吟醸酒。金沢酵母らしい旨みと酸味、スッキリした後味が楽しめる。Kura Master2020 プラチナ賞を受賞。

| 純米吟醸酒 | 1,800ml／720ml |
|-----------|----------------|
| アルコール分 | 15％ |
| 原料米 | 山田錦 |

**神泉 純米吟醸 旨口**

「ワイングラスで美味しい日本酒」

口の中に旨みが広がるスッキリした甘口。だが後味はむしろスッキリした辛口風味。冷やで美味しい旨口酒だ。

| 純米吟醸酒 | 1,800ml／720ml |
|-----------|----------------|
| アルコール分 | 14.5％ |
| 原料米 | 五百万石／山田錦 |
| 日本酒度 | － 12.0 |

　銘酒「神泉」で知られる石川県小松市の造り酒屋、東酒造は万延元年（1860）創業。酒どころである石川には、大正年間に300社ほどの蔵があったが、東酒造はその中でも十指に入る大手酒造所だった。だが現在は、石川県内35社の中でも少数の造りの蔵になり、大吟醸や純米といった高級酒が主体の少数精鋭主義。地酒らしい日本酒造りにこだわり、造りにかかわる水、米、人のすべてが石川県産であることにこだわる。それが現在の東酒造のモットーである。仕込み水には白山の伏流水を使い、酒米も酵母も地元石川県産。また平成21年に酒蔵及び住居12棟が登録有形文化財に指定されたこともあり、地元小松が賑わうようにと産業観光にも協力している。

# 株式会社 福光屋

| 水源 | 白山 |
|---|---|
| 水質 | 中軟水 |

〒920-8638 石川県金沢市石引 2-8-3  TEL.076-223-1161
E-mail: press@fukumitsuya.co.jp  https://www.fukumitsuya.co.jp/

# 日本酒業界で初めて
# 裏ラベルを導入した酒蔵

## 酒米を使い分けるこだわり
## 2001 年には純米蔵宣言

　寛永2年（1625）創業。その後、金沢で質屋を営んでいた塩屋太助が安永の時代にこの酒蔵を購入。享和3年（1803）、7代目が「塩屋」の称号を先代の出身地の地名をとって福光屋と改める。旨くて軽い酒を造るために、米にこだわっている。山田錦は主として吟醸系に、金紋錦は熟成系に、フクノハナは酒の旨みを引き出すための麹米にと、目指す味わいに合わせて酒米を使い分ける。ここまで丁寧に原料米を選べるのは、農家と共に土づくりから研究し、その米をすべて買い上げる「村米制度」を60年以上にわたって守り続けてきたからだ。2001 年には全商品を純米造りとし、純米蔵を宣言。これからも良質な米にこだわり、自然主義の酒を醸していく。

### 純米酒
**加賀鳶 山廃純米 超辛口**
「コクのある味わいとキレ味」
伝統の山廃仕込み。絶妙の酸味と深みのあるコクをもつ、鋭く切れる超辛口。

| 純米酒 | 1,800ml / 700ml / 300ml |
|---|---|
| アルコール分 | 16% |
| 原料米 | 契約栽培米・酒造好適米 100% |
| 日本酒度 | + 12.0 |
| 酸度 | 2.0 |

### 特別純米酒
**黒帯 悠々 特別純米**
「『悠々』とした味わい」
吟醸仕込みと純米仕込みとで、キレ味のよい芳醇な旨みをもつ辛口に仕上げ、蔵内でじっくりと熟成。

| 特別純米酒 | 1,800ml / 700ml / 300ml / 180ml |
|---|---|
| アルコール分 | 15% |
| 原料米 | 山田錦／金紋錦 |
| 日本酒度 | + 6.0 |
| 酸度 | 1.6 |

| 水源 | 白山系伏流水 |
|------|------------|
| 水質 | 中硬水 |

# 株式会社 吉田酒造店

〒924-0843 石川県白山市安吉町41 TEL.076-276-3311
E-mail: info@tedorigawa.com  https://tedorigawa.com/

# 酒造り村の 歴史と革新

### 手取川 山廃純米

「山廃ながら瑞々しい」

能登杜氏が得意とする山廃造り。「手取川」らしい瑞々しさも表現しつつ、上品なコクと旨みを備える。

| 純米酒 | 1,800ml／720ml |
|--------|----------------|
| アルコール分 | 15% |
| 原料米 | 山田錦／五百万石 |
| 日本酒度 | 非公開 |
| 酸度 | 非公開 |

### 吉田蔵 u yoshidagura 山廃純米無濾過原酒

「研究を重ねたモダン山廃」

「モダン山廃」で醸した、柔らかな酸味と繊細なコク、引っかかりのない綺麗な飲み口が特長の酒。

| 純米酒 | 1,800ml／720ml |
|--------|----------------|
| アルコール分 | 13% |
| 原料米 | 石川門 |
| 日本酒度 | 非公開 |
| 酸度 | 非公開 |

## 地酒造りの原点へと立ち返り 未来へ繋ぐ酒造りに努める

　吉田酒造店は明治3年（1870）創業。以前、この地には10数件の造り酒屋があったが、大正後期の大恐慌で廃業が相次ぎ、昭和に入る頃には吉田酒造店を残すのみとなる。この蔵自体も戦争や火災でたびたび危機に見舞われたが、そのたびに奮起し創業150年を迎えるまでになった。近年、地酒造りの原点に立ち返ることを目標とし、蔵周辺の契約農家30軒に酒米づくりを割高で依頼することで離農を防ぎ、田んぼを守ると同時に水も守っている。特に酒の命となる水に関しては、2020年に発売した150周年記念酒の売り上げの10％を「白山手取川ジオパーク」に寄付。排水処理施設やソーラーパネルの導入も行い、未来へ繋ぐ酒造りに努めている。

# 黒龍酒造株式会社

| 水源 | 九頭竜川伏流水 |
|---|---|
| 水質 | 軟水 |

〒910-1133 福井県吉田郡永平寺町松岡春日1-38　TEL.0776-61-6110
E-mail: info@kokuryu.co.jp　http://www.kokuryu.co.jp/

# 福井で200年以上
# 愛される地酒

## かつて藩が奨励産業に指定した
## 良水が、優しい口あたりを生む

　黒龍酒造は初代石田屋二左衛門が江戸の文化元年（1804）に創業したのが始まり。藩が酒造りを奨励産業に指定するほど良水に恵まれたこの地での酒造りを継承している。福井県最大の河川、九頭竜川の伏流水を使用し、その水は日本3名山のひとつとなる霊峰白山山系の山々を源としている。軟水の特徴が活きた軽くてしなやかな口当たりで、この水こそが綺麗でふくらみのある吟醸酒に最適なのだ。昭和50年、7代目蔵元が渡仏の際に学んだ技術を応用し、「黒龍 大吟醸 龍」を発売。業界に先駆けての大吟醸酒の市販化ということで話題を呼んだ。福井の地で200年以上もの間、愛され続ける銘柄「黒龍」「九頭龍」は、世界にその旨さを広めていく役割を担っている。

### 大吟醸酒
**黒龍 大吟醸 龍**
「45年来のロングセラー」
蔵人の情熱、細心の注意と努力が実を結んだ逸品。昭和50年の発売以来、50年近く愛される大吟醸酒。

| 大吟醸酒 | 720ml |
|---|---|
| アルコール分 | 16% |
| 原料米 | 山田錦 |
| 日本酒度 | ＋4.0 |
| 酸度 | 1.0 |

### 大吟醸酒
**九頭龍 大吟醸**
「燗にして美味しい大吟醸」
熟成により洗練された深い味わいの大吟醸酒。ぬる燗〜上燗がおすすめ。

| 大吟醸酒 | 720ml |
|---|---|
| アルコール分 | 15% |
| 原料米 | 福井県産五百万石 |
| 日本酒度 | ＋4.0 |
| 酸度 | 1.0 |

| | |
|---|---|
| 水源 | 足羽山の御清水 |
| 水質 | 軟水 |

# 田嶋酒造株式会社

〒918-8051 福井県福井市桃園1-3-10 TEL.0776-36-3385
E-mail: info@fukuchitose.com https://www.fukuchitose.com/

# 山廃蔵としての
# 伝統と革新

純米大吟醸酒

### 福千歳「福」

「山廃仕込みで醸す最高峰の1本」
芳醇で華やかな香りと、山廃仕込み
特有の綺麗な酸味が特長。冷やして
ワイングラスで飲むのがおススメ。

| 純米大吟醸酒 | 1,800ml / 720ml |
|---|---|
| アルコール分 | 15% |
| 原料米 | 越の雫 |
| 日本酒度 | +3.0 |

純米酒

### PURE RICE WINE

「米とワイン酵母が奇跡のコラボ」
「飲むコシヒカリ」とも称される純米
ワイン。冷やしてグラスに注ぐと黄
金色で、味もまるで白ワインのよう。

| 純米酒 | 1,800ml / 720ml |
|---|---|
| アルコール分 | 12% |
| 原料米 | コシヒカリ |
| 日本酒度 | − 25.0 |
| 酸度 | 5.0 |

## 日本酒が持つ真の旨みを求め
## 伝統の「山廃仕込」にこだわる

　福千歳の始まりは江戸後期（1840
年代）。当初、蔵があった清水町（旧・
志津村大森）で水害に困って移転を
行い、昭和28年に桃園町で酒造りを
再開した。現在の代表銘柄「福千歳」
の由来は、最初に転居した千歳町（現・
福井市足羽2丁目）での良き思い出
から。福千歳の醸すお酒は「伝統と
革新」。自然界の乳酸菌を取り込んで
造る伝統醸造法「山廃仕込」は、現
代の技法と比べ数倍の手間と時間が
必要だが、福千歳では日本酒の旨み
はこの「山廃仕込」でこそ醸せると
信じて山廃にこだわる。また原料米
は2013年より全量福井県産米を使
用し、ワイン製法、樽貯蔵などにも
挑戦し、日本酒の持つ新しい可能性
を広げ、他にはないオンリーワンな
酒蔵を目指しつつある。

# 株式会社 南部酒造場

| 水源 | 白山水系 |
|---|---|
| 水質 | 軟水 |

〒912-0081 福井県大野市元町6-10　TEL.0779-65-8900
https://www.hanagaki.co.jp/

# 越前の名水と米で醸す銘酒

## 手造りに徹して、より高品位の酒を世に送り出すのが蔵の理念

　日本百名水「御清水」で知られた名水の里で、酒米「五百万石」の日本有数の産地である越前大野にて酒造りを行う蔵。創業は享保18年（1733）だが、当時は大野・七間通りにて金物を扱う大店だった。酒造を始めたのは明治34年（1901）で、その際、謡曲『花筐』の一節にある「花垣」を銘に選んだ。現在の蔵は「手造りに徹して、より高品位の酒を世に送り出す」ことを理念とし、目の届く量だけを丁寧に醸している。原材料にこだわり伝統技術を尊重しつつも、日本酒のバリエーションを広げることにも余念がない。幻の酒米「亀の尾」を使った酒造りをはじめ、近年は熟成酒の研究に力を入れるなど、小さい蔵ながら大きくこだわった酒造りを行っている。

### 大吟醸酒
**品評会用大吟醸 究極の花垣**
「その年最高の出来栄えの限定品」
華やかな香りと品格のある甘み、適度な味幅と深い余韻が感じられる究極の大吟醸。蔵の技術の結晶といえる酒。

| 大吟醸酒 | 1,800ml／720ml |
|---|---|
| アルコール分 | 17% |
| 原料米 | 山田錦 |

### 純米酒
**純米 にごり**
「冬の料理に合う奥越前のにごり酒」
絹のような滑らかなもろみが、ほのかな甘みと米の旨みを引き出し、柔らかな酸味が味に締まりを与えている。

| 純米酒 | 1,800ml／720ml |
|---|---|
| アルコール分 | 14% |
| 原料米 | 五百万石／華越前 |
| 日本酒度 | − 20.0 |
| 酸度 | 1.8 |

| 水源 | 白山水系 |
|------|---------|
| 水質 | 弱軟水 |

# 真名鶴酒造合資会社

〒912-0083 福井県大野市明倫町 11-3 TEL.0779-66-2909
E-mail: info@manaturu.com  http://www.manaturu.com

# 伝統に安住せず
# 新たな挑戦

**大吟醸 ルイ**

「可愛いラベルの絶品大吟醸」

りんごのような瑞々しい香り、ほんのり上品な甘味と清涼感のある味わい。あとロスッキリで綺麗な余韻。

| 大吟醸酒 | 1,800ml / 720ml |
|----------|------------------|
| アルコール分 | 17% |
| 原料米 | 山田錦 |
| 日本酒度 | ＋4.0 |
| 酸度 | 1.5 |

**奏雨 -SOW-**

「雨が奏でる音色の如き爽快感」

すっきりと上品な甘味と、柑橘系の爽やかな酸味が絶妙のバランス。清涼感溢れる斬新な味わいの酒。

| 純米大吟醸酒 | 1,800ml / 720ml |
|--------------|------------------|
| アルコール分 | 13% |
| 原料米 | 五百万石 |
| 日本酒度 | － 15.0 |
| 酸度 | 3.4 |

### 蔵の威信と杜氏のプライド
### 気品溢れる日本酒の芸術品

真名鶴酒造は、北陸の小京都「越前大野」で江戸時代中期の宝歴年間より続く老舗の蔵元。越前大野は九頭竜川の上流に位置し、四方を 1,000m 級の高い山々に囲まれた水と緑豊かな扇状盆地で、酒造好適米「五百万石」の特産地でもある。環境省が選定する名水百選の一つ「御清水（おしょうず）」の清烈な水と、雪深く厳寒な北陸の気候とも相まって、「神が酒造りのために創られた地」と云われるほど素晴らしい場所である。機械に頼らない全量手造りの小さな蔵元で伝統的な手法を守りつつも、蔵元杜氏の泉惣介氏の方針により全製品を吟醸規格として徹底した高品質化を図るなど、常に革新的な挑戦を続けて新しい味わいの酒造りを目指している。

# 三宅彦右衛門酒造有限会社

| 水源 | 自家湧水 |
|---|---|
| 水質 | 中硬水 |

〒919-1124 福井県三方郡美浜町早瀬 21-7　TEL.0770-32-0303
E-mail: hayaseura@ever.ocn.ne.jp

# キリッとした後口
# 北陸随一の"男酒"

## 若狭湾の美味い食材と旨い酒
## 港町を支える心意気

　三宅彦右衛門酒造の創業は享保3年（1718）で、現在の後継者、範彦氏は12代目となる。福井県美浜町は漁業や商工業の港町として栄えたが、信仰深い漁師たちは、御神酒としての地酒を望んだ。三宅彦右衛門酒造が造る酒は、そんな漁師たちを支える"男酒"といえる。若狭には天然で自然な美味しい食材が多く、料理がさらに美味しくなるお酒が求められる。そんな土壌や風土が、この蔵の自慢でもあり、酒の特色に繋がっているのだ。範彦氏はかつての農大の仲間たちが自分の蔵の吟醸酒を持ち寄る中で、普通酒しかなく悔しい思いをしたという。だが、「この蔵でしかできない酒」を追求した結果、今では全国から注目されるまでの蔵に成長した。

### 純米おり酒

**早瀬浦 純米滓酒 浦底**

「純米の自然なオリを集めた酒」
上澄みは滑らかな辛口。滓を絡めるとまろやかさが口中に広がる。蔵から望む冬の日本海のような酒。

| 純米おり酒 | 1,800ml／720ml |
|---|---|
| アルコール分 | 18% |
| 原料米 | 福井県産酒造好適米 |
| 日本酒度 | ＋10.0 |
| 酸度 | 1.8 |

### 大吟醸酒

**早瀬浦 大吟醸**

「ギュッと詰まった山と海の風味」
大吟醸らしい芳醇な香りと旨みに加え、キレもある男酒。早瀬の海のニュアンスもほんのり感じる。

| 大吟醸酒 | 1,800ml／720ml |
|---|---|
| アルコール分 | 16% |
| 原料米 | 山田錦 |
| 日本酒度 | ＋0.5 |
| 酸度 | 1.3 |

200

# 北陸地方

## 北陸地方の食文化

**富山：**日本海に接している富山湾と山に囲まれ、豪雪地帯で有名である。富山湾では、寒ブリやホタルイカの漁が盛んで、「かぶらずし」や「ブリ大根」、ホタルイカをたまり醤油に漬けこんだ「沖漬」は良く知られている。また、白エビは、刺身や昆布じめや天ぷらでも楽しまれている。川魚も食べられ神通川で採れるサクラマスを使った「ますずし」や大豆と澄んだ水で作られる「岩豆腐」がある。

**石川：**農業が盛んで、レンコンを使った料理では、「はす蒸し」や「すり流し汁」がある。塩サバをつかった「かぶらずし」や、ふぐの卵巣を漬けこんだ「ふぐの糠漬け」、色とりどりの麩がつくられ、煮物に華やかな彩を添えている。また、塩漬けした魚介を1年以上発酵・熟成させて作られた調味料の一つで、「日本三大魚醤」として知られている「いしる」がある。地域ごとの素材による味の違いも魅力である。

**福井：**米作りが盛んであるが、若狭湾ではカニやサバなどの豊富に採れる魚介類を使ったさまざまな料理があり、カニは「越前カニ」として福井県の特産物としている。また、サバの糠漬けは「へしこ」とよばれ保存食でもある。永平寺という大きな寺に伝わる魚や肉を使わない寺の料理（精進料理）は、地元の料理にも取り入れられている。

## 北陸地方の郷土料理

# 北陸地方

## 北陸地方の代表的使用酒米

石川門（いしかわもん）：石川ブランドの吟醸酒造りのため、五百万石の系譜である予236と一本〆を交配して生まれた品種。

亀の尾（かめのお）：明治期の篤農家・阿部亀治により選抜育成された酒造好適米。食味が良く、子孫品種にコシヒカリ、五百万石などがある。

越の雫（こしのしずく）：奥越前独自の新品種を目指し、福井のJAテラル越前と地元農家、そして酒蔵との共同で開発された酒造好適米。

コシヒカリ：本来の酒造適正は低いが、精米技術の進歩で酒米としての使用も可能になった品種。新潟で交配され、太平洋戦争の影響で福井に移して育成された。

五百万石（ごひゃくまんごく）：亀の尾系統の新200号と雄町系統の菊水との交配で生まれた、新潟が誇る酒造好適米。フルーティーな香りを醸し出す、吟醸酒ブームの立役者。

長生米（ちょうせいまい）：石川の久世酒造店が創業当時から栽培してきた酒米。村に沸く水を飲むと長生きするという伝承から、その水で育てた米を「長生米」と名付けたという。

富の香（とみのかおり）：大吟醸酒向けの富山オリジナル酒米を目指し、山田錦と雄山錦との交配で開発した酒造好適米。富山の気候での栽培に適し、それでいて山田錦並みの品質を持つ。

華越前（はなえちぜん）：越南122号とフクヒカリとの交配により福井で生まれた品種で、同県開発のコシヒカリの孫にあたる。基本的には食用で、県内の学校給食として利用される。

北陸12号：奥羽2号と万石との交配で1926年に生まれた酒造好適米。現在の生産量はかなり減り、新潟と石川でごく少量が栽培されるのみである。

美山錦（みやまにしき）：味は良いが栽培が難しかった改良信交に代わる酒米を目指し、親の高嶺錦に放射線を照射して突然変異を起こして開発した品種。

山田錦（やまだにしき）：酒米の最高峰にして生産量トップを誇る酒造好適米。山田穂と短稈渡船との交配で生まれた。兵庫県産が全生産量の6割を占めるが、全国的に栽培されている。

ゆきの精（ゆきのせい）：富交101号と新潟8号とを交配させ、新潟で生まれた良食味多収品種。粘りが少ないことから寿司飯のほか酒米としても使用されている。

掲載企業以外にも東京農業大学卒業生が関係している酒蔵

## 北陸地方

**富山県**　福鶴酒造株式会社
**石川県**　合資会社布施造造店
　　　　数馬酒造株式会社
**福井県**　菊桂酒造合名会社
　　　　安本酒造有限会社
　　　　力泉酒造有限会社
　　　　朝日酒造株式会社

## 東海地方

**岐阜県**　合資会社白木恒助商店
　　　　渡辺酒造醸
　　　　大塚酒造株式会社
　　　　有限会社渡辺酒造店
　　　　恵那醸造株式会社三郷工場
**静岡県**　高嶋酒造株式会社
　　　　花の舞酒造株式会社
**愛知県**　丸石醸造株式会社
　　　　盛田株式会社
　　　　小弓鶴酒造株式会社
　　　　内藤醸造株式会社
**三重県**　株式会社宮崎本店

各社の都合により掲載は割愛しております。

# 東海地方

岐阜県・静岡県・愛知県・三重県

原田酒造場
P217

足立酒造場
P206

布屋 原酒造場
P216

白扇酒造
P214

杉原酒造
P211

小町酒造
P210

林本店
P215

渡辺酒造
P229

早川酒造
P233

森喜酒造場
P235

澤田酒造
P225

大田酒造
P230

山﨑
P228

瀧自慢酒造
P232

小川本家
P231

元坂酒造
P234

蒲酒造場
P207

川尻酒造場
P208

平瀬酒造店
P218

天領酒造
P213

蔵元やまだ
P209

三千盛
P219

千古乃岩酒造
P212

富士錦酒造
P223

関谷醸造
P226

磯自慢酒造
P220

萬乗醸造
P227

杉井酒造
P221

山中酒造
P224

土井酒造場
P222

# 足立酒造場

| 水源 | 長良川系伏流水 |
|---|---|
| 水質 | 軟水 |

〒500-8222 岐阜県岐阜市琴塚3-21-10 TEL.058-245-3658
E-mail: hinode@kinkazan.com http://www.kinkazan.com

# 酒造りの全工程が
# 手作業の酒蔵

## ほとんどの工程を手作業
## 妥協のない仕込みで醸す

　文久元年（1861）創業の蔵。濃尾平野を流れる長良川を含む「木曽三川」の豊富な伏流水と、冬に吹く伊吹おろしによる恵まれた気候、また良質な酒米にも恵まれた地で野太い酒を醸し続けている。越後杜氏による昔ながらの酒造りだったが、昨今の多種多様な日本酒の進化に対応すべく、一般的に普及している機械設備をあえて撤廃。ほとんどの工程を手作業にし、すべての仕込みを少量仕込みに切り替えた。洗米から放冷に至るまで手作業なのは珍しいが、それ故に妥協のない仕込みが徹底できている。小さい酒蔵であることを活かし、蔵の見学希望者（現在、人数制限あり）には蔵の隅々まで可能な限り五感で体験してもらい、日本酒の普及に尽力している。

### 純米吟醸酒

**金華山 蒼穹 無濾過生原酒**

「一滴入魂で仕込んだ食中酒」
ひだほまれの野太い旨味が味わえる トロリとして濃醇な純米原酒。飲み飽きせず和食によく合う。

| 純米吟醸酒 | 1,800ml／720ml |
|---|---|
| アルコール分 | 17% |
| 原料米 | ひだほまれ |
| 日本酒度 | 非公開 |
| 酸度 | 非公開 |

### 純米酒

**金華山 中汲み純米 生原酒**

「グラスで飲みたい生原酒」
旨みと酸のバランスが絶妙。白ワインのような口当たりと味わいで、肉料理や揚げ物と相性がいい。

| 純米酒 | 1,800ml／720ml |
|---|---|
| アルコール分 | 18% |
| 原料米 | ひだほまれ |
| 日本酒度 | ＋7.0 |
| 酸度 | 1.8 |

| 水源 | 飛騨山脈伏流水 |
|---|---|
| 水質 | 軟水 |

# 有限会社 蒲酒造場

〒509-4234 岐阜県飛騨市古川町壱之町6-6 TEL.0577-73-3333
E-mail: kaba@yancha.com https://www.yancha.com

# 長い冬を楽しむ
# 飛騨の地酒

## 純米大吟醸酒

### 白真弓 純米大吟醸 誉

「丹精込めて仕上げた最高級の味」

ひだほまれの魅力ある特徴が存分に引き出された華やかながら優しく上品な香りと、「ひだほまれ」の魅力満天の味わい豊かなフルボディ。世界的にも高評価。

| 純米大吟醸酒 | 1,800ml ／ 720ml |
|---|---|
| アルコール分 | 16% |
| 原料米 | ひだほまれ |
| 日本酒度 | − 1.0 |
| 酸度 | 1.7 |

## 本醸造酒

### 飛騨乃やんちゃ酒

「酒好きが好きになる酒」

冬の飛騨が似合う酒。常温だとキレよく軽快でやや辛口。燗につけると米の旨みが増し優しい甘みが楽しめる。

| 本醸造酒 | 1,800ml ／ 720ml |
|---|---|
| アルコール分 | 15% |
| 原料米 | ひだほまれ |
| 日本酒度 | ＋2.0 |
| 酸度 | 1.6 |

## 嬉しい時、悲しい時、寂しい時 人生の傍に寄り添ってくれる酒

歴史ある飛騨の酒蔵、蒲酒造場の創業は宝永元年（1704）。現在の蔵元で13代目となる。飛騨は雪国ということもあり、日常に酒文化が根付いている地域。とくに蔵がある飛騨古川は、地元銘柄に強い愛着を持つ住民が多く、地域の飲食店では他地域の銘柄が並ぶことは少ないという。また祭礼と酒のかかわりも深く、祭礼会所にずらっと献酒が並ぶ様は見事のひと言。それだけ地域の人々は、地元の酒を身近に愛している。飛騨の米と水にこだわる蒲酒造場では、そんな地元に寄り添うような地酒造りを続けてきた。代表銘柄の「白真弓」も、「嬉しい時、悲しい時、寂しい時、いつも人生の傍に寄り添ってくれる酒」になることを目指した造りを心掛けている。

# 川尻酒造場

〒506-0845 岐阜県高山市上二之町68 TEL.0577-32-0143
E-mail: mail@hidamasamune.com http://www.hidamasamune.com

| 水源 | 位山水系伏流水 |
|---|---|
| 水質 | 軟水 |

# 手造りの少量生産
# 蔵元直送の熟成古酒

**地元飛騨産の原料米にこだわり
まろやかな味を目指す**

　江戸末期、天保10年(1839)創業。生産量の限られる古い町並みで品質本位を目指し、1970年代には糖類や調味液の使用、桶売り（大手の下請）を全廃し、以後、製造直販が主体となっている。地酒と言うからには、地元産の米で醸していなければならないという考えから、飛騨産の酒造好適米「ひだほまれ」以外は使っていないという、こだわりの酒造りを徹底した蔵である。そもそもこの蔵の酒はコクのある酒質で、新酒の時には味が荒く、まろやかにまとまるまで長く寝かす必要があった。そこで当代（7代目）と先代が酒を熟成させるスタイルを確立し、地酒として地元飛騨産の原料米だけを使い、数年の貯蔵期間を置く熟成古酒に特化して今日に至る。

## 純米酒

**熟成古酒 純米「山ひだ」**

「後味の微かな苦味が旨みを増す」
すっきり引き締まった味わいの冷酒、ふくよかで甘いコクの出るお燗。温度による違いが際立つ純米古酒。

| 純米酒 | 1,800ml ／ 720ml |
|---|---|
| アルコール分 | 15.3% |
| 原料米 | ひだほまれ |

## 本醸造酒

**熟成古酒 本醸造「天恩」**

「豊かな味わいと香味のバランス」
蒸し栗、バナナ、ホットケーキを連想させる香りが特徴。酸も程よく、コクがあるが飲みやすい熟成古酒。

| 本醸造酒 | 1,800ml ／ 720ml |
|---|---|
| アルコール分 | 15.3% |
| 原料米 | ひだほまれ |

| 水源 | 井戸水 |
| --- | --- |
| 水質 | 軟水 |

# 蔵元やまだ（合資会社山田商店）

〒505-0301 岐阜県加茂郡八百津町八百津3888-2　TEL.0574-43-0015
E-mail: info@kura-yamada.com　https://www.kura-yamada.com/

# 山紫水明の地と
# 杜氏の思いが生む酒

### 純米大吟醸 玉柏

「宇野杜氏の最高傑作」

好適米「山田錦」を35％精米し、低温発酵で丁寧に醸す。令和元年全国新酒鑑評会で金賞を受賞。2019年kura-master（フランス）で部門トップ5に選ばれました。

| 純米大吟醸酒 | 720ml |
| --- | --- |
| アルコール分 | 17% |
| 原料米 | 山田錦 |
| 日本酒度 | ＋2.0 |
| 酸度 | 1.3 |

### 純米吟醸 玉柏

「最高の香りと風味」

「山田錦」を45％まで精米。純米吟醸らしい香りと風味をそなえた蔵元やまだの傑作。

| 純米吟醸酒 | 1,800ml |
| --- | --- |
| アルコール分 | 17% |
| 原料米 | 山田錦 |
| 日本酒度 | ＋2.0 |
| 酸度 | 1.3 |

## 挑戦し続ける宇野杜氏
## 目指すは長く付き合える酒

　創業明治元年（1868）の蔵元やまだは、岐阜県の森林に囲まれた山紫水明の地にある。杜氏は昭和43年（1968）生まれの宇野雅紀氏。入社して出会った高倉杜氏の影響で酒造りへの思いを改めた。「それまでの自分は甘く、妥協ばかりをしていた。高倉氏の酒造りは綿密で、丁寧で、基本に忠実なもの。その姿に目が覚めました」。宇野氏は平成15年（2003）に杜氏となり、その最高傑作「純米大吟醸 玉柏」は岐阜県知事賞、全国金賞を獲得。しかし、その喜びに甘えることなくさらなる技術の向上を目指し、挑戦を続ける。造る酒は「喉ごしがよく、飲み飽きしない、長く付き合える酒」。小さな蔵だからこその丁寧な酒造りが実を結んでいる。

# 小町酒造株式会社

| 水源 | 長良川伏流水 |
|---|---|
| 水質 | 軟水 |

〒504-0851 岐阜県各務原市蘇原伊吹町2-15　TEL.058-382-0077
E-mail: info@nagaragawa.co.jp　https://www.nagaragawa.co.jp/

# 小町ゆかりの酒蔵は
# 自然音楽で酒を醸す

## 「小町を癒した霊水」伝説から
## 社名をいただいた岐阜の蔵

　明治27年（1894）創業。濃尾平野の北部に位置し、社名の小町酒造は、地元に伝わる「小野小町を癒やした霊水」伝説から名づけられた。岐阜を代表する清流「長良川」をメインブランドとして、蔵の地下を流れる長良川の伏流水と、岐阜の酒米「ひだほまれ」等を原料米としている。岐阜は赤味噌文化圏。その食文化に合わせた、「旨味ある"旨い酒"」が酒質の特徴で、"旨味"を引き出す醸造を行っている。また、「自然音楽で酒を醸す蔵」として知られ、「酒仕込の環境をできるだけ自然状態に近づける」ため、α波を引き出す環境音楽を酒蔵に響かせているという。海外輸出への取り組みも早く、20年以上前から"岐阜地酒"を世界に向けて届けている。

### 純米酒

### 長良川 純米酒

「飲み飽きないまろやかな旨み」
米の旨みにこだわりながら、まろやかな口当たりの純米酒。後口すっきりのやや辛口で飲み飽きない。

| 純米酒 | 1,800ml |
|---|---|
| アルコール分 | 14～15% |
| 原料米 | 岐阜県産米 |
| 日本酒度 | ＋5.0 |
| 酸度 | 1.7 |

### 吟醸酒

### 長良川 スパークリングにごり

「セミスウィートな微発泡」
にごり酒でありながら、甘過ぎずスッキリした瓶内発酵スパークリング。微発泡の爽やかな飲み心地。

| 吟醸酒 | 720ml／300ml |
|---|---|
| アルコール分 | 17～18% |
| 原料米 | 岐阜県産ひだほまれ |
| 日本酒度 | －4.0 |
| 酸度 | 1.7 |

| 水源 | 揖斐川伏流水 |
|---|---|
| 水質 | 軟水 |

# 杉原酒造株式会社

〒501-0532 岐阜県揖斐郡大野町下磯1番地　TEL.0585-35-2508
E-mail: sugihara@feel.ocn.ne.jp　https://www.sugiharasake.jp/

# 先代を説得して
# 蔵を再建

### 特別純米酒 射美 槽場無濾過生原酒

「飲みやすくキレのあるさけ」

熟れた林檎のような果実香と、とろみのある丸い甘み、薄く琥珀がかった色調は、上質のデザートワインのよう。

| 特別純米酒 | 1,800ml／720ml |
|---|---|
| アルコール分 | 16% |
| 原料米 | 揖斐の誉 |
| 日本酒度 | −3.0 |
| 酸度 | 1.8 |

### WHITE 射美

「白麹を一部使用。飲みやすい酸味」

射美の中でも一番のバランス型の酒。白麹のクエン酸で甘味に負けない酸味があり「濃醇でスッキリ」を実現。

| 特別純米酒 | 1,800ml／720ml |
|---|---|
| アルコール分 | 16% |
| 原料米 | 揖斐の誉 |
| 日本酒度 | −3.0 |
| 酸度 | 2.5 |

## 国を離れて知る日本酒の文化を守りたいという切実な想い

創業は明治25年（1892）。年間製造量約60石（一升瓶換算でわずか6000本）の「日本一小さい酒蔵」として知られている。青年海外協力隊だった現5代目蔵元の杉原慶樹氏は、日本文化である日本酒を守りたいという想いに駆られ、2003年に実家の蔵へと戻って廃業を考えていた先代を説得して蔵の再建を開始。他蔵での修行経験がないため独自に試行錯誤を繰り返し、地元岐阜の農業試験場職員で「米オタク」と呼ばれる高橋宏基氏との出会いを経て、地元契約農家の協力もあり新種の酒米「揖斐の誉」栽培に成功。2009年に代表銘柄「射美」を完成させた。「原料の生産から、仕込み、嗜みまで、とことん地元にこだわった真の地酒造り」が蔵のモットーである。

211

# 千古乃岩酒造株式会社

| 水源 | 地下水 |
|---|---|
| 水質 | 超軟水 |

〒509-5401 岐阜県土岐市駄知町 2177-1　TEL.0572-59-8014
E-mail: info2@chigonoiwa.com　https://chigonoiwa.jp

# 大きく栄えよと 願いを込めて

## 日本の棚田100選に認定された地元産米で醸す「千古乃岩」

　地酒「千古乃岩（ちごのいわ）」の名は、土岐市天然記念物に指定された巨岩「稚児岩（ちごいわ）」が由来。重さ推定 13,125t にもなるこの不思議な形の巨岩には、400 年ほどの昔に、子宝に恵まれない夫婦が子供を授かった伝説がある。明治 42 年（1909）の創業の際、創業者の中島重蔵氏はこの岩にあやかり、千年のめでたさと子供のように大きく栄えよとの願いを込め、この地で醸す酒に「千古乃岩」と名付けたのだ。この酒は、越後杜氏伝承の技によって品質一筋に丹精込めて醸し出される。仕込水は酒蔵の地下 45m から汲み上げる超軟水。原料米は "日本の棚田 100 選" に認定された坂折棚田の「さかおり棚田米」や「ひだほまれ」などの地元産米である。

### 純米吟醸酒・原酒

**千古乃岩 純米吟醸原酒 さかおり棚田米仕込み**

「原酒の力強さのある濃醇辛口」
日本の棚田百選・坂折棚田産の減農薬米を使用。冬期は無濾過生原酒、夏期は濾過火入れ原酒となる。

| 純米吟醸酒・原酒 | 1,800ml ／ 720ml |
|---|---|
| アルコール分 | 17.5% |
| 原料米 | さかおり棚田米 |
| 日本酒度 | ＋9.0 |
| 酸度 | 1.9 |

### 大吟醸酒

**千古乃岩 大吟醸**

「千古乃岩酒造の酒造りの極意」
すっきりとした端麗辛口のキレのいい味わい。フルーティーな香りと爽やかな喉ごしが楽しめる。

| 大吟醸酒 | 1,800ml ／ 720ml |
|---|---|
| アルコール分 | 16.8% |
| 原料米 | ひだほまれ |
| 日本酒度 | ＋6.0 |
| 酸度 | 1.4 |

| 水源 | 飛騨山脈の地下水 |
|---|---|
| 水質 | 軟水 |

# 天領酒造株式会社

〒509-2517岐阜県下呂市萩原町萩原1289-1 TEL.0576-52-1515
E-mail: info@tenryou.com  https://www.tenryou.co.jp/

# 飛騨には
# 飛騨を語る酒がある

### 特別純米酒「飛切り」

「刺身に冷やで、鍋にぬる燗で」

現代の嗜好にあった豊かな香りと
コクが、体を包み込んでくれるよ
うな辛口の純米酒。

| 特別純米酒 | 1,800ml／720ml |
|---|---|
| アルコール分 | 15〜10% |
| 原料米 | ひだほまれ |
| 日本酒度 | ＋4.0 |
| 酸度 | 1.4〜1.6 |

### 純米吟醸「ひだほまれ 天領」

「華やいだ香りと喉越しの切れ」

飛騨特産の酒造好適米「ひだほま
れ」を使い飛騨にこだわった逸品。
夏を越すと味にふくらみが出る。

| 純米吟醸酒 | 1,800ml／720ml |
|---|---|
| アルコール分 | 15〜16% |
| 原料米 | ひだほまれ |
| 日本酒度 | ＋3.0〜＋5.0 |
| 酸度 | 1.3〜1.5 |

## 飛騨を愛した初代の心意気を今も受け継ぐ岐阜の銘酒

天領酒造の創業は江戸時代の初め、
延宝8年（1680）と伝えられる。
当初は日野屋佐兵衛と称して行商を
していたが、その後、商いのために
飛騨に店を構え、物品販売のかたわ
ら日本酒造りを始めたという。そし
て昭和30年（1955）に、法人化し
て現在の会社名となった。地元・飛
騨の自然の恵みで育った酒造好適米
「ひだほまれ」と、飛騨山脈からの地
下水を地下30メートルから汲み上
げて、代表的銘柄の特別純米酒「飛
切り」や大吟醸「ひだほまれ 天領」
など、飛騨の自然を愛した初代の心
意気を受け継ぐ酒を造り続けている。
酒造好適米使用率、自社精米比率、
天然水使用比率、すべてが岐阜県で
ナンバーワン。天領酒造はこのこだ
わりを守り続ける。

# 白扇酒造株式会社

| 水源 | 飛騨川 |
|---|---|
| 水質 | 軟水 |

〒509-0304 岐阜県加茂郡川辺町中川辺28番地　TEL.0574-53-2508
https://www.hakusenshuzou.jp/

# 『手入れ』は
# 原材料の命

## 元気な手造り麹で醸造する
## 複雑で旨味のある美味しい酒

　飛騨の山間部を流れる清流、飛騨川のほとり「川辺町」にある蔵元。町名に相応しく、美味しい水に恵まれたこの地で、時代に流されない酒造りを行っている。創業は江戸後期だが正確な創業年は不詳。蔵によると「先祖が足跡を残すことに無頓着だったせい」とのこと。江戸期はみりん造りが主で、清酒の醸造を始めたのは明治32年から。醸造の基本は「手」であると考え、材料選び、麹作り、仕込み、熟成、仕上げと、どの工程も手入れを欠かさず、時間をかけて大切に醸している。その一滴一滴が、複雑で旨味のある美味しい酒となる。先人たちが培った歴史を引き継ぎ、安心・安全で美味しいものを造り続け、次世代へ繋いでいくことが白扇酒造の理念である。

### 黒松白扇 純米大吟醸 馥（ふく）

「最高の素材と最高の技の結晶」
フローラルで綺麗な香りが、口の中で広がるボリューム感と膨らみで、華麗な感触を楽しめる純米大吟醸の逸品。

| 純米大吟醸酒 | 1,800ml／720ml |
|---|---|
| アルコール分 | 16% |
| 原料米 | 山田錦 |
| 日本酒度 | －4.0 |

### 黒松白扇 純米吟醸 花

「大寒に手造りで仕込んだ辛口」
穏やかで上品な香りの中に適度なコクがあり、爽快で滑らかな味わい。酸味と甘みの調和が芳醇な味を醸し出す。

| 純米吟醸酒 | 1,800ml／720ml |
|---|---|
| アルコール分 | 16% |
| 原料米 | 五百万石 |
| 日本酒度 | ＋2.0 |

| 水源 | 長良川伏流水 |
| 水質 | 軟水 |

# 株式会社林本店

〒504-0958 岐阜県各務原市那加新加納町 2239 TEL.058-382-1238
E-mail: hayashihonten@eiichi.co.jp http://www.eiichi.co.jp/

# 日本酒文化を
# 世界へ

純米大吟醸酒

### 百十郎 純米大吟醸 新月 New Moon

「乳酸菌の力で醸す無添加酒」

ベルガモットのような清々しい香り。乳酸菌由来の美しい酸とかすかな甘みに、スッキリと軽快な後味の酒。

| 純米大吟醸酒 | 720ml |
| アルコール分 | 15% |
| 原料米 | 岐阜ハツシモ |

純米酒

### 百十郎 純米吟醸山廃 時代 JIDAI

「甘美で妖艶なコクと旨み」

バターのようなコクのある香り。ふくよかなボリューム感に旨味と酸味が溶け合った複雑でリッチな味わいの酒。

| 純米酒 | 1,800ml／720ml |
| アルコール分 | 15% |
| 原料米 | 五百万石 |

## プレミアムな日本酒の楽しみを世界に広げる酒造りを目指して

　大正9年（1920）創業の、国内トップクラスの豊かな森林を誇る清流の国・岐阜で酒造りを続ける酒蔵。酒の仕込みには、艶やかな旨味のある優しい味わいのお酒を生みだす。超軟水の名水日本アルプス伏流水を使用。世界農業遺産エリアで収穫される良質な酒米は、天皇陛下へ献上される鮎を育む、日本三大清流長良川の水で栽培されている。この気候風土に恵まれた地で醸されるプレミアムな日本酒で、伝統ある日本酒文化を世界の人々に広げることが林本店の目標だ。主要銘柄の「百十郎」は、90年前に1200本もの桜を寄贈した地元出身の歌舞伎役者・市川百十郎にちなんだもの。満開の百十郎桜の下で、楽しく飲める酒を造りたいとの想いが込められている。

# 布屋 原酒造場

| 水源 | 霊峰白山 |
|---|---|
| 水質 | 軟水 |

〒501-5121 岐阜県郡上市白鳥町白鳥991番地 TEL.0575-82-2021
E-mail: nunoya-sake@bridge.ocn.ne.jp http://genbun.sakura.ne.jp

# 花からの贈り物
# 花酵母の酒

## 蔵元杜氏の当主がこだわる
## 天然花酵母のコクと香り

　布屋 原酒造場の創業は元文5年（1740）。酒銘の『元文』は、創業時の年号に因んだものである。富士山・立山と並び、日本三霊山のひとつに数えられる「白山」は、古代より水神様として崇められてきた。この霊峰白山の麓を源流とするのが、日本有数の清流・長良川。布屋 原酒造場は、そんな白山信仰が根づく岐阜県郡上市白鳥町で酒を醸す、長良川沿い最北の酒蔵である。地元岐阜県産の米と、創業当時から利用されている敷地内の井戸から汲み上げた白山水系の伏流水、そして自然界の花から分離された「東京農大花酵母」を使い、当主自らが杜氏として仕込んだ酒は、芳醇な香りと味を楽しめる。現在、蔵で造る酒は、全量天然花酵母仕込みである。

### 普通酒

### 元文

「花酵母仕込の布屋の定番酒」
程よい香りとすっきりとした飲み口。味噌・醤油・にんにく味の郷土料理「鶏（けい）ちゃん」に合う。

| 普通酒 | 1,800ml／720ml |
|---|---|
| アルコール分 | 15.5% |
| 原料米 | 岐阜県産あきたこまち |
| 日本酒度 | ＋4.0 |
| 酸度 | 1.3 |

### 大吟醸酒

### 花酵母 菊 大吟醸

「菊の花言葉"高貴"に相応しい味」
花を思わせる華やかで甘い香りと、キレのあるスッキリした後味の大吟醸酒。鮎の塩焼きに良く合う。

| 大吟醸酒 | 720ml |
|---|---|
| アルコール分 | 15.5% |
| 原料米 | 岐阜県産あきたこまち |
| 日本酒度 | ＋4.0 |
| 酸度 | 1.4 |

| 水源 | 北アルプス山系 |
|---|---|
| 水質 | 軟水 |

# 有限会社原田酒造場

〒506-0846 岐阜県高山市上三之町10 TEL.0577-32-0120
E-mail: info@sansya.co.jp http://www.sansya.co.jp

# 飛騨で融合した
# 京の文化と江戸の文化

## 普通酒

### 山車 辛くち

「"奥伝 飛騨流厳冬寒造り"の酒」
すっきりした透明感と米の旨みの両面を引き出した、食中酒にうってつけの酒。モンドセレクション金賞。

| 普通酒 | 1,800ml |
|---|---|
| アルコール分 | 15〜16% |
| 原料米 | ひだほまれ／あきたこまち |
| 日本酒度 | ＋2.0 |
| 酸度 | 1.4 |

## 純米吟醸酒

### 山車 純米吟醸 花酵母造り

「花酵母が引き出す甘みと香り」
地元米"ひだほまれ"を、アベリア花酵母で仕上げた、爽やかな甘みとフルーティーな香りの酒。冷酒で。

| 純米吟醸酒 | 720ml |
|---|---|
| アルコール分 | 15〜16% |
| 原料米 | ひだほまれ |
| 日本酒度 | ＋3.0 |
| 酸度 | 1.4 |

## 豊富で清洌な北アルプス伏流水と良質の飛騨産米から醸す酒

江戸末期の安政2年（1855）より、徳川幕府直轄地である飛騨高山の旧城下町「三之町」で、十代にわたって「打江屋長五郎」の屋号で清酒醸造を営む蔵。もともと初代の長五郎は、隣町の"打江の庄"の庄屋であったのだが、京都に近い灘・伏見の酒造りにいち早く注目し、庄屋から酒屋への事業転換をすべく酒造りに専念したと伝えられている。この蔵の酒「山車（さんしゃ）」は、日本三大美祭のひとつ"高山祭"の絢爛豪華な祭り屋台「山車（だし）」から銘柄を頂いた飛騨の酒。中でも「山車 辛くち」は、飛騨高山の料亭、居酒屋での支持が厚い。また、東京農業大学花酵母研究会の会員であり、花酵母の酒造りにも意欲的にチャレンジを続けている。

# 有限会社平瀬酒造店

〒506-0844 岐阜県高山市上一之町82 TEL.0577-34-0010
E-mail: info@kusudama.co.jp http://www.kusudama.co.jp/

# 飛騨の厳しい自然が
# 育んだ銘酒

## めでたく邪気を払うという
## "薬玉"の名を冠する酒の蔵

平瀬酒造の創業年は定かではないが、菩提寺の過去帳には元和9年（1623）に初代の名があり、それから390有余年、飛騨高山の地で15代続き今日に至る。飛騨は古くから"飛騨の匠"が租庸調の代わりに京都に出入りしており、京文化が多く取り入れられてきた土地。酒造りも京都から伝わってきたものだ。300年前の酒株によると高山で64戸の酒蔵があり、盛んにお酒が造られていたようだ。厳しい寒さの中では人の心を暖め、春の祭りでは五穀豊穣を祈念し、秋の祭りには収穫を喜び合う。厳しい自然の中で生きる飛騨の人々に愛される酒「久寿玉」は、地元の米を使い地域の人々の味覚に合わせた丁寧な酒造りを行う、平瀬酒造の技の結晶である。

### 純米酒

**久寿玉 手造り純米**

「飛騨牛や朴葉味噌と好相性」

若干、原料米の苦み渋みが残るが、高めの酸と相まって深みのある味を出す純米酒。冷やかぬる燗で。

| 純米酒 | 720ml |
|---|---|
| アルコール分 | 15.5% |
| 原料米 | ひだほまれ |
| 日本酒度 | +5.0 |
| 酸度 | 1.6 |

### 大吟醸酒

**久寿玉 大吟醸**

「厳冬の飛騨高山で醸す、柔らかい酒」

北アルプスの伏流水で仕込んだ、繊細なキメの細かさが特徴の、なめらかで上品な味わいの酒。冷やで。

| 大吟醸酒 | 720ml |
|---|---|
| アルコール分 | 16% |
| 原料米 | 山田錦 |
| 日本酒度 | +2.0 |
| 酸度 | 1.0 |

| 水源 | 三国山系地下水 |
|---|---|
| 水質 | 軟水 |

# 株式会社 三千盛

〒507-0901 岐阜県多治見市笠原町 2919  TEL.0572-43-3181
E-mail: info@michisakari.com  http://www.michisakari.com/

# 抵抗なくすいすい呑める「水口」の酒

### 三千盛 超特

「透き通るような旨み」

すっきり辛口、繊細かつ奥深い味わいと香りの大吟醸。余分な味がなく米の旨みがしっかり。

| 大吟醸酒 | 1,800ml／720ml |
|---|---|
| アルコール分 | 15～16% |
| 原料米 | 美山錦／あきたこまち |
| 日本酒度 | ＋16.0～＋17.0 |
| 酸度 | 1.0 |

### 三千盛 純米

「酸味が特徴の純米大吟醸」

穏やかな香りと爽快な酸味が味を引き締める三千盛の個性が詰まった純米大吟醸。

| 純米大吟醸酒 | 1,800ml／720ml |
|---|---|
| アルコール分 | 15～16% |
| 原料米 | 美山錦／あきたこまち |
| 日本酒度 | ＋12.0～＋13.0 |
| 酸度 | 1.3 |

## 時流に流されず伝統の味を守る 正直一途でごまかしのない辛口

　安永年間（1772～1781）、尾張国出身の水野鉄治氏が、現在の岐阜県多治見市で造り酒屋を開業したのが「三千盛」誕生のきっかけ。辛口の銘酒「三千盛」は、明治の中頃までは「金マル尾」「銀マル尾」「炭マル尾」の三種の銘柄で親しまれ、その後「黄金」と名を変えた後、昭和初年に上級酒のみを「三千盛」と銘打つようになる。だが昭和30年代、甘口の酒が時代の主流となり「三千盛」は苦難の時代を迎えた。当時の主人、水野高吉氏はそんな逆境にもかかわらず理想の辛口を求め、日本酒度＋10という当時としては大変珍しい「三千盛 特級酒」を発売。それが作家の永井龍男氏の目に留まったことで、全国の辛口愛好家に「三千盛」の名が広まったのである。

219

# 磯自慢酒造株式会社

| | |
|---|---|
| 水源 | 大井川伏流水 |
| 水質 | 軟水 |

〒425-0032 静岡県焼津市鰯ヶ島307　TEL.054-628-2204
http://www.isojiman-sake.jp/

# 世界に誇れる
# 芸術的な酒

## フレンチ、イタリアンとも
## 相性の良い革新的な酒造り

磯自慢は、東に駿河湾、そして富士山を仰ぎ、北西には南アルプスを望む静岡県・焼津の地にある。磯自慢の酒造りは、清流・大井川の伏流水を使った洗米に始まり洗米に終わると言っても過言ではない。静岡県の穏やかな気候と豊富な名水に恵まれた自然環境の中で醸された酒の数々には、白桃、マスクメロン、完熟バナナ、パッションフルーツのような自然な香りが穏やかに溶け込んでいる。そのためフレンチ、イタリアン、そしてチーズ、トマト、さらにはデザートにも良く合う。中でも吟醸酒は、冷やし過ぎず、ワイングラスで飲むのがおすすめ。厳選米、名水、そして蔵人たちの技と情熱のハーモニーから生まれる磯自慢は、世界に冠たる日本酒である。

純米大吟醸酒

### 磯自慢 エメラルド

「温度ごとに変化する香りが織りなすハーモニー」
開封したてのフレッシュな印象と、グラスに注いだ時間の経過とともに変化する香味や舌に感じる丸みの変化が楽しめる。

| 純米大吟醸酒 | 720ml |
|---|---|
| アルコール分 | 16.2% |
| 原料米 | 特上山田錦50% |
| 日本酒度 | ＋3.0 |
| 酸度 | 1.3 |

大吟醸酒

### 磯自慢 大吟醸

「自然由来の香味を素直に引き出した作品」
魚介類はもちろん、さまざまな料理とのマリアージュ、食中酒として料理の旨みをさらに引き上げてくれる大吟醸酒。

| 大吟醸酒 | 1,800ml |
|---|---|
| アルコール分 | 16.2% |
| 原料米 | 特上山田錦45% |
| 日本酒度 | ＋6.0 |
| 酸度 | 1.2 |

| 水源 | 大井川源流 |
|------|-----------|
| 水質 | 中硬水 |

# 杉井酒造

〒426-0033 静岡県藤枝市小石川町 4-6-4　TEL.054-641-0606
E-mail: wbs47338@mail.wbs.ne.jp　http://suginishiki.com

# 伝統の技法
# 山廃造りへの挑戦

## 純米酒

### 杉錦 玉栄 山廃純米

「日本古来の技、山廃純米」

味に深みがあり、程よく利いた酸が
さらに旨味を感じさせる。原料米
は酸味とコクのでる「玉栄」を使用。

| 純米酒 | 1,800ml |
|--------|---------|
| アルコール分 | 15.6% |
| 原料米 | 玉栄 |
| 日本酒度 | +6.0 |
| 酸度 | 1.7 |

## 特別純米酒

### 杉錦 山田錦 生もと特別純米酒

「淡くフルーティーな香り」

山田錦を原料米とし、生もと仕込み
で醸造。酸味と甘味がほどよく調和
したふくらみのある味わいが特徴。

| 特別純米酒分 | 1,800ml |
|--------------|---------|
| アルコール分 | 15.8% |
| 原料米 | 山田錦 |
| 日本酒度 | +2.0 |
| 酸度 | 1.7 |

## 自然の力を活かした生もとと
## 山廃もとで日本酒の旨さを探求

　天保 13 年（1842）に創業。杉
井本家から分家した杉井才助が、高
洲村（現・藤枝市小石川町）で酒造
を始めたのが初代となる。酒銘は明
治中期まで「亀川」、大正期まで「杉
正宗」、昭和初期になって「杉錦」と
なる。今でも昔ながらの甑（コシキ）
を使った蒸し米と手造りによる伝統
的な麹造りで、丁寧な酒造りを実践。
静岡型の吟醸造りを基本としなが
ら、淡麗な酒から味ののった酒まで
を各種取り揃える。2000 年度から
は杜氏を招かず社長自らが先頭に立
ち、社員達と妥協しない酒造りを行
うようになり、さらに 2003 年度か
らは山廃純米酒造りへの挑戦を開始。
「2012 年度 全米日本酒歓評会」で
は「杉錦 生もと特別純米 中取原酒」
が金賞を受賞している。

# 株式会社 土井酒造場

| 水源 | 高天神の湧水 |
|---|---|
| 水質 | 軟水 |

〒437-1407静岡県掛川市小貫633 TEL.0537-74-2006
E-mail: doisake@plum.ocn.ne.jp https://kaiunsake.com/

# 静岡酵母
# HD-1の故郷

**熊手ラベルのめでたい酒、**
**「開運」で地元に愛される蔵**

明治5年（1872）創業の土井酒造場は、今も当時の蔵屋敷を保ち、静岡県の歴史的建築物として紹介されることも多い。4代目蔵元・土井清愰氏と名杜氏・波瀬正吉氏との二人三脚で、平成15年（2003）から7年連続で全国新酒鑑評会で金賞を受賞。波瀬氏の急逝で1年だけ受賞が途絶えるが、技を受け継いだ若き杜氏・榛葉農氏の奮闘で、見事翌年には再度金賞を獲得した。またこの蔵は、静岡酵母HD-1が生まれた蔵としても知られており、酒の全量で静岡酵母を使い静岡県でしか造れない香味の酒を醸している。蔵の代表銘柄は、縁起のよい熊手のラベルの「開運 祝酒」。価格が手ごろなわりに、本醸造から大吟醸まで、どれをとってもレベルが高い。

### 大吟醸酒

### 開運大吟醸 伝 波瀬正吉

「名杜氏・波瀬正吉の名を冠した酒」
能登四天王のひとりに数えられた杜氏、波瀬正吉氏の名を刻んだ大吟醸。冷やすと繊細な味わいが際立つ。

| 大吟醸酒 | 1,800ml ／ 720ml |
|---|---|
| アルコール分 | 17〜18% |
| 原料米 | 山田錦 |
| 日本酒度 | 非公開 |
| 酸度 | 非公開 |

### 本醸造酒

### 開運 祝酒 特別本醸造

「創業当時からのお祝いの酒」
精米歩合60%と吟醸酒なみに磨き上げ、丁寧に醸した逸品。全国のファンや料理店から高い評価を受ける。

| 本醸造酒 | 1,800ml ／ 720ml |
|---|---|
| アルコール分 | 15〜16% |
| 原料米 | 山田錦 |
| 日本酒度 | ＋4.0 |
| 酸度 | 1.3 |

| 水源 | 富士山の伏流水 |
| 水質 | 軟水 |

# 富士錦酒造株式会社

〒419-0301 静岡県富士宮市上柚野 532  TEL.0544-66-0005
E-mail: info@fujinishiki.com  https://www.fujinishiki.com

# 夕暮れの光に輝く
# 富士の如く

### 純米酒

**富士錦 純米酒**

「歴史ある富士錦の味」

静岡県で開発された静岡酵母を使用。仕込み水に使った富士の湧水ならではの軽めの味わいが特徴。

| 純米酒 | 1,800ml／720ml |
|---|---|
| アルコール分 | 15.0% |
| 原料米 | 国産米 |
| 日本酒度 | ＋3.0 |
| 酸度 | 1.4 |

### 特別純米酒

**富士錦 特別純米ほまれふじ**

「未だ実力を秘めた新型酒米の味わい」

新開発の酒米「誉富士（ほまれふじ）」を使用したお酒。しっかりした味と香りのバランスが絶妙。

| 特別純米酒 | 1,800ml／720ml |
|---|---|
| アルコール分 | 16.5% |
| 原料米 | 誉富士 |
| 日本酒度 | ＋2.0 |
| 酸度 | 1.5 |

## 伝統の技と富士の豊かな自然 そして最新技術が生み出す味

江戸元禄年間（1688～1704）の創業で、18代続く老舗の蔵。富士山の麓に蔵を構え、地下より湧く富士山の清麗な伏流水で酒を仕込んでいる。また蔵には巨大な冷蔵庫を完備し、万全の品質管理体制が整えられている。直近10年間、静岡県清酒鑑評会で第一位を5回獲得。更に世界食品コンクール・モンドセレクションにおいて、大吟醸が7年連続で最高金賞、吟醸酒と純米酒も金賞を受賞した。水の良さを活かし、品質第一の酒造りをモットーに、地域興し商品開発にも力を入れているようだ。毎年3月に行われる蔵開きでは、例年全国より1万人以上の老若男女が集まるという。春の富士山を青空の下で眺めながら、無料で楽しめる新酒の味は格別に違いない。

# 山中酒造合資会社

| 水源 | 赤石山系伏流水 |
|---|---|
| 水質 | 軟水 |

〒437-1301 静岡県掛川市横須賀61 TEL.0537-48-2012

# 遠江の銘酒
# 「葵天下」

## 葵の御紋の徳川家にあやかり
## 天下を取るべく造られた酒

　山中酒造の始まりは、文政年間（1818～1831）に駿河国富士郡大宮（現在の富士宮市）で、近江商人の山中正吉が興した山中正吉商店。酒造業を始めたのは天保元年（1831）で、のちに掛川市横須賀にも蔵を設けた。そして昭和4年（1929）に横須賀の蔵を分家として独立させたのが現在の山中酒造である。良質な水に恵まれた掛川市横須賀は、江戸時代に遠州横須賀藩の城下町として栄えた街。代表銘柄「葵天下」も、横須賀城が徳川家康の武田攻略最前線となり天下を取ったことから、当時の若い杜氏が天下を取れるようにと名付けられた。そして実際、その若い杜氏は翌年以降、全国新酒鑑評会での3年連続金賞をはじめ、各種品評会で輝かしい成績に輝いている。

### 大吟醸酒
### 葵天下 大吟醸

「各種鑑評会で高評価の一本」
華やかな香りがあり、米の旨みを十分に引き出した酒。農大卒の先代・山中隆から引き継いだ技で醸している。

| 大吟醸酒 | 1,800ml／720ml |
|---|---|
| アルコール分 | 15～16% |
| 原料米 | 山田錦 |
| 日本酒度 | +3.0 |
| 酸度 | 1.1 |

### 純米吟醸酒
### 葵天下 誉富士 純米吟醸

「全量ふね搾りで造った純米吟醸」
花酵母の使用により、穏やかで柔らかな果実の花の香り。ふくよかでスッキリとした飲み心地が楽しめる。

| 純米吟醸酒 | 1,800ml／720ml |
|---|---|
| アルコール分 | 15～16% |
| 原料米 | 誉富士 |
| 日本酒度 | +1.0 |
| 酸度 | 1.3 |

| 水源 | 知多半島丘陵部伏流水 |
|---|---|
| 水質 | 軟水 |

# 澤田酒造株式会社

〒479-0818 愛知県常滑市古場町4-10 TEL.0569-35-4003
E-mail: sawadasyuzou@hakurou.com　http://www.hakurou.com

# 職人の熱き心が伝わる
# 常滑の酒

### 純米 白老
「米の味がしっかり活きた酒」

自社田にて減農薬栽培した若水を木製の甑で蒸し、麹蓋で麹を造る等、伝統の道具と製法で醸した酒。

| 純米酒 | 1,800ml ／ 720ml ／ 300ml |
|---|---|
| アルコール分 | 15% |
| 原料米 | 若水 |
| 日本酒度 | +4.0 |
| 酸度 | 1.6 |

### 蔵人だけしか飲めぬ酒
「季節限定生産の生原酒」

生酒としては日本で最初に発売した歴史ある商品。無濾過生原酒のボディのある豊かな味の酒。

| 本醸造酒（生原酒） | 700ml |
|---|---|
| アルコール分 | 18% |
| 原料米 | 五百万石 |
| 日本酒度 | −1.0 ～ +2.0 |
| 酸度 | 1.6 |

## 日本六古窯の一つ
## 陶都・常滑に息づく伝統の酒蔵

　知多の酒造りは元禄元年（1688）、当時尾張藩の御用商人であった木下仁右衛門が保命酒と呼ばれる薬用酒を造り、壺に入れて献上したのが始まりといわれている。元禄10年（1697）頃から江戸への出荷が始まり、知多は一大産地へと発展していった。一方、澤田酒造の創業は、幕末にあたる嘉永元年（1848）。初代、澤田儀平治氏が水質に恵まれたこの地に酒造業を興し、船で販路を名古屋、静岡、東京まで広げた。そして2代目・儀平治の時代となる明治後期、酒の腐敗を防ぐ画期的な "速醸もと" の礎となる、乳酸添加による酒母造りの開発に成功。以来、米の旨みを大切にした、料理をひきたてる酒を造るため、基本に忠実な酒造りを通じて品質第一に歩んでいる。

# 関谷醸造株式会社

| 水源 | 奥三河の湧水 |
|---|---|
| 水質 | 強軟水 |

〒441-2301 愛知県北設楽郡設楽町田口字町浦22番地　TEL.0536-62-0505
E-mail: info@houraisen.co.jp　https://www.houraisen.co.jp/

# 伝統と合理性が育む
# 愛知の銘酒

## 米はすべて自家精米
## 快適な環境づくりにも尽力

　愛知県で人気の地酒「蓬莱泉（ほうらいせん）」の蔵元、関谷醸造は元治元年（1864）創業の老舗。その酒造りの考え方は「和醸良酒」（和は良い酒を醸す）。蔵人たちが快適に酒造りを行える良い環境から良い酒が生まれる。過酷な酒造りの工程で、体力が必要な作業は機械化し、そこで生まれた労力でデータ収集、分析をして再現性のある酒造りをする。その結果、高品質を維持しながら安定供給ができ、人気・技術力ともに愛知県一の蔵となった。関谷醸造では原材料の米をすべて自家精米して、特に米にこだわりをもっている。このほか、蔵元見学や量り売り、味や熟成期間、ラベルを選んでオリジナルの酒が造れる「お酒のオーダーメイド」などのサービスも好評。

純米大吟醸酒

### 蓬莱泉 純米大吟醸 空（くう）

「華やかな香りと上品なさけみ」

自家精米した山田錦を低温発酵。果物を思わせる芳醇な香りと米の旨み・甘味を引き出した上品な味わい。

| 純米大吟醸酒 | 1,800ml ／ 720ml |
|---|---|
| アルコール分 | 15.5% |
| 原料米 | 山田錦 |
| 日本酒度 | ＋2.0 |
| 酸度 | 1.4 |

純米大吟醸酒

### 蓬莱泉 純米大吟醸 摩訶（まか）

「奥三河の風土が育んだ純米大吟醸」

自社栽培した酒造好適米「夢山水」を30%まで精米し、米の旨みを丁寧に引き出した高品質の酒。

| 純米大吟醸酒 | 1,800ml ／ 720ml |
|---|---|
| アルコール分 | 16.5% |
| 原料米 | 夢山水（自社栽培） |
| 日本酒度 | ＋1.0 |
| 酸度 | 1.3 |

| 水質 軟水 |

# 株式会社 萬乗醸造

〒459-8001 愛知県名古屋市緑区大高町字西門田41番地 TEL.052-621-2185
E-mail: nakagawa@kuheiji.co.jp https://kuheiji.co.jp/

# ドラマのような酒造り
# 一言でいえば革新

**醸し人九平次 別誂 純米大吟醸**

「貴賓あふれる味わい」

兵庫特A地区産の『山田錦』を、35%まで磨き上げ醸した純米大吟醸。ジューシーなお米の旨み。

| 純米大吟醸酒 | 720ml |
|---|---|
| アルコール分 | 16% |
| 原料米 | 山田錦 |
| 日本酒度 | 非公開 |
| 酸度 | 非公開 |

**醸し人九平次 彼の岸 純米大吟醸**

「優雅で豊かな味わい」

醸し人九平次シリーズの中で至高の純米大吟醸。ワイングラスでこそ真価が発揮される風味。

| 純米大吟醸酒 | 720ml |
|---|---|
| アルコール分 | 16% |
| 原料米 | 山田錦 |
| 日本酒度 | 非公開 |
| 酸度 | 非公開 |

## 15代目の久野九平治氏の改革「醸し人九平次」が生まれる

寛政元年（1789）創業の萬乗醸造。代々の当主が「九平治（九平次）」と名乗り、9代目から日本酒を醸し始めた。現在は15代目の久野九平治氏。15代目が販売を始めた主要銘柄「醸し人九平次」は国内外で人気が高く、パリの3つ星レストランで採用されている。萬乗醸造を一言でいうなら革新的である。自ら耕作したお米で日本酒を醸したくなれば自ら稲作を始める。食中酒は日本酒から白ワイン、赤ワインへと料理に合わせて味わうようにしたいと考えればブルゴーニュでワイン造りを始める。米の個性を感じるために精米歩合や醸造方法はすべて同じで、異なるのは「山田錦」と「雄町」の品種のみの酒を造る等々。日本が世界に誇る酒蔵である。

# 山﨑合資会社

〒444-0703 愛知県西尾市西幡豆町柿田 57　TEL.0563-62-2005
E-mail: info@sonnoh.co.jp　https://www.sonnoh.co.jp

| 水源 | 三ヶ根山麓の伏流水 |
| --- | --- |
| 水質 | 軟水 |

# 幡豆に根付く
# 造り酒屋の老舗

## 本物の味を求め続けて……
## 妥協なき職人魂がわが社の誇り

愛知県産米にこだわった酒造りを行う、明治36年（1903）創業の蔵元。会社名は山﨑合資会社だが、屋号は「尊皇蔵元」となる。愛知県には「夢山水」「若水」「夢吟香」「山田錦」と4つの産地指定銘柄米があり、尊皇蔵元ではそれらを中心に98％以上愛知県産米を使用している。とくに地元西尾市幡豆地区の米の生産者と強く連携し、7月と9月に蔵元主催で愛知県の技術指導員を招いて酒米研究会を開催。作付け後の7月には害虫駆除や肥料の使用時期などの指導を仰ぎ、収穫前の9月には降水量や気温の分析から育成状況を確認している。こういった働きかけにより、良い酒米供給に対する米生産者の理解が深まり、一丸となってより良い酒造りを目指している。

純米吟醸原酒

清酒 夢山水十割 奥 生〈季節限定〉
「華やかな香りと重厚で濃密な旨み」
アルコール度数18度以上という、今までに体験したことの無い「とろみ」のある香りの良い純米吟醸酒。冷やで。

| 純米吟醸原酒 | 1,800ml／720ml |
| --- | --- |
| アルコール分 | 18.5% |
| 原料米 | 夢山水 |
| 日本酒度 | ＋2.0 |
| 酸度 | 1.8 |

| 水源 | 木曽川 |
| 水質 | 中軟水 |

# 渡辺酒造株式会社

〒496-8015 愛知県愛西市草平町道下83番地　TEL.0567-28-4361
E-mail: w_shuzo@clovernet.ne.jp

# 100%の愛情を込めた
# 手造りの酒

### 特別純米酒

### 香穂の酒

「地元愛知の米の旨み」

手洗いによる洗米と手作りの麹が
こだわり。米の旨みが、冷や良し、
燗良しで一年中楽しめる純米酒。

| 特別純米酒 | 720ml |
| --- | --- |
| アルコール分 | 15.8% |
| 原料米 | 若水 |
| 日本酒度 | ±0 |
| 酸度 | 1.6 |

### 本醸造酒

### 平勇正宗 黒松原酒

「オンザロックで旨みを味わう」

蒸し、麹造り、酒母からもろみの
仕込みまですべて手造り。味噌カ
ツなどの濃い料理に合う酒通の味。

| 本醸造酒 | 1,800ml |
| --- | --- |
| アルコール分 | 19.6% |
| 原料米 | 兵庫夢錦 |
| 日本酒度 | +4.0 |
| 酸度 | 1.9 |

## 濃尾平野の寒風「伊吹おろし」が吹きすさぶ環境下で育てる酒

　濃尾平野のほぼ中央で、愛知県の一番西部の愛西市にある渡辺酒造。古くからこの地は水郷地帯として知られ、木曽川の清流から流れる豊かな水資源に恵まれている。酒造りの頃、北西の方角から吹く冬の季節風「伊吹おろし」が冷たく新鮮な空気を運び、肥沃な土地で育まれる良質な米を使った手造りの酒が生まれる。水、気候、米と、自然の恵みが三つ揃った土地で、すべて家族による酒造りを行い、酒に愛情をたっぷり注ぐ。手で蒸米をさわり、手で麹をかき混ぜ、手で酒母を育み、もろみを仕込む。酒という生き物が元気に健康に、そしてゆっくり育つよう願いを込めて造った酒は、育て上げた子どもを送りだすかのように、丁寧に、飲む者まで届けられるのである。

# 株式会社大田酒造

| | |
|---|---|
| 水源 | 布引山系伏流水 |
| 水質 | 中軟水 |

〒518-0121 三重県伊賀市上之庄 1365-1　TEL.0595-21-4709
E-mail: ota@hanzo-sake.com　https://www.hanzo-sake.com

# 伊賀の風土が
# 育てた酒

## 伊賀の気候、風土が生み出した
## 郷土ゆかりの酒「半蔵」の蔵

　明治25年（1892）創業の蔵元。伊賀盆地のほぼ中央、周囲は白鷺が飛び交う豊かな田園に囲まれた地で、厳寒期のみに出来るだけ手作業にこだわり、地域に根ざした少量の酒造りを行なっている。また四方を山々に囲まれたこの地は、約400万年前に古琵琶湖の底であったとも言われている。粘土質で肥沃な土地と盆地特有の気候で高品質の酒米が育ち、山々によってもたらされた良質な伏流水は仕込水となる。原料米は三重県産の酒米「神の穂」伊賀産の「山田錦」地元契約栽培米「うこん錦」を主に使用し、三重県酵母「MK-3」「MK-1」をはじめとする様々な酵母を用いて、服部半蔵ゆかりの地「伊賀上野」にてその名を冠した「半蔵」シリーズを醸している。

### 純米大吟醸酒

半蔵 純米大吟醸 神の穂

「ワイングラスで楽しむ瀟洒な酒」
冷やすと際立つ、上品な吟醸香とやさしい甘み。すっきりとした口あたりとふっくらした味わいが楽しめる。

| 純米大吟醸酒 | 1,800ml／720ml／300ml |
|---|---|
| アルコール分 | 15% |
| 原料米 | 神の穂 |
| 日本酒度 | ＋2.0 |
| 酸度 | 1.6 |

### 特別純米酒

半蔵 特別純米酒 伊賀産うこん錦

「酒米『うこん錦』の伊賀地酒」
しっかりとした米の旨味とキレの良い後味。柔らかな風味が特長の優しい辛口酒。冷酒や燗酒など幅広い温度帯で。

| 特別純米酒 | 1,800ml／720ml／300ml |
|---|---|
| アルコール分 | 15% |
| 原料米 | うこん錦 |
| 日本酒度 | ＋5.0 |
| 酸度 | 1.6 |

| 水源 | 鈴鹿山系 |
|---|---|
| 水質 | やや硬水 |

# 株式会社 小川本家

〒510-0306 三重県津市河芸町一色1425 TEL.059-245-0013
E-mail: info@ogawahonke.com http://www.ogawahonke.com

# 秘伝、伝承、伝統、伝説の
# 吟醸造り

### 純米吟醸酒

**純米吟醸 伝**

「米本来の旨みを味わう」

酒蔵の秘伝・伝承・伝統の吟醸造りによる純米酒。バランスの取れた旨みとコクの辛口酒。

| 純米吟醸酒 | 1,800ml |
|---|---|
| アルコール分 | 16% |
| 原料米 | 三重県産米 |
| 日本酒度 | +3.0 |
| 酸度 | 非公開 |

### 純米酒

**豊津郷 生 純米酒**

「搾りたての爽やかさを残す」

純米生原酒を低温で熟成貯蔵し、加水して生のまま瓶詰め。軽やかで飲みやすい辛口。

| 純米酒 | 720ml |
|---|---|
| アルコール分 | 14% |
| 原料米 | 三重県産米 |
| 日本酒度 | +3.0 |
| 酸度 | 非公開 |

## お米を洗うことから瓶詰めまですべてを真心込めて手作業で

　明治元年（1868）に創業した三重県津市にある小川本家。お米を洗うことから瓶詰めまでの酒造りのすべての工程を、真心を込めて手作業で行うという創業からの心意気は、現在4代目小川増人に引き継がれている。代表銘柄は「大吟醸 八千代」「純米吟醸 伝」「純米生酒 豊津郷なま」。いずれも地元の三重県の米と鈴鹿山系の伏流水を使い、濃醇な飲み口と若干の酸を感じさせる味わいに仕上がっている。「純米吟醸 伝」が伝えるのは、秘伝、伝承、伝統、伝説の吟醸造りで、米本来の旨みが楽しめると評判である。また、酒造りの過程で出る酒粕を利用して造る奈良漬も好評。製品として完成するまでに、最低3年の月日をかけている。

# 瀧自慢酒造株式会社

| 水源 | 赤目四十八滝 |
|---|---|
| 水質 | 軟水 |

〒518-0464 三重県名張市赤目町柏原141 TEL.0595-63-0488
http://www.takijiman.jp/

# 伊賀の酒が
# 伊賀の地で愛されて

## 良い米、良い水、そして蔵の姿勢で
## 妥協を許さない酒造りに徹する

明治初年（1868）創業の瀧自慢酒造は、三重県の山間部、奈良県との県境に位置する伊賀盆地にある。伊賀忍者でも有名なこの地は豊かな自然に恵まれ、蔵のすぐ近くには「日本の滝百選」に選ばれた、国定公園赤目四十八滝の渓谷が続く。美味しいお酒は、良い米、良い水、そして蔵の姿勢により生まれるもの。瀧自慢では、伊賀盆地で契約栽培される山田錦を中心に、赤目四十八滝の伏流水を使い、妥協を許さない酒造りに徹している。寒暖差の大きな気候と良質の水に恵まれ、良い米の産地として知られる当地は、銘酒の産地でもあり、伊賀の酒が伊賀の地で愛され、日常酒として飲み継がれてきたことは、地元での消費量の多さからも伺える。

純米酒

### 辛口純米 滝水流（はやせ）

「飽きのこないテイスト」

まるで滝水の流れのような、透明感あふれる口当たりと軽快に心地よくキレる後味。食中酒向けの純米酒。

| 純米酒 | 1,800ml ／ 720ml |
|---|---|
| アルコール分 | 15% |
| 原料米 | 山田錦／五百万石 |
| 日本酒度 | ＋10.0 |
| 酸度 | 1.4 |

純米大吟醸酒

### 純米大吟醸

「米の旨みを存分に」

伊賀産の山田錦のみを使用した純米大吟醸。伊賀米のポテンシャルと、瀧自慢らしい透明感をもつ逸品。

| 純米大吟醸酒 | 1,800ml ／ 720ml |
|---|---|
| アルコール分 | 16% |
| 原料米 | 山田錦 |
| 日本酒度 | ＋4.0 |
| 酸度 | 1.3 |

| 水源 | 鈴鹿山脈釈迦ヶ岳 |
| 水質 | 軟水 |

# 合名会社 早川酒造

〒510-1323 三重県三重郡菰野町小島468番地　TEL.059-396-2088
E-mail: info@hayakawa-syuzo.com　hayakawa-syuzo.com

# 優しくまろやかで人を感じ
# 心豊かになる酒

### 純米吟醸酒
**純米吟醸 無濾過中取り生 田光 雄町**

「『雄町』ならではの濃厚な味わい」

リンゴのような華やかで優しい香りと、雄町のふくよかで奥深い旨みと優しい口当たり、スッキリとした余韻が特徴。

| 純米吟醸酒 | 1,800ml ／ 720ml |
|---|---|
| アルコール分 | 16% |
| 原料米 | 雄町 |

### 純米酒
**特別純米酒 田光 雄町**

「ボリュームのある旨み」

まろやかで優しい旨みと、スッキリとした香りが特徴の純米酒。香りは穏やかで、綺麗な味わいが楽しめる。

| 純米酒 | 1,800ml |
|---|---|
| アルコール分 | 15% |
| 原料米 | 雄町 |

## 地元に寄り添った
## 全量純米・総槽搾りの酒造り

　早川酒造がある三重県菰野町は県の北中部に位置し、蔵の前には鈴鹿山脈が優雅に広がっている。蔵の創業は大正4年（1915）。鈴鹿おろしの冷たい風と、鈴鹿山脈・釈迦ヶ岳の伏流水である良質な地下水が、早川酒造の酒造りに大きくかかわる。菰野町は稲作が盛んな地域でもあり、菰野町田光地区で三重県酒造好適米「神の穂」を契約栽培し、純米吟醸、特別純米2種類の酒を造っている。すべての酒が純米醸造、搾りは槽搾りというのが、この蔵のこだわりである。蔵の代表銘柄である「田光」は、蔵の横を流れる田光川が名前の由来。地元に寄り添い、地元の顧客が自信をもって県外、世界へお勧めできる酒蔵を目指し、良質な酒造りを続ける蔵元である。

# 元坂酒造株式会社

〒519-2422 三重県多気郡大台町柳原 346-2 TEL.0598-85-0001
E-mail: info@gensaka.com https://www.gensaka.com/

水質 軟水

# 三重県産の米を原料にした
# 地元還元型の酒造り

## 創業者「元坂八兵衛」の名を冠した代表銘柄「酒屋八兵衛」

　元坂酒造は江戸時代末期である文化2年（1805）に、現在地で造り酒屋として創業を開始した。時代背景としては伊能忠敬が全国を測量し歩き始めた頃。それから代々家族が継ぎ、現在は代表者の元坂新が6代目を継承している。創業者「元坂八兵衛」の名を冠した代表銘柄「酒屋八兵衛」は、主に三重県産の米を原料にした地元還元型の酒造り。出荷先の約60%が三重県内、料飲店だけでなく伊勢志摩など観光地のホテル・土産店でも取り扱いされている。製造数量は現在約900石。酒造りに関わるのは社長の元坂新を含めて計5名、配送担当者など含め社員は総勢10名。少ない人数と限られた設備ながらも、毎年工夫を重ね酒質の強化に努めている。

## 純米酒

### 酒屋 八兵衛 伊勢錦 山廃純米酒

「シャープな甘味と立体感の苦味」
三重県原産の酒米「伊勢錦」を復活させて醸した山廃純米酒。G7伊勢志摩サミットでは食中酒として提供。

| 純米酒 | 1,800ml ／ 720ml |
| --- | --- |
| アルコール分 | 15〜16% |
| 原料米 | 伊勢錦 |
| 日本酒度 | ＋4.0 |
| 酸度 | 1.5 |

## 純米吟醸酒

### 酒屋 八兵衛 伊勢錦 純米吟醸酒

「旨味をともなった苦味」
半年間の瓶熟成による、ほのかにイエローがかったクリスタル色。豊潤でドライな純米吟醸酒。

| 純米吟醸酒 | 1,800ml ／ 720ml |
| --- | --- |
| アルコール分 | 15〜16% |
| 原料米 | 伊勢錦 |
| 日本酒度 | ＋5.0 |
| 酸度 | 1.7 |

| | |
|---|---|
| 水源 | 鈴鹿山脈伏流水 |
| 水質 | 中軟水 |

# 合名会社 森喜酒造場

〒518-0002 三重県伊賀市千歳41番地の2 TEL.0595-23-3040
E-mail: ugk26398@nifty.com http://moriki.o.oo7.jp/

# 酒造りは 米作り

## 米どころ酒どころの伊賀の里で 昔ながらの造りにこだわる蔵

### 英 生酛 純米大吟醸
（はなぶさ）

「伝統的な生酛で醸した究極の酒」
綺麗な飲み口、生酛の力強さ、熟成の深みを楽しめる。ラベルは伊賀焼の巨匠・谷本洋が一枚ずつ手で仕上げた。

| 純米大吟醸酒 | 1,800ml／720ml |
|---|---|
| アルコール分 | 16% |
| 原料米 | 山田錦 |
| 日本酒度 | ＋2.0 |
| 酸度 | 1.7 |

### るみ子の酒 特別純米酒 9号酵母

「すっきりして、腰のある純米酒」
幅広い食事に合う、普段使いでホッとする酒。『夏子の酒』の作者、尾瀬あきら氏がラベルをデザインしている。

| 特別純米酒 | 1,800ml／720ml |
|---|---|
| アルコール分 | 15% |
| 原料米 | 山田錦 |
| 日本酒度 | ＋7.0 |
| 酸度 | 1.6 |

　三重県伊賀市のやや北部に位置する森喜酒造場は、明治30年（1897）創業の蔵。一般的には「忍者の里」として知られる伊賀地方は、昔から水と米に恵まれた場所で、県内の山田錦の大部分は伊賀で栽培されている。そんな酒どころに蔵を構える森喜酒造場では、1998年より醸造用アルコール添加を一切止めて、全量蓋麹、手造りの「純米酒」のみを造っている。目指しているのは香り控えめで、ときに冷や、ときに燗で、お料理に寄り添って楽しめる食中酒。300石の少量生産だからこそ、出来る限り手をかけて酒を造るというのが蔵の方針である。また『英（はなぶさ）』などの銘柄には、自営田と地元・伊賀の契約農家で育てた、無農薬の山田錦を使用している。

235

# 東海地方

## 東海地方の食文化

**岐阜**：県内でも地域によって、北部の山地を利用して肉牛を飼育し「飛騨牛」として知られており、ハチの子やイナゴの料理もある。また、平野の広がる南部では、大きな川で採れるアユを使った料理が名物である。

**静岡**：あたたかい気候で、茶やミカンをはじめとして野菜が多く作られている。また、焼津港にはマグロやカツオが水揚げされ、カツオは塩漬けして干して保存食としても食べられた。駿河湾の桜エビは干しエビとして食べることが多いが、茹でたり生エビをかき揚げにして食べることもある。湖や河口では、ウナギやスッポンの養殖も盛んに行われており、「蒲焼き」や「白焼き」、鍋物として親しまれている。

**愛知**：農業が盛んでキャベツなどの野菜の生産が盛んで、海産物では貝、ノリやウナギの養殖が行われ、「ひつまぶし」や「八丁みそ」などの豆みそを使ったいろいろな料理が楽しまれている。名古屋コーチンやきしめんもみそ味のつゆで食べられることがある。

**三重**：志摩半島に沿った沿岸で、漁業が盛んで、伊勢エビ、アワビ、サザエをはじめ、サンマ、カツオ、マグロ、ハマグリなど、魚介類を使った多くの料理がある。また、伊勢うどんで知られている太いうどんは、溜まり醤油とだし汁で食べる黒っぽいタレが特徴である。畜産では松坂牛が広く知られている。

## 東海地方の郷土料理

236

## 東海地方の代表的使用酒米

**伊勢錦（いせにしき）**：江戸末期に伊勢の在来品種・大和から選抜され兵庫で栽培された。昭和にはほとんど栽培されなくなったが、三重の元坂酒造が1991年に復刻させた。

**揖斐の誉（いびのほまれ）**：吟醸・大吟醸造り用の岐阜オリジナル酒米を目指し、杉原酒造と地元農家の協力で開発された酒造好適米。大粒で山田錦に近い醸造適性を持つ。

**うこん錦（うこんにしき）**：秀峰と農林22号との交配で生まれた一般米。酒造好適米ではないが、大粒で酒米としての適正が高い。

**神の穂（かみのほ）**：吟醸酒や純米酒向けの三重県オリジナル酒造好適米として、越南165号と夢山水とを交配させて開発された品種。

**五百万石（ごひゃくまんごく）**：亀の尾系統の新200号と雄町系統の菊水との交配で生まれた、新潟が誇る酒造好適米。フルーティーな香りを醸し出す、吟醸酒ブームの立役者。

**ひだほまれ**：ひだみのり、フクノハナ、フクニシキとの交配により開発された、高冷地でも栽培可能な岐阜県を代表する酒造好適米。

**誉富士（ほまれふじ）**：1990年代に開発された静岡酵母により「吟醸王国」と呼ばれるようになった静岡が、その酵母に適した酒米を目指して開発した酒造好適米。

**山田錦（やまだにしき）**：酒米の最高峰にして生産量トップを誇る酒造好適米。山田穂と短稈渡船との交配で生まれた。兵庫県産が全生産量の6割を占めるが、全国的に栽培されている。

**夢山水（ゆめさんすい）**：山田錦と中部44号との交配により、愛知で開発された山間部向けの酒造好適米。大粒、低タンパクで、芳醇な香りのすっきりした味の酒が造れる。

# 近畿地方

滋賀県・京都府・大阪府・兵庫県・奈良県・和歌山県

木下酒造
P244

向井酒造
P249

田治米
P258

此の友酒造
P255

ヤヱガキ酒造
P263

岡村酒造場
P252

本田商店
P262

奥藤商事
P253

灘菊酒造
P260

岡田本家
P251

茨木酒造
P250

小西酒造
P254

沢の鶴
P257

櫻正宗
P256

吉村秀雄商店
P268

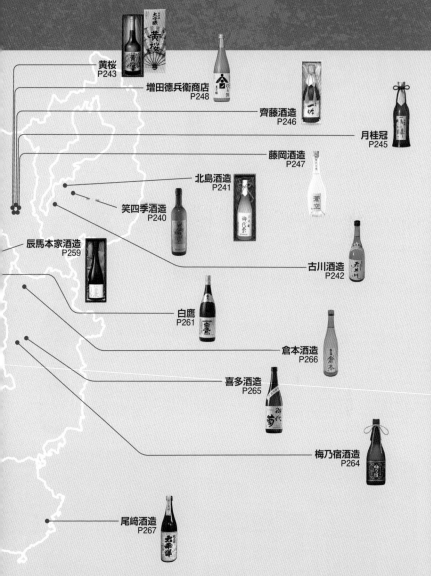

黄桜
P243

増田德兵衞商店
P248

齊藤酒造
P246

月桂冠
P245

藤岡酒造
P247

北島酒造
P241

笑四季酒造
P240

辰馬本家酒造
P259

古川酒造
P242

白鷹
P261

倉本酒造
P266

喜多酒造
P265

梅乃宿酒造
P264

尾﨑酒造
P267

# 株式会社笑四季酒造

| 水源 | 鈴鹿山系伏流水の井戸水 |
| 水質 | 軟水 |

〒528-0031 滋賀県甲賀市水口町本町1-7-8 TEL.0748-62-0007
E-mail: jizake@emishiki.com http://www.emishiki.com

# 若い感性で新しい酒を生む老舗

## 伝統を継承しながら挑戦する まったく新しい「甘口至上主義」

旧東海道宿場の一つ、滋賀県甲賀市で明治初期より創業、当地の薄味の料理に合ったやや甘口の酒を醸す蔵として、120年の伝統を持つ笑四季酒造。銘柄の「笑四季」は2代目竹島仙五郎が「日々笑って過ごせるように」との願いを込めて名づけた。現在5代目として醸造責任者を務めるのは、東京農業大学で醸造を学んだ竹島充修。その若い感性から「美味しくて新しい日本酒のカタチ」として、「POPで楽しいお酒」を追求。「甘口至上主義」をコンセプトとした。そこには日本酒業界へのチャレンジ精神がある。米の持つ至高の甘みと鮮烈な香味を追求した独自設計の貴醸酒「モンスーンシリーズ」など三つのシリーズに分類した製品ラインナップを展開している。

### 特別純米酒

**笑四季 貴醸酒モンスーン 玉栄生原酒**

「濃厚なせみ、透明感のある酸味」
貴醸酒造りで最新技術を駆使した新しい酒質。No.30 酵母由来のメロンやハーブのような香り。

| 特別純米酒 | 750ml |
| アルコール分 | 17% |
| 原料米 | 滋賀産玉栄 |

### 特別純米酒

**笑四季 貴醸酒モンスーン 山田錦生原酒**

「濃厚ながらも余韻は清廉」
貴醸酒造りで最新技術を駆使した新しい酒質。No.19 酵母の圧倒的な南国バナナの香り。

| 特別純米酒 | 750ml |
| アルコール分 | 17% |
| 原料米 | 滋賀産山田錦 |

| 水源 | 鈴鹿山系伏流水 |
| 水質 | 軟水 |

# 北島酒造株式会社

〒520-3231 滋賀県湖南市針756 TEL.0748-72-0012
E-mail: info@kitajima-shuzo.jp http://kitajima-shuzo.jp/

# 伝統は守るだけなく
# 進化させてこそ

### 大吟醸 御代栄

「華やかな香りでフルーティー」

全国鑑評会出品のために、山田錦を35%まで磨き、丹精込めて造った限定の大吟醸酒。

| 大吟醸酒 | 1,800ml／720ml |
| --- | --- |
| アルコール分 | 16〜17% |
| 原料米 | 山田錦 |
| 日本酒度 | ＋5.0 |
| 酸度 | 1.5 |

## 定番の「御代栄」と挑戦の「北島」
## 二つのブランドで日本酒を極める

　琵琶湖の南東に位置する滋賀県湖南市。湖国ならではの冬の冷え込みや比叡おろし、東に広がる鈴鹿山系からのやわらかく上質な伏流水と米どころ滋賀の良質な近江米は、酒造りに最適な環境を作り出している。北島酒造の創業は文化2年（1805）。創業から200年余りの伝統製法に裏付けされた確かな技がある。酒蔵に自然に生息する乳酸菌を利用し、時間と手間をかけて醸す日本酒の原点「きもと造り」からの学びを全ての造りに応用し実践。ラベル表示に記されない部分にこそこだわりを持ち、一切の妥協を許さない。北島酒造の二つのブランド、定番の「御代栄」と挑戦の「北島」で、伝統を益々進化させる心意気だ。

### 北島 辛口完全発酵

「キレの良い涼しい純米吟醸」

強靭な酵母を育成し、糖化と醗酵を順調に進めて、糖分がなくなるまで日本酒度を切らせて造った辛口。

| 純米吟醸酒 | 1,800ml／720ml |
| --- | --- |
| アルコール分 | 15% |
| 原料米 | 玉栄 |
| 日本酒度 | ＋12.0 |
| 酸度 | 1.7 |

# 古川酒造有限会社

| 水源 | 地下水 |
| 水質 | やや軟水 |

〒525-0053 滋賀県草津市矢倉 1-3-33　TEL.077-562-2116
E-mail: rscrj393@ybb.ne.jp　https://www.furukawashuzo.com/

# 地元に根づいた
# 小さな蔵元

## 東海道草津宿で生まれ育った
## 昔ながらの日本酒を造る蔵

　江戸時代、草津川は架橋が許されず徒渡りであり、降雨出水の際は、川越人足が旅人を一人三文の橋銭で助勢していたという。この草津川は、大雨ともなると水とともに大量の土砂も流される川であり、それ故に「砂川」とも呼ばれるほど。その土砂は川底に堆積して氾濫を招き、それを防ぐために延々と堤防を高くした結果、川床が周辺の平地より高い天井川となったのである。この天井川が流れ、東海道と中山道の分岐点にあたる地が草津宿。宿場町とともに育った古川酒造は、草津宿に現存する唯一の酒蔵だ。草津の水・風土・近江米に代々こだわり、昔ながらの伝統ある手造りによって丹念に醸しだされた草津自慢の銘酒が、「天井川」と「宗花」だ。

### 本醸造原酒

**本醸造 天井川**

「地元でしか飲めぬ酒」

地元草津産の無農薬、化学肥料不使用の有機栽培米を100%使用。冷やしてよし、燗して尚うまい安心の酒。

| 本醸造原酒 | 1,800ml／720ml |
| --- | --- |
| アルコール分 | 19.9% |
| 原料米 | 日本晴 |
| 日本酒度 | − 1.0 |
| 酸度 | 1.6 |

### 特別純米酒

**特別純米 天井川 原酒 みずかがみ100%**

「ほのかなせみと長めの余韻」

ラベルには「原料米は環境こだわり農産物100%」の文字。使用米の「みずかがみ」は2013年にデビューした。

| 特別純米酒 | 1,800ml／720ml |
| --- | --- |
| アルコール分 | 17.9% |
| 原料米 | みずかがみ |
| 日本酒度 | − 1.0 |
| 酸度 | 1.7 |

| 水源 | 京都伏見の地下水 |
|------|------------------|
| 水質 | 中硬水 |

# 黄桜株式会社

〒612-8046 京都市伏見区塩屋町 223　TEL.075-611-4101
https://kizakura.co.jp/

# 後発ならではの
# 独自の発想と行動

### 華祥風 大吟醸 黄桜

「黄桜独自の吟醸酵母使用の大吟醸」
花のように柔らかで華やかな
香りが特長。なめらかな口当た
りとふくよかな旨さが口に広
がる。常温か冷やで。

| 大吟醸酒 | 1,800ml／720ml |
|----------|----------------|
| アルコール分 | 16% |
| 原料米 | 山田錦 |
| 日本酒度 | ±0 |
| 酸度 | 1.1 |

### 黄桜 京の滴 純米吟醸 祝米

「京都生まれの酒米『祝』を使用」
「祝」米特有のなめらかな口当たり、米
の旨さ、コクを味わえる。ちょっとい
い日に飲みたい、プレミアムな辛口。

| 純米吟醸酒 | 720ml／300ml |
|------------|--------------|
| アルコール分 | 16% |
| 原料米 | 祝 |
| 日本酒度 | ＋2.0 |
| 酸度 | 1.5 |

### 日本有数の酒どころ伏見で
### 「京の米で京の酒を」造る蔵

　地下水が豊富に湧き出す日本有数
の酒どころ、伏見に蔵を構えた「黄桜」
は大正14年（1925）創業。老舗
の多い伏見においては後発メーカー
である。社名は、花びらか風に散る
様が風情のあるものとされた「黄桜」
に由来する。仕込み水と同じだけこ
だわりを持っているのが原料米で、
京都府オリジナル米「祝」の復興や「京
の輝き」の育成に携わり、「京の米で
京の酒を」の地産地消に取り組んで
いる。良質な水と地元で育った酒米
から造られる酒は、優雅な香りで口
当たりがまろやかな酒質に仕上がる。
研究によって裏付けされた伝統技術
を進歩させ、酒造りの文化を守り続
ける。

# 木下酒造有限会社

| 水源 | 城山の湧き水 |
|---|---|
| 水質 | 軟水 |

〒629-3442 京都府京丹後市久美浜町甲山1512　TEL.0772-82-0071
https://www.sake-tamagawa.com/

# 多くを熟成酒として出荷
# お客様が "第二の酒造り"

## 清流の近くに立つ酒蔵で
## 熟成に向く丈夫な酒を醸す

　木下酒造は天保13年（1842）に京都府北部の京丹後市久美浜の地で創業。銘柄「玉川」の由来は蔵のすぐ隣に川上谷川という川があり、それは玉砂利を敷き詰めた清流であった。当時は川や湖を神聖視する習慣もあり、玉（とてもきれいな）のような川というところから、玉川と命名された。「玉川」は「旨味がある」「長持ちする」「変化が面白い」「育つ」という特徴をもち、共通しているのは熟成に向く丈夫な酒質ということ。搾りたては出発点と考え（中には新酒の段階で出荷する商品もあるが）、多くは時間軸での変化を味わってもらうため2～3年の熟成期間を経て出荷している。お客様による "第二の酒造り" で "マイ玉川" を育ててほしいと考えているのだ。

### 純米酒

玉川 自然仕込 純米酒（山廃）無ろ過生原酒
「原料米や造りの違いで限定品を発売」
酵母無添加の酛から生まれた、酸とアミノ酸が豊富な純米酒。五百万石、雄町、白ラベルバージョンがある。

| 純米酒 | 1,800ml ／ 720ml |
|---|---|
| アルコール分 | 20% |
| 原料米 | 兵庫北錦 |
| 日本酒度 | 非公開 |
| 酸度 | 非公開 |

### 純米酒

玉川 Time Machine 1712
「江戸時代の製法で造る」
日本酒版デザートワインでアイスクリームにかけると抜群。丹後名物「へしこ」と驚くほど合う。

| 純米酒 | 360ml |
|---|---|
| アルコール分 | 14.0～14.9% |
| 原料米 | 兵庫北錦 |
| 日本酒度 | 非公開 |
| 酸度 | 非公開 |

| 水源 | 京都市南部の地下水層 |
|---|---|
| 水質 | 中硬水 |

# 月桂冠株式会社

〒612-8660 京都府京都市伏見区南浜町 247 番地　TEL.0120-623-561
https://www.gekkeikan.co.jp/

# 伏見の水で
# 革新ある酒を醸す

## 純米大吟醸酒

### 超特撰 鳳麟 純米大吟醸

「華やかな吟醸香となめらかな喉ごし」
京都の花街や料亭で京懐石を楽しむ
シーンにおいて、素材を活かした京料
理の味を、よりひきたてる大吟醸酒。

| 純米大吟醸酒 | 720ml |
|---|---|
| アルコール分 | 16% |
| 原料米 | 山田錦／五百万石 |

## 本醸造酒

### 特撰

「優雅な香りと上品でふくよかな風味」
料理の食味を邪魔せず調和をもたら
す本醸造酒。古くより、月桂冠の地元・
京都の花街や料亭で愛されている。

| 本醸造酒 | 720ml |
|---|---|
| アルコール分 | 16% |

## 健をめざし、酒 (しゅ) を
## 科学して、快を創る

　寛永 14 年（1637）、初代・大倉
治右衛門が京都伏見にて創業。当時
は屋号を「笠置屋」、酒銘を「玉の泉」
と称した。京都盆地の地下には「京
都水盆」と呼ぶ多量の水源が存在し
ており、酒造り用の豊かな水を育む
もとになっている。京都・伏見の花
崗岩地層からはミネラル分がほどよ
く水に溶けだしており、伏見の水を酒
造りに用いれば旨味、甘味のバラン
スがとれた酒を醸すことができ、京
料理とともにその味を形成してきた。
月桂冠の特色はその創造性。明治 43
年（1910）には、樽詰め全盛のなか「防
腐剤なしのびん詰酒」を開発し、日
本で初めて年間を通じた酒造りを行
う四季醸造システムを導入するなど、
伝統は創造と革新の積み重ねである
ことをモットーに歩みを進めている。

# 齊藤酒造株式会社

| 水源 | 白菊水系 |
| 水質 | 中硬水 |

〒612-8207 京都府京都市伏見区横大路三栖山城屋敷町105番地　TEL.075-611-2124
E-mail: sake@eikun.com https://www.eikun.com/

# トップレベルの酒米
# 「祝」へのこだわり

## 酒の味を大きく左右する酒米
## 一度消えた灯が平成に入って復活

　初代井筒屋伊兵衛が江戸時代初期に旅人を相手に呉服商を興し、明治28年（1895）に9代目齊藤宗太郎が呉服商から酒造業に転業したことで酒蔵としての歴史が始まった齊藤酒造。力を入れているのが酒の味を大きく左右する酒米「祝」。「祝」は米粒が大きく心白が鮮明にあらわれ吟醸造りに適した酒米で、京都の水に適したきめ細やかでやわらかく、ふくらみのある味わいを醸し出す。「祝」は昭和40年代の終わり頃に一度途絶えたが平成4年に復活し、京都の酒造家の酒造りに対するたゆまぬ技術の研磨の結果、今では酒造適性においてトップレベルと評価されている。齊藤酒造はこの「祝」の使用にこだわり、当蔵のシェアが全体の栽培数量の40%を占めている。

### 純米大吟醸酒

**英勲 一吟 純米大吟醸**

「情熱と最高の技を込めた逸品」
京都府産山田錦を100%使用し、35%になるまで精米した純米大吟醸。全国新酒鑑評会で金賞を受賞。

| 純米大吟醸酒 | 720ml |
| アルコール分 | 15% |
| 原料米 | 山田錦 |
| 日本酒度 | +4.0 |
| 酸度 | 1.1 |

### 純米大吟醸酒

**英勲 純米大吟醸 古都千年**

「海外でも高い評価の大吟醸」
京都産酒造好適米「祝」の特性を引き出し、深みのあるまろやかな吟醸香を京都伏見の名水で醸す。

| 純米大吟醸酒 | 720ml |
| アルコール分 | 15% |
| 原料米 | 祝 |
| 日本酒度 | +4.0 |
| 酸度 | 1.1 |

| 水源 | 白菊水 |
|---|---|
| 水質 | 中硬水 |

# 藤岡酒造株式会社

〒612-8051 京都市伏見区今町672-1　TEL.075-611-4666
E-mail: kyoto@sookuu.net　https://www.sookuu.net

# 青空のように爽やかで
# 優しい味わいを醸す

## 純米酒

### 蒼空 純米酒美山錦

「使い勝手の良い食中酒」

京料理との相性を念頭に、お出汁を邪魔しない優しい味わいを目指している純米酒美山錦。

| 純米酒 | 500ml |
|---|---|
| アルコール分 | 15% |
| 原料米 | 美山錦 |
| 日本酒度 | －1.0 |
| 酸度 | 非公開 |

## 純米吟醸酒

### 蒼空 純米吟醸山田錦

「品の良い吟醸香、柔らかい口当たり」

京料理の花形であるお椀を頂いた後にスッと手が伸びるお酒を目指した純米吟醸山田錦。

| 純米吟醸酒 | 500ml |
|---|---|
| アルコール分 | 15% |
| 原料米 | 山田錦 |
| 日本酒度 | －2.0 |
| 酸度 | 非公開 |

## 一旦幕を閉じた酒造の歴史
## 5代目自ら杜氏となり復活

　藤岡酒造は明治35年（1902）に初代藤岡栄太郎により京都市東山区で酒造業を始めた。その後は明治43年（1910）に伏見の地に製造場を設け、大正7年（1918）に現在の地で製造をするようになった。当時は「万長」という銘柄を展開し、長年の間、親しまれた。ところが平成6年（1994）に3代目藤岡義文氏の急逝により酒造の歴史が一旦幕を閉じてしまう。「なんとかもう一度お酒を造りたい」5代目藤岡正章は各地の蔵で勉強を重ね、平成14年（2002）の冬、自ら杜氏となり酒を造り始める。新しく造る酒はすべて純米酒で「蒼空」と名づけた。青空を思わせるような爽やかで優しい味わいは、藤岡酒造の新しい歴史を作ろうとしている。

# 株式会社 増田德兵衞商店

| 水源 | 伏見の伏水 |
|---|---|
| 水質 | 中硬水 |

〒612-8471 京都府京都市伏見区下鳥羽長田町135番地　TEL.075-611-5151
https://www.tsukinokatsura.co.jp/

# 季節感こそ
# 酒の命

## 新たなチャレンジを忘れない
## 京・伏見で最も古い酒蔵

　延宝3年（1675）創業。伏見で最も古い蔵元の一つで、鴨川、桂川に沿って昔の街道筋の名残がある古い家並みが続く鳥羽街道に蔵を構えている。代表銘柄「月の桂」は、季節感と個性を大切に、14代にわたって杜氏たちの丹念な手仕事を伝えつつ、つねに新たなチャレンジも続けてきた。例を挙げれば、1964年に日本初のスパークリングにごり酒を開発。また古酒のパイオニアとして、1964年からの純米大吟醸酒を甕で貯蔵している。京都産の酒米「祝」の田植えも1992年から始め、無農薬で約20ヘクタールを耕している。低アルコール酒の開発も約30年前から開始。異酒とのコラボレーションにも力を入れ、世界に向けた取り組みも増加している。

### 純米酒

**月の桂 純米 大極上中汲にごり酒**

「元祖にごり酒の代表銘柄」
1964年に酒の博士「坂口謹一郎」先生の薦めで造った日本初の発泡にごり酒。爽やかな酸味と心地よい呑みごし。

| 純米酒 | 720ml ／ 300ml |
|---|---|
| アルコール分 | 17% |
| 原料米 | 五百万石 |
| 日本酒度 | ＋3.0 |
| 酸度 | 1.7 |

### 純米大吟醸酒

**月の桂 琥珀光 十年古酒**

「日本人がこよなく愛した桃源郷」
『本朝食鑑』（1640）を手本に再現した古酒。磁器製の甕でじっくり熟成した、琥珀色に輝く滋味豊かで芳醇な酒。

| 純米大吟醸酒 | 1,800ml ／ 720ml |
|---|---|
| アルコール分 | 17% |
| 原料米 | 山田錦 |
| 日本酒度 | ＋5.0 |
| 酸度 | 1.7 |

| 水源 | 太鼓山伏流水 |
| --- | --- |
| 水質 | 中硬水 |

# 向井酒造株式会社

〒626-0423 京都府与謝郡伊根町平田67 TEL.0772-32-0003
E-mail: info@kuramo-mukai.jp

# 漁師町伊根の
# 舟屋の酒蔵

## 純米酒
### 古代米酒 伊根満開
「鮮やかな色と独特の味わい」
紫色の古代米を使用した鮮やかな色の純米酒。ロゼワインのような味わいで、甘みと酸味が調和している。

| 純米酒 | 1,800ml／720ml |
| --- | --- |
| アルコール分 | 14% |
| 原料米 | 紫こまち |
| 日本酒度 | −46.0 |
| 酸度 | 6.3 |

## 特別純米酒
### 特別純米酒 京の春 生酛
「穏やかな香りでキレのある食中酒」
東京農大の実習生の力を借り、田嶋流の足踏み式生酛摺りで造られている。魚料理に合う晩酌酒として好評。

| 特別純米酒 | 1,800ml／720ml |
| --- | --- |
| アルコール分 | 15% |
| 原料米 | 祝 |
| 日本酒度 | ＋5.0 |
| 酸度 | 1.8 |

## 漁師町の春の晩酌を彩る
## 地元の食文化に根付いた蔵

　伊根ブリで有名な舟屋の里、京都府伊根町で宝暦4年（1754）に創業した酒蔵。漁師町である伊根町は、家の2回に舟を収納できる「舟屋」が並んでおり、海と一体となった暮らしが昔から続いている。向井酒造の建物も舟屋であり、蔵からは海に桟橋が延びて、そこで呑む酒は格別とのこと。身体を酷使する漁師たちの料理は味の濃いものが多いため、向井酒造でも昔から濃い料理に合うキレの良い酒質を心掛けてきた。「くじら刺身に、酒は向井酒造の京の春」というフレーズが民謡にも入っており、これからも地域の食文化に根付いた酒造りを続けていくというのが向井酒造の基本方針。蔵元のコンセプトは、「自分がこれだ！ という酒を造り上げる」だ。

# 茨木酒造合名会社

| 水源 | 六甲山系地下水 |
|---|---|
| 水質 | 中硬水 |

〒674-0084 兵庫県明石市魚住町西岡1377　TEL.078-946-0061
E-mail: info@rairaku.jp　https://rairaku.jp

# オーナーで杜氏の9代目が
# 現代の感性で仕込む

**日本酒は酒好きの玄人に
日本酒アベリアは女性や初心者に**

江戸末期の嘉永元年（1848）に創業した茨木酒造。オーナーで杜氏の9代目茨木幹人氏が、現代の感性で仕込む手造りの酒「来楽」は孔子の論語に由来。全国新酒鑑評会で金賞受賞の日本酒は酒好きの玄人に、花酵母を使った日本酒アベリアはワイングラスやカクテル感覚で飲みたい女性や初心者におすすめの一品だ。茨木酒造では「酒蔵を身近に感じてほしい」という思いから、日本酒造りが体験できる「来楽仕込みの会」、毎年春秋に行う「酒蔵寄席」、「田植え」「奈良漬けの会」など、一般の人が楽しめるさまざまなイベントを行っている。兵庫県明石市の地酒なら茨木酒造の「来楽」と心に刻みたい。

## 純米生原酒

**来楽 純米生原酒**

「酸の存在もしっかり」

兵庫県産山田錦を麹に、兵庫県産の五百万石を掛米に使用した無濾過生原酒。

| 純米生原酒 | 720ml |
|---|---|
| アルコール分 | 17% |
| 原料米 | 山田錦／五百万石 |
| 日本酒度 | ＋1.0 |
| 酸度 | 1.8 |

## 純米生原酒

**来楽 花乃蔵 アベリア 純米生原酒**

「白桃のような甘味」

兵庫県産山田錦を麹に、兵庫県産五百万石を掛米に、東京農大で分離された花酵母を使用。

| 純米生原酒 | 720ml |
|---|---|
| アルコール分 | 17% |
| 原料米 | 山田錦／五百万石 |
| 日本酒度 | ＋2.0 |
| 酸度 | 1.7 |

| 水源 | 深井戸 |
|---|---|
| 水質 | やや軟水 |

# 合名会社 岡田本家

〒675-0017兵庫県加古川市野口町良野1021　TEL.079-426-7288
E-mail: okadahonke.ad@gmail.com　http://www.okadahonke.jp/

# 加古川唯一の酒蔵
# 親子二代で醸す

純米大吟醸酒

### 盛典 大吟醸

「香り高く切れの良い酒」

兵庫県産米山田錦を35%まで磨き、低温でじっくりと時間(40日以上)をかけて仕上げた大吟醸酒。

| 純米大吟醸酒 | 1,800ml ／ 720ml |
|---|---|
| アルコール分 | 16% |
| 原料米 | 山田錦 |
| 日本酒度 | ＋4.0～＋5.0 |
| 酸度 | 未公開 |

純米大吟醸酒

### 盛典 特別純米

「食事で美味しくいただける」

辛口でスッキリ。最後にふわっと米の旨みが香る。米は自社田で栽培した酒米五百万石を使用。

| 純米大吟醸酒 | 1,800ml ／ 720ml |
|---|---|
| アルコール分 | 15% |
| 原料米 | 五百万石 |
| 日本酒度 | ＋4.0 |
| 酸度 | 未公開 |

## 一時は廃業も考えたが
## 心機一転地酒造りで再出発

　岡田本家は加古川唯一の酒蔵で、明治7年(1874)に創業した老舗の酒蔵。長い間、大手メーカーの下請けとして大量生産していたが、ビールやワインの人気に押され日本酒自体の需要が減ったことで一時は廃業も考えたが、心機一転親子で加古川の地酒造りを平成22年(2010)にスタートさせた。再出発の際に機械は少量生産のものに変更し、規模も生産量も減った。それでも「加古川にいい酒がある」と言ってもらえ、ブランド力を高めようと頑張っている。銘柄「盛典」は代々造っていた清酒の銘柄。今は自社栽培の五百万石を使った純米酒、山田錦で仕込んだ吟醸酒を造り、それを「加古川の伏流水を使った、淡麗で甘辛で中庸な酒」と表現している。

# 岡村酒造場

| 水源 | 武庫川 |
| 水質 | 軟水 |

〒669-1412兵庫県三田市木器 340　TEL.079-569-0004
E-mail: kozuki@ares.eonet.ne.jp　http://www.eonet.ne.jp/~okamura-sake/

# 兵庫・三田に
# 良き酒あり

## 地域の米、水、人、自然の恵みが融合し、造り上げられた酒

　文久元年（1861）、兵庫県有馬郡（現・三田市）高平村木器（こうづき）にて初代・岡村幸平が醤油醸造を始め、明治22年に2代目・岡村栄吉が酒造場を創業。現在の三田市は、10年連続で人口増加率日本一を記録した阪神圏のベッドタウン。そのなかで昔と変わらぬ癒しの田園風景が広がる、豊かな風土に恵まれた小さな酒蔵が岡村酒造場だ。「さんだ」の地名は、国指定文化財「弥勒菩薩坐像」の胎内にあった「恩田・悲田・敬田」の三福田を以って三田という、と伝えられ、古くから良質の稲作と深い関りがある。この三田の豊かな自然で育まれた酒米を使用し、当主自らが杜氏となり心を込めて醸す酒は、味わい深くコクがある。それがこの蔵自慢の酒だ。

### 純米大吟醸酒
### 純米大吟醸 三福田

「山田錦の旨みが生きている本格派」
淡麗・甘口・米の旨みが生きている上品な味わい。刺身や蕎麦などの、あっさりした味の料理との相性が良い。

| 大吟醸酒 | 1,800ml／720ml |
| --- | --- |
| アルコール分 | 15.5% |
| 原料米 | 山田錦 |
| 日本酒度 | − 2.0 |
| 酸度 | 1.7 |

### 純米酒
### 純米酒 三田壱

「米の旨みとコクのある味わい」
濃淳・旨口・コクのある米の旨みと香りが特徴。とくにジビエのような濃い味の肉料理と合わせるといい。

| 純米酒 | 900ml |
| --- | --- |
| アルコール分 | 16.5% |
| 原料米 | 五百万石 |
| 日本酒度 | ±0 |
| 酸度 | 1.6 |

| 水源 | 千種川伏流水 |
|------|------------|
| 水質 | 軟水 |

# 奥藤商事株式会社

〒678-0172兵庫県赤穂市坂越1419-1　TEL.0791-48-8005
E-mail: okuto@image.ocn.ne.jp

# 歴史深い忠臣蔵の地
# 赤穂の港町で400年

### 大吟醸酒

### 忠臣蔵 大吟醸

「ハイスペックな日本酒」

兵庫県山田錦を40%まで磨きあげ、原料処理に手をかけて丁寧な温度管理をして醸した大吟醸。

| 大吟醸酒 | 1,800ml／720ml |
|---------|----------------|
| アルコール分 | 17.5% |
| 原料米 | 山田錦 |
| 日本酒度 | ＋2.0 |
| 酸度 | 1.5 |

### 純米酒

### 忠臣蔵 山廃純米

「まろやかでコクのある旨み」

山廃とは、酒母を造るときに天然の乳酸が出来るのを待って仕込む、時間も手間もかかる古来の製法。

| 純米酒 | 1,800ml／720ml |
|--------|----------------|
| アルコール分 | 16.5% |
| 原料米 | 兵庫夢錦 |
| 日本酒度 | ＋2.0 |
| 酸度 | 2.2 |

## 昔ながらの製法に
## 受け継がれる手造りの酒

　幕末から明治の頃、赤穂の塩の積み出し港として栄えた坂越の地。そこで大庄屋や船手庄屋も務めていた奥藤家が酒造りを始めたのは、慶長6年（1601）のこと。かつては赤穂藩主浅野家の御用酒屋も務めていた。酒蔵は300年以上前のもので、坂越の街並みと同様に往時の雰囲気を感じ取ることができる。こだわっているのは、昔ながらの手造りの酒。清流千種川の水、播磨の酒米という日本酒に最適な素材を使い、昔ながらの丁寧な作り方を行っている。赤穂といえば忠臣蔵だが、代表的な銘柄も「忠臣蔵」。目指すのは、淡麗辛口のようにさらっと飲める酒よりも、「飲みごたえ」のある豊かな味わいがあるもの。「もう一杯」そう言いたくなる酒である。

# 小西酒造株式会社

| 水源 | 六甲長尾山系伏流水 |
|------|------------------|
| 水質 | 軟水 |

〒664-0845 兵庫県伊丹市東有岡2丁目13番地　TEL.072-775-0524
http://www.konishi.co.jp/

# 清酒発祥の地
# 伊丹の老舗蔵

## 創業470年の歴史・伝統を
## 次代へと大切に引き継ぐ

　「清酒発祥の地」と呼ばれる伊丹市で、天文19年（1550）創業という長い歴史を持つ老舗。「味づくり 幸せづくり ひとすじに」という考えのもと、伊丹の風土とともに長らく歩んできた。創業者の小西新右衛門の時代は濁酒造りが主で、清酒を作るようになったのは慶長17年（1612）頃から。酒樽を馬に乗せて江戸へと運ぶ、いわゆる「下り酒」を提供していた。寛永12年（1635）、2代目・宗宅が江戸に酒を運んでいる際、雪をいただいた富士の気高さに感動し、令和の今も続く清酒「白雪」が命名されたという。顧客の目線を大切にしつつ、酒造業としての誇り・ロマンをもって進んできた小西酒造は、次代を見据えた「不易流行の革新経営」を目指している。

### 本醸造酒
### 特撰白雪 1.8L 瓶詰

「じっくりと仕込んだ本醸造」

清酒発祥の地・伊丹の伝統銘柄。杜氏の技術を尽くしてじっくりと仕込んでいる。まろやかで芳醇な味わい。

| 本醸造酒 | 1,800ml |
|---------|---------|
| アルコール分 | 15～16% |
| 原料米 | 山田錦 |
| 日本酒度 | ＋2.0 |
| 酸度 | 1.4 |

### 純米酒原酒
### 超特撰白雪 江戸元禄の酒（復刻酒）原酒720ml 瓶詰化粧箱入

「長き歴史を紐解いた、秘伝の酒」

小西家秘伝書『酒永代覚帖』を元に、元禄15年（1702）のレシピを再現した酒。仕込み水が今より少なく琥珀色。

| 純米酒原酒 | 720ml |
|-----------|-------|
| アルコール分 | 17～18% |
| 原料米 | 国産米 |
| 日本酒度 | －35.0 |
| 酸度 | 3.3 |

| 水源 | 中国山系 |
| 水質 | やや軟水 |

# 此の友酒造株式会社

〒669-5103 兵庫県朝来市山東町矢名瀬町508番地　TEL.079-676-3035
http://konotomo.jp/

# 小さな蔵だからこそ
# 丁寧な酒造り

### 大吟醸酒

### 大吟醸 但馬 極上

「華やかな吟醸香となめらかな味わい」
但馬流低温長期醸造法により製造
した大吟醸酒。兵庫県産山田錦（精
米歩合38%）を全量使用。

| 大吟醸酒 | 1,800ml |
| --- | --- |
| アルコール分 | 10% |
| 原料米 | 兵庫県産山田錦 |
| 日本酒度 | ＋3.0 |
| 酸度 | 1.2 |

### 普通酒

### 但馬杜氏の技

「燗で飲めば一層と味わい深い」
但馬伝統の手造り棚麹を全量使用。
甘みとコクを十分に感じられるバ
ランスがとれたやや辛口の酒。

| 普通酒 | 1,800ml |
| --- | --- |
| アルコール分 | 15.8% |
| 原料米 | 兵庫県産米 |
| 日本酒度 | ＋1.0 |
| 酸度 | 1.2 |

## 中国山系の栗鹿山の天然水と
## 但馬杜氏の技を仕込みに注ぎ込む

　此の友酒造は兵庫県北部、四大杜
氏の一つ但馬杜氏のふるさと、但馬
の地で元禄3年（1690）に創業。兵
庫県の約4分の1を占める但馬地方
は兵庫県北部に位置し、北は日本海、
南は播磨・丹波、東は京都、西は鳥
取に隣接し、海岸部は山陰海岸国立
公園に指定され、春夏秋冬四季折々
の自然豊かな地域だ。この地で此の
友酒造は地元農家と契約栽培した酒
米（兵庫県産山田錦、但馬産五百万石）
を使用し、中国山系の栗鹿山の天然
水と但馬杜氏の技をもって、郷土に
根ざした酒造りを行っている。「小さ
な蔵だからこそできる丁寧な酒造り
で、伝統の味を守り伝えたい」。そん
な思いを込め、杜氏や蔵人はありっ
たけの知識と技を、寒中の仕込みに
注ぎ込んでいる。

# 櫻正宗株式会社

| 水源 | 六甲山伏流水 |
|---|---|
| 水質 | 中硬水 |

〒658-0025兵庫県神戸市東灘区魚崎南町 5-10-1　TEL.078-411-2101
E-mail: sakura@sakuramasamune.co.jp　https://www.sakuramasamune.co.jp/

# 親子で酌み交わす 酒を目指して

## 神戸の灘で古くから親しまれ 親から子へと飲み継がれる酒

　神戸の灘に蔵を構える櫻正宗は、寛永2年（1625）創醸で約400年の歴史を持つ蔵元。清酒「正宗」の元祖、「宮水」の発見、水車精米による高精白米を用いた酒造りなど、灘の発展に貢献してきた。阪神淡路大震災での被災により、地元あっての酒造りであるとの想いを新たに、地域活性化の一助になることを目的として櫻正宗記念館「櫻宴」をオープンした。毎年11月には地元への感謝を表すイベントとして「蔵開き」を開催。地元自治会にも協力を得ながら、毎年の恒例行事として地元の人々の楽しみとなっている。これからも品質第一であること、地域社会に貢献することを企業理念としながら、地域に愛される蔵元として酒造りを続けることを目指している。

### 大吟醸酒

**櫻正宗 金稀 大吟醸 原酒**

「全行程が手作業の吟醸造り」

華やかな香りと透明感のある味わいの酒。冷やして飲めば、明石鯛のカルパッチョやハモの湯引きに好相性。

| 大吟醸酒 | 720ml |
|---|---|
| アルコール分 | 17% |
| 原料米 | 山田錦 |
| 日本酒度 | ±0 |
| 酸度 | 1.2 |

### 純米大吟醸酒

**櫻正宗 金稀 純米大吟醸 四〇**

「山田錦の程よく優しい旨み」

果実のような香りで、米のふくらみが調和した純米大吟醸酒。赤穂の焼き牡蠣との組み合わせがおすすめ。

| 純米大吟醸酒 | 720ml |
|---|---|
| アルコール分 | 15% |
| 原料米 | 山田錦 |
| 日本酒度 | − 2.0 |
| 酸度 | 1.4 |

| 水源 | 宮水 |
|------|------|
| 水質 | 硬水 |

# 沢の鶴株式会社

〒657-0864 兵庫県神戸市灘区新在家南町 5-1-2　TEL.078-881-1234
https://www.sawanotsuru.co.jp/site/

# 刻印の※のマークは
# 米へのこだわり

## 大吟醸酒

**沢の鶴 大吟醸 春 秀（しゅんしゅう）**

「気品と風格に満ちた匠の芸術」

果実のように上品で気品のある香り
と、なめらかでキレの良い味わい。明
石鯛の刺身や鱧すきと相性が良い。

| 大吟醸酒 | 1,800ml |
|----------|---------|
| アルコール分 | 16.5% |
| 原料米 | 山田錦 |
| 日本酒度 | +5.0 |
| 酸度 | 1.4 |

## 特別純米酒

**沢の鶴 特別純米酒 実楽山田錦（じつらく）**

「山田錦の中の山田錦」

山田錦の特A産地「実楽」産米だけを
原料に、灘伝統の「生酛造り」で醸し
た一品。キレの良い後口が楽しめる。

| 特別純米酒 | 720ml |
|------------|-------|
| アルコール分 | 14.5% |
| 原料米 | 山田錦 |
| 日本酒度 | +2.5 |
| 酸度 | 1.8 |

### 昔ながらの伝統的な酒造りを
### 300年間守り続ける老舗

　享保2年（1717）に創業した沢
の鶴は、米屋を営む初代が副業とし
て酒造りを始めたことを発祥とする。
そのため現代に至るまで純米酒・米
だけの酒にこだわり、米の字を由来
とした「※」マークを商品ラベルに
刻印している。蔵がある神戸の灘は、
六甲颪の寒風と内海の影響がもたら
した寒造りに好適な気候で、古くか
ら盛んに酒造りが行われた。加えて、
労働力を提供してくれる丹波に近い
こと、江戸へ酒を運ぶための海上輸
送に有利な「海岸地帯」に位置して
いたこと、酒造りに適した硬水「宮
水」や酒米の王様「山田錦」の生産
地に近いなど風土にも恵まれていた。
「米を生かし、米を吟味し、米にこだ
わる」が沢の鶴の創業以来のモットー
である。

# 田治米合名会社

| 水源 | 蔵内井戸水 |
|---|---|
| 水質 | 弱軟水 |

〒669-5103 兵庫県朝来市山東町矢名瀬町 545  TEL.079-676-2033
E-mail: info@chikusen-1702.com  http://www.chikusen-1702.com

# 人の笑顔と故郷の自然よ
# 共に末永く

## 「一粒の米にも無限の力あり」
## 伝統を重んじた丁寧な酒造り

田治米合名会社の創業は元禄15年（1702）。蔵の場所は、天空の城として有名な竹田城跡がある但馬地方の山東町。300年の歴史と伝統を守りながら、地元地域の米や水を使用して地元・但馬との共存共栄を目指すとともに、体に優しく旨い酒を造ることで人の笑顔と故郷の自然がいつまでも共存できるよう、地域と一体化した酒造りを目指している。そんな田治米の代表銘柄は「竹泉」。名前の1文字目である「竹」は、円山川上流の「清流 竹の川」の水を用いたことに由来し、2文字目の「泉」は先祖の出身地、和泉の国から取られている。先祖に対する感謝尊敬の念、良水を尊び良水を育む風土に感謝する、そんな想いが「竹泉」の銘には込められている。

### 純米吟醸酒

**竹泉 純米吟醸 幸の鳥**

「力強い米の味わいとキレの良さ」
農薬・化学肥料無使用の「コウノトリ育む農法」で栽培された米を使用。旨い酸味と柔らかな口当たり。

| 純米吟醸酒 | 1,800ml／720ml |
|---|---|
| アルコール分 | 16% |
| 原料米 | 五百万石 |
| 日本酒度 | ＋5.0 |
| 酸度 | 2.0 |

### 純米大吟醸酒

**竹泉 純米大吟醸 幸の鳥**

「優しく安心感ある味わい」
ANA国際線ファーストクラスに提供されていたお酒。「コウノトリ育む農法」で栽培された山田錦使用。

| 純米大吟醸酒 | 1,800ml／720ml |
|---|---|
| アルコール分 | 15% |
| 原料米 | 山田錦 |
| 日本酒度 | ＋7.0 |
| 酸度 | 1.2 |

| 水源 | 宮水 |
|------|------|
| 水質 | 硬水 |

# 辰馬本家酒造株式会社

〒662-8510 兵庫県西宮市建石町2番10号　TEL.0798-32-2727
E-mail: customer@hakushika.co.jp  https://www.hakushika.co.jp/

# 350年を超える伝統
# 風土が息づく酒

### 純米大吟醸酒

**黒松白鹿 純米大吟醸**

「深い味わいの旨みと後味のキレ」

ほどよいボディ感と、爽やかな酸味によるきれいな後口。若々しいメロンを思わせる香りと味わいが特徴。

| 純米大吟醸酒 | 720ml |
|------|------|
| アルコール分 | 16〜17% |
| 原料米 | 山田錦 |
| 日本酒度 | +4.0 |
| 酸度 | 1.6 |

### 純米吟醸酒

**黒松白鹿 純米吟醸**

「華やかな香りと柔らかなせみ」

華やかで上品な味わいが楽しめる。口に含んだ瞬間、優しく華やかで甘い香りが広がる。冷やがおすすめ。

| 純米吟醸酒 | 720ml |
|------|------|
| アルコール分 | 14〜15% |
| 原料米 | ひとめぼれ |
| 日本酒度 | +1.0 |
| 酸度 | 1.4 |

## 「酒はつくるものではなく、育てるもの」を信念に

　寛文2年（1662）、兵庫県西宮で創業。初代辰屋吉左衛門が居宅に井戸を掘ったところ、その水が甘美であったためそれを用いて酒造りを始めたのだという。宮水、良質の米、摂海、六甲おろし。西宮の自然の恵み豊かな風土の中に生まれ、育まれてきた白鹿の酒は、創業以来350年以上に渡って西宮の地と深く結びつき、風土が息づく酒を醸し続けている。酒名「白鹿」は、中国の故事に書かれた長寿の鹿が由来。「酒はつくるものではなく、育てるもの」を信念に、銘柄「黒松白鹿」「白鹿」に込められた「大らかに楽しむ酒」「長生を祈る酒」を育て、飲んだ者を笑顔にできる酒を造ろうという想い。そんな想いを胸に、今も酒造りの道を歩み続けている。

# 灘菊酒造株式会社

| | |
|---|---|
| 水源 | 市川伏流水 |
| 水質 | 弱軟水 |

〒670-0972兵庫県姫路市手柄1丁目121 TEL.079-285-3111

# 酒と食文化の
# ハーモニー

## 地元産の酒米を厳選して使用し
## 地元の食文化とともに歩む蔵

　明治43年（1910）に初代・川石酒造作（みきさく）が川石酒類を創業。その後、昭和33年（1958）に現在の「灘菊酒造」へと改組した。社名の由来は、姫路の前に広がる播磨灘の「灘」と花の「菊」。原料米は「山田錦」や「兵庫夢錦」など兵庫県産米を中心に厳選し、とくに西播磨特産の「兵庫夢錦」は神崎郡市川町の農家と契約栽培を行い、地元の酒米使用に力を注いでいる。一方、昭和39年に国鉄姫路駅地下街に直営飲食店「酒饌亭灘菊」を、昭和59年に神戸市内に串揚倶楽部「蔵」を開業し、「酒と食文化のハーモニー」というモットーを確立した。現在、姫路市内に地元のソウルフード姫路おでんと灘菊の酒を楽しめる食事処など、計3店舗を展開している。

### 大吟醸「酒造之助」（みきのすけ）

「創業者の実弟の名を冠した最上級」
華やかさを秘めた気品ある香り・芳醇で奥深い旨みが調和した、灘菊酒造の最高峰である酒。冷やがおすすめ。

| | |
|---|---|
| 大吟醸酒 | 1,800ml／720ml |
| アルコール分 | 15% |
| 原料米 | 山田錦 |
| 日本酒度 | ＋4.0 |

### 特別純米「MISA」

「杜氏の名にちなんだ無濾過生酒」
キリリと芯の通った甘みと、爽やかな酸が融合した新感覚の甘口酒。冷酒やロック、レモンを絞っても美味。

| | |
|---|---|
| 特別純米酒 | 1,800ml／720ml |
| アルコール分 | 16% |
| 原料米 | 兵庫夢錦 |
| 日本酒度 | － 12.0 |

| 水源 | 宮水 |
|---|---|
| 水質 | 硬水 |

# 白鷹株式会社

〒662-0942兵庫県西宮市浜町1-1　TEL.0798-33-0001
E-mail: soumu@hakutaka.jp　https://hakutaka.jp/

# 精良醇美の
# 日本酒を

純米大吟醸酒

### 大吟醸純米 極上白鷹

「ふくらむ旨味に絶妙のキレの良さ」
吟醸香を極力抑えて上品に仕上げ、
味わいは生酛ならではの旨味が十
分。キレの良さから食中酒には最適。

| 純米大吟醸酒 | 1,800ml |
|---|---|
| アルコール分 | 18～18.9% |
| 原料米 | 山田錦 |
| 日本酒度 | ＋2.0 |
| 酸度 | 1.6 |

特別純米酒

### 悦蔵 特別純米 一ツ火

「創始者の名を冠した至極の一品」
白鷹の生酛造りのなかでも、とくに特
性が活かされた酒。純米酒のガツンと
したしっかり感で力強さが楽しめる。

| 特別純米酒 | 1,800ml |
|---|---|
| アルコール分 | 16～16.9% |
| 原料米 | 山田錦 |
| 日本酒度 | ＋3.0 |
| 酸度 | 1.9 |

## 霊鳥「白鷹」の名に込められた
## 風格と気品ある酒造りへの想い

　文久2年（1862）、初代辰馬悦蔵
が辰馬本家（白鹿醸造元）より分家
し創業した。当時から「品質第一」
に徹した酒造りを行い、明治10年
（1877）には国内初の内国博覧会で
品評会の「花紋賞」を受賞。さらに
大正2年（1924）には伊勢神宮御料
酒に選定され、以来、欠かす事なく
献納を続けている。日本酒造りに最
適とされる宮水地帯に蔵を構え、8
本の自家所有の井戸から湧き出た宮
水を使用し、原材料の山田錦も兵庫
県吉川町産特A地区の最上級の物に
こだわり、伝統の生酛造りで今もな
お高質な酒造りを追及している。創
始者の遺訓「桃李もの言わざれども
下自ら蹊を成す」を現在も社訓とし、
精良の品をお客様に正直に販売する
ことを心掛けている。

261

# 株式会社本田商店

| 水源 | 揖保川の伏流水 |
|---|---|
| 水質 | 中硬水 |

〒671-1226 兵庫県姫路市網干区高田 361-1　TEL.079-273-0151
E-mail: info@taturiki.com　https://www.taturiki.com/

# 最高品質の兵庫県特A地区産
# 山田錦を使用

## 全国新酒鑑評会で通算20回の金賞を受賞する高品質な日本酒

酒造好適米の代表「山田錦」の最大の生産地である兵庫県で、大正10年（1921）に創業した本田商店。先祖は播州杜氏の総取締役として活躍し、古くから酒造りが盛んな土地であった播州地方の製法の流れを汲む蔵元だ。代表銘柄の「龍力」は、最高品質を求め、超優良地帯である特A地区の「山田錦」を使用。米本来の魅力を余すことなく伝えることを使命と考え、収穫地による地域性や味わいの特徴、歴史を伝える酒造りを目指している。1970年代より大吟醸造りに取り組み、全量酒造好適米使用、全量自社精米、吟醸造り、地元が発祥の地である幻の酒米「神力米」の復活にも取り組んでいる。全国新酒鑑評会では通算20回の金賞受賞を果たす実力派の酒蔵だ。

### 大吟醸酒
**龍力大吟醸 米のささやき**

「兵庫県特A地区産山田錦を使用」
大吟醸の頂点を追求し、人それぞれの好みを超える味。抜群のキレがあり、冷酒が魚料理と合う。

| 大吟醸酒 | 1,800ml |
|---|---|
| アルコール分 | 17% |
| 原料米 | 山田錦 |
| 日本酒度 | +4.0 |
| 酸度 | 1.4 |

### 特別純米酒
**龍力特別純米 生酛仕込み**

「米の旨みと生もとの酸」
日本一を決める「燗酒コンテスト」で最高金賞受賞。自然に乳酸を生成させる生もと酒母にて醸した酒。

| 特別純米酒 | 1,800ml |
|---|---|
| アルコール分 | 16% |
| 原料米 | 山田錦 |
| 日本酒度 | +1.0 |
| 酸度 | 1.8 |

| 水源 | 揖保川系林田川伏流水 |
|---|---|
| 水質 | 軟水 |

# ヤヱガキ酒造株式会社

〒679-4211 兵庫県姫路市林田町六九谷681　TEL.079-268-8080
https://www.yaegaki.jp/

# 350年の時の
# 層が生む質実

### 純米大吟醸 青乃無

「爽やかな青りんごの香り」

爽やかな青りんごの香りがナチュラル
に広がり、その余韻も長くバランスの
良い味わい。白身魚や鮎の塩焼きに。

| 純米大吟醸酒 | 720ml |
|---|---|
| アルコール分 | 15% |
| 原料米 | 山田錦／五百万石 |
| 日本酒度 | ＋1.0 |
| 酸度 | 1.2 |

### 八重垣 特別純米 山田錦

「穏やかな香りと爽やかな酸味の調和」

麹の甘く穏やかな香り、米の旨みと酸
がしっかり味わえる旨みある純米酒。
どんな料理にも合う万能の一献だ。

| 特別純米酒 | 720ml |
|---|---|
| アルコール分 | 15% |
| 原料米 | 山田錦 |
| 日本酒度 | ＋2.0 |
| 酸度 | 1.5 |

## 美しい自然と神話に彩られた
## 兵庫県・播州林田の酒蔵

　兵庫県姫路市の北の外れ、播州林
田にある寛文6年（1666）創業の老
舗酒蔵。明治14年（1881）には日
本最古の和歌から酒銘を「八重墻（や
ゑがき）」とし、それが現在の社名に
もなっている。米国でも清酒を造り、
グループ会社では健食素材や食品添
加物事業も展開していることから近
代的なイメージを抱かれがちだが、
蔵での麹作りはすべて手作業の伝統
技法。特A地区で育まれた酒米の王
様「山田錦」、名勝「鹿ヶ壺」を源流
とする揖保川系林田川伏流水、そし
て「寒仕込み」を究める蔵人の技と
矜持。3つの柱がヤヱガキの芳醇なる
旨みを生み出す。杜氏は但馬杜氏組
合に所属しているが、近隣には農大
OBの蔵元も多く、互いに刺激を受け
ながらの酒造りに努めている。

# 梅乃宿酒造株式会社

〒639-2102奈良県葛城市東室27 TEL.0745-69-2121
E-mail: info@umenoyado.com https://www.umenoyado.com

# 神話・伝説を秘めた地で 自然の恵みと人の手で醸す

## 2000年代からは日本酒ベースの リキュール類を次々と開発

大和盆地の西南、古事記万葉の時代から幾多の神話・伝説を秘めた葛城の峰々の麓の地に、明治26年（1893）創業した梅乃宿酒造は、以来今日まで少量高品質を第一に大和の地酒造りに勤しんできた。2001年にリキュールの製造免許を取得してからは梅酒を始めとする日本酒ベースのリキュール類を次々と開発し、幅広い世代に親しまれている。酒造好適米の山田錦を中心に、地元葛城の水で仕込む酒はやわらかで、きめ細かな味わいが特徴。酒造りのオートメーション化が進む中で、酒造りにとって良い部分には一切妥協しない、手間ひまを惜しまない製法を守り、自然の恵みと人の手で醸す高品質な日本酒が、梅乃宿酒造にとっての信条だ。

### 純米大吟醸酒

**梅乃宿 葛城 純米大吟醸**

「華やかな香りが膨らむ」

兵庫県特A地区の「山田錦」を100%使用。蔵人の技と魂を注いだ梅乃宿の最高峰。冷酒、または常温で。

| 純米大吟醸酒 | 720ml |
|---|---|
| アルコール分 | 16% |
| 原料米 | 山田錦 |
| 日本酒度 | +3.0 |
| 酸度 | 1.1 |

### 本醸造酒

**梅乃宿 本醸造**

「温度を変えて味わい深く」

温度を変えることで味わいが深くなる、蔵人の晩酌酒。ほんのりとした香りとほどよい旨味が特徴。

| 本醸造酒 | 720ml |
|---|---|
| アルコール分 | 15% |
| 原料米 | 国産米 |
| 日本酒度 | +3.0 |
| 酸度 | 1.5 |

| 水源 | 吉野川伏流水 |
|---|---|
| 水質 | 軟水 |

# 喜多酒造株式会社

〒634-0062奈良県橿原市御坊町8 TEL.0744-22-2419
E-mail: miyokiku@miyokiku.com  http://www.miyokiku.com

# 奈良の都の隠れた日本酒

### 純米酒
### 純米 御代菊（みよぎく） 水もと仕込み

「奈良県産にこだわった古くて新しい酒」
およそ500年前に用いられていた
菩提山正暦寺の秘法「水もと」を現
代に再現した特別純米酒。

| 純米酒 | 1,800ml |
|---|---|
| アルコール分 | 15.5% |
| 原料米 | 奈良県産ひのひかり |
| 日本酒度 | − 6.0 |
| 酸度 | 1.6 |

### 大吟醸酒
### 大吟醸 白檮（はくじゅ）

「豊かな香りと透明感ある味わい」
大吟醸の豊かな風味、果実を思わ
せる豊かな香りと優しい甘みを含
んだ透明感のある味わいが特徴。

| 大吟醸酒 | 720ml |
|---|---|
| アルコール分 | 16.1% |
| 原料米 | 山田錦 |
| 日本酒度 | + 4.0 |
| 酸度 | 1.2 |

## 酒造りのこだわりは300年前から
## 伝統と喜びを伝える酒

　享保3年（1718）、大和三山に囲
まれた奈良橿原・大和御坊村で、初
代・利兵衛（りへえ）が酒造業とし
て創業した喜多酒造。利兵衛は生来
のこだわり者で、水と米を選りすぐ
り、自身が納得いくまで酒屋として
旗揚げしなかったと伝えられる。そ
して昭和15年（1940）に、紀元（皇
紀）2600年記念事業である橿原神
宮拡張工事により、現在の地に蔵を
移築した。創業者の意思を受け継ぎ、
300年経った今日でも「美味しいお
酒」にこだわり続けている。蔵人が
思う美味しいお酒とは、造り手の思
いが飲む人の心に伝わるお酒。創業
の心を大切にし、日本酒「みよきく」
が伝統と喜びを伝える大和の美酒と
して愛されることを誇りとしている。

# 倉本酒造株式会社

| 水源 | 自家裏山の山水 |
| 水質 | 軟水 |

〒632-0231奈良県奈良市都祁吐山町2501　TEL.0743-82-0008
E-mail: kuramoto-shuzou@comet.ocn.ne.jp　https://kuramoto-sake.com

# 酒造りの伝統を
# 継ぎ、守る

## まほろばの地でよみがえる
## 日本最古の"大和の酒"

　明治4年（1871）創業の倉本酒造株式会社は、奈良には多い丁寧な手造りで酒を醸す小規模な酒蔵。この蔵の大きな武器は、清酒発祥の地、奈良の蔵ならではの菩提酛仕込みの酒だ。室町時代に創醸された製法で、水に生米を浸漬し乳酸発酵を行って作った「そやし水」を用いて酒を仕込み、暖かい時期でも良質な酒を造れるようにしたという技術。これが奈良酒の基礎であり、倉本酒造はその技術を県内有志蔵元と復活継承し、普及浸透を図っている。また、米作りから原料処理、発酵工程など全てにおいて、過去の技術や考え方を現代の手法で新たな技術として活かす・生み出す事で、そこから新たな清酒文化を生み出すことができるよう想いを馳せている。

### 純米酒

**純米酒 倉本**

「ほのかにフルーティーですっきり」
自家田で栽培した好適米と山水を使用し、厳冬の低温でゆっくり醸した酒。出汁のきいた和食に冷酒がおすすめ。

| 純米酒 | 720ml |
|---|---|
| アルコール分 | 15% |
| 原料米 | 夢山水 |
| 日本酒度 | − 2.0 |
| 酸度 | 1.8 |

### 特別純米酒

**菩提酛 つげのひむろ 純米酒**

「乳酸菌のまろやかな香りと酸味」
甘味と酸味のバランスが良く、まろやかな香りも楽しめる濃醇な酒。乳製品を使った料理との相乗効果が抜群。

| 特別純米酒 | 720ml |
|---|---|
| アルコール分 | 15% |
| 原料米 | ひのひかり |
| 日本酒度 | − 2.0 |
| 酸度 | 2.0 |

| 水源 | 熊野川伏流水 |
|---|---|
| 水質 | 軟水 |

# 尾﨑酒造株式会社

〒647-0002 和歌山県新宮市船町 3-2-3 TEL.0735-22-2105
E-mail: ozakisyuzou@joy.ocn.ne.jp http://ozakisyuzou.jp/

# 神々の国「熊野」の酒

### 純米酒

### 太平洋 純米酒

「地元・熊野で定番人気の純米酒」

伝統の手造り技法で、丹精込めて醸した純米酒。濃厚でふくよかなコクがあり、やさしく飲み飽きしない味。

| 純米酒 | 1,800ml / 720ml / 300ml |
|---|---|
| アルコール分 | 15% |
| 原料米 | 地元産米 |
| 日本酒度 | ＋1.0 ～＋3.0 |

### 本醸造酒

### 太平洋 本醸造

「熱燗でも美味しい本醸造」

冷やして良し燗して良しの、コクがあってキレが良い、やや辛口の本醸造酒。ワイングラスで気軽に楽しめる。

| 本醸造酒 | 1,800ml / 720ml |
|---|---|
| アルコール分 | 15% |
| 原料米 | 国産米 |
| 日本酒度 | ±0 ～＋2.0 |

## 信仰と歴史とロマンの秘境 「奥熊野」に源を発する酒

　明治2年（1869）、新宮市三本杉で酒造りを始める。この尾﨑酒造は、本州最南端の蔵元。紀州有田以南より伊勢松阪市周辺までの間、ただ一軒だけの地酒メーカーであり、魂の蘇りの聖地・世界遺産「熊野古道」における「熊野三山」の中心に位置している。酒蔵のすぐ北側が奥熊野が源流の熊野川という好環境に恵まれ、その良質の伏流水と川面を渡る厳冬の北風で、伝統の手造りの酒造りを守り続けている。戦前の歴代海軍司令長官や地元出身の文人・佐藤春夫氏、中上健二氏らもこの蔵の酒を愛飲していた。尾﨑酒造は地元に愛される蔵元を目指して酒造りを続けており、地元神社への献酒、あるいは結婚式の祝い酒などに選ばれることも多いという。

# 株式会社吉村秀雄商店

| 水源 | 紀ノ川伏流水 |
|---|---|
| 水質 | やや軟水 |

〒649-6244 和歌山県岩出市畑毛72番地　TEL.0736-62-2121
https://nihonsyu-nihonjyou.co.jp/

# 紀ノ川が育む名酒

## 伝統的な技術を継承し食を豊かにする酒を造る

　紀ノ川沿い和歌山街道（大和街道）には、江戸中期から多くの酒蔵が栄えていた。吉村秀雄商店は、大正4年（1915）に生糸産業を営んでいた家系の末子により、造り酒屋として創業。紀ノ川の源流は吉野熊野国定公園である大台ケ原であり、その後に奈良に入って吉野川となり、和歌山に至って紀ノ川となる。その豊かな水は歴史や文化を育み、酒造りにとっての宝でもあった。吉村秀雄商店の酒も、この紀ノ川の伏流水が仕込み水。主要銘柄「車坂」の名は、熊野古道に伝わる「小栗判官伝説」が由来。また、僧兵による鉄砲隊が有名な真義真言宗の総本山・根来寺にあやかった「鉄砲隊」や、初期銘柄を復刻した「根来桜」など地域に根差した酒も製造している。

### 純米酒

**車坂 山廃純米酒**

「しっかりした骨格と濃醇な味わい」

穀物やスパイス系の香りとキレのある旨味。熟成により濃醇でなめらかな飲み口。厚みのある酸が燗映えする。

| 純米酒 | 1,800ml／720ml |
|---|---|
| アルコール分 | 16.6% |
| 原料米 | 五百万石 |
| 日本酒度 | ＋4.0 |
| 酸度 | 2.3 |

### 純米大吟醸酒

**車坂 山廃純米大吟醸酒**

「1本で前菜から最後の料理まで」

綺麗な旨味が心地よい酸でまとまり、リッチで奥行きを感じさせる味わいとハーブの香り。

| 純米大吟醸酒 | 1,800ml／720ml |
|---|---|
| アルコール分 | 16.6% |
| 原料米 | 山田錦 |
| 日本酒度 | ＋2.0 |
| 酸度 | 1.7 |

# 近畿地方

## 近畿地方の食文化

滋賀：琵琶湖でフナ、ビワマス、シジミが採れ、「鮒ずし」や佃煮が親しまれている。また、近江牛やカモを使った料理も地元に伝わる有名な料理である。

京都：長年にわたって日本の都であった特徴が、食文化にもみられる。懐石料理や精進料理で使う湯葉、麩、豆腐、などは家庭の普段の料理にも取り入れられている。また、ハモは生きたまま長時間運ぶことができるため、瀬戸内海から離れた京都でもハモに「骨きり」「湯引き」などの調理技術によってさまざまな料理で食べられている。

大阪：「天下の台所」とよばれ、「ハモ料理」、「恵方巻き」、「押しずし」など全国から各地の名産が集まり様々な料理が生まれ伝えられている。

兵庫：瀬戸内で水揚げされるタコやタイなど魚料理が有名で、そうめんと盛り付ける「タイそうめん」や「タイめし」はおかしら付きの1尾を使った縁起のよい豪華な料理として知られている。また、丹波の黒豆や黒毛和牛の神戸牛など、さまざまな土地の食材を使った料理がある。

奈良：都がおかれた歴史から食文化にも寺院や貴族料理が残されている。「吉野の葛」や「奈良漬」をはじめ、山あいで採れる猪肉を使った鍋料理は郷土料理として知られている。

和歌山：クジラやウツボなどいろいろな海産物が、竜田揚げや煮物で日常の料理に使われてきた。タチウオの水揚げも多く、大型の高級魚であるスズキの仲間の「クエ」は、刺身や鍋物に使われるが、白鬚神社では豊漁を願って「クエ祭り」を行う。ウメやカキなどの果実類の栽培も盛んである。

## 近畿地方の郷土料理

# 近畿地方

## 近畿地方の代表的使用酒米

祝（いわい）：1933 年、在来種の奈良穂より純系分離した野條穂を、さらに純系分離して育成した酒造好適米。1974 年に栽培中止となったが、1991 年に伏見酒造組合と京都府が中心となり復刻。

五百万石（ごひゃくまんごく）：亀の尾系統の新 200 号と雄町系統の菊水との交配で生まれた、新潟が誇る酒造好適米。フルーティーな香りを醸し出す、吟醸酒ブームの立役者。

玉栄（たまさかえ）：愛知県農業試験場で、山栄と白菊との交配で生まれた酒造好適米。開発は愛知だが主な生産地は滋賀で、国内生産量約 650 トン中 3 分の 2 が滋賀産である。

日本晴（にっぽんばれ）：ヤマビコと幸風との交配で生まれた品種。一般のうるち米だが酒造適正は高く、熟成させると特有の香りが立つ。

ひのひかり：九州全域で人気の飯米だが、奈良でも特 A 評価のひのひかりが栽培され、コシヒカリに近い味わいの酒米としても使われている。

兵庫北錦（ひょうごきたにしき）：なだひかりと五百万石とを交配し、兵庫で育成された酒造好適米。山田錦、兵庫夢錦と並ぶ兵庫三大錦とされながら、作付面積が少ない希少品種。

兵庫夢錦（ひょうごゆめにしき）：菊栄、山田錦、兵系 23 号などの交配で開発された酒造好適米。兵庫三大錦と称されるが、西播磨を中心とした一部限定地域での栽培に適した品種。

みずかがみ：滋賀 64 号と滋賀 66 号との交配で開発され、2013 年にブランドデビューした飯米の新品種。

紫こまち（むらさきこまち）：赤い色の日本酒を造ろうと、京都の向井酒造が全国から古代米の種もみを集め、京都での栽培に適していると選定された品種。この米で酒を造ると、甘酸っぱい果実酒のような味わいとなる。

美山錦（みやまにしき）：味は良いが栽培が難しかった改良信交に代わる酒米を目指し、親の高嶺錦に放射線を照射して突然変異を起こして開発した品種。

山田錦（やまだにしき）：酒米の最高峰にして生産量トップを誇る酒造好適米。山田穂と短稈渡船との交配で生まれた。兵庫県産が全生産量の 6 割を占めるが、全国的に栽培されている。

掲載企業以外にも東京農業大学卒業生が関係している酒蔵

## 近畿地方

| | |
|---|---|
| **滋賀県** | 月の里酒造株式会社 |
| | 池本酒造有限会社 |
| | 滋賀酒造株式会社 |
| | 藤本酒造株式会社 |
| | 株式会社岡村本家 |
| **京都府** | 竹野酒造有限会社 |
| | 与謝娘酒造合名会社 |
| **大阪府** | 壽酒造株式会社 |
| **兵庫県** | 白鶴酒造株式会社 |
| | 菊正宗酒造株式会社 |
| | 日本盛株式会社 |
| | 松尾酒造有限会社 |
| | 壺坂酒造株式会社 |
| **奈良県** | 上田酒造株式会社 |
| | 奈良豊澤酒造株式会社 |
| **和歌山県** | 髙垣酒造株式会社 |

各社の都合により掲載は割愛しております。

赤名酒造
P276

富士酒造
P280

日本海酒造
P279

澄川酒造
P297

中尾醸造
P293

永山酒造
P298

西條鶴醸造
P292

小泉本店
P291

堀江酒場
P299

中野光次郎本店
P294

宝剣酒造
P296

金光酒造
P290

272

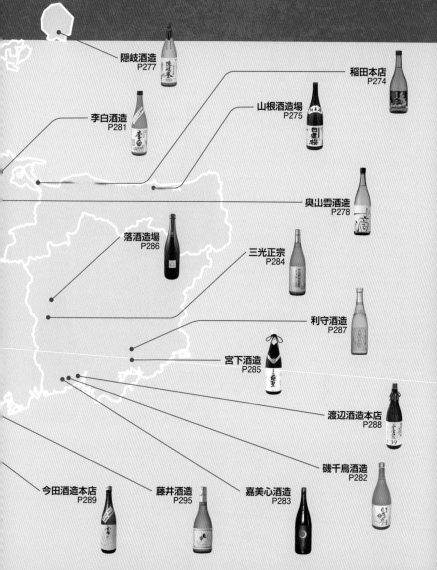

隠岐酒造
P277

稲田本店
P274

山根酒造場
P275

李白酒造
P281

奥山雲酒造
P278

落酒造場
P286

三光正宗
P284

利守酒造
P287

宮下酒造
P285

渡辺酒造本店
P288

磯千鳥酒造
P282

今田酒造本店
P289

藤井酒造
P295

嘉美心酒造
P283

# 株式会社稲田本店

| 水源 | 大山の湧水 |
|---|---|
| 水質 | 軟水 |

〒683-0851 鳥取県米子市夜見町325-16　TEL.0859-29-1108
E-mail: info@inata.co.jp　https://www.inata.co.jp/

# 心で醸す
# 酒造り

## 受け継いだ伝統だけに留まらず
## 試してみる、やってみるの心で

　延宝元年（1673）、稲田家3代目当主・嘉右衛門が、岸本町大岸（現在の伯耆町）で興した酒・醤油の醸造業が始まり。当時の屋号は「因幡屋」。その後、紺屋町や久米町などに移転を行い、昭和62年（1987）に現在の夜見町へと移った。元禄中期、紺屋町に移転した際に屋号を「稲田屋」と改めている。秀峰大山山麓の豊かな自然に囲まれる稲田本店のこだわりは、いい水、いい米、情熱ある蔵人。とくに米は地元契約農家と協力し、化学肥料に極力頼らず酒造好適米を栽培している。また350年の歴史を誇りつつも、全国に先駆けた新たな取り組みにも臆せず挑んできた。近年には、稲田本店の酒とその酒に合う料理を楽しめる居酒屋「稲田屋」もオープンした。

### 純米酒

**純米酒 トップ水雷**

「1年熟成で米の旨みを引き出す」
東郷元帥が日本海海戦での新兵器にちなんで命名。純米酒ならではのどっしりした味わい。辛口だが旨みもある。

| 純米酒 | 1,800ml／720ml |
|---|---|
| アルコール分 | 15% |
| 原料米 | 五百万石 |
| 日本酒度 | ＋5.0 |
| 酸度 | 1.5 |

### 純米吟醸酒

**純米吟醸 いなたひめ 強力**

「香りよし旨みよしの淡麗辛口」
幻の酒米「強力米」を使用。大吟醸と同じ造りで、上品な果実香のふくらみと米の旨みが感じられキレもいい。

| 純米吟醸酒 | 1,800ml／720ml |
|---|---|
| アルコール分 | 15% |
| 原料米 | 強力 |
| 日本酒度 | ＋2.5 |
| 酸度 | 1.4 |

| 水源 | 鷲峰山系伏流水 |
| 水質 | 超軟水 |

# 有限会社 山根酒造場

〒689-0518 鳥取県鳥取市青谷町大坪249　TEL.0857-85-0730
https://hiokizakura.jp/

# 目指すは「食を邪魔しない酒」

### 純米酒

### 日置桜 純米酒

**「甘みを抑え旨みを引き出す」**

米の旨みを引き出すことを優先したシンプルな造り。完全発酵で甘みを酵母に喰い切らせた甘み控えめの食中酒。

| 純米酒 | 1,800ml／720ml |
|---|---|
| アルコール分 | 15% |
| 原料米 | 玉栄 |
| 日本酒度 | ＋13.0 |
| 酸度 | 2.1 |

### 純米吟醸酒

### 日置桜 純米吟醸「伝承強力」

**「『強力米』由来の唯一無二の味」**

流行りの香り系と一線を画し、力強さとしなやかさで勝負する味吟醸。深いコクと緻密で濃縮された旨みがある。

| 純米吟醸酒 | 1,800ml／720ml |
|---|---|
| アルコール分 | 15% |
| 原料米 | 強力 |
| 日本酒度 | ＋14.0 |
| 酸度 | 1.8 |

## 酒だけが進んでしまうのでなく 食を活かし進ませる酒を目指す

　創業は明治20年（1887）。生産農家と直接契約の酒造好適米だけを原料とし、仕込みは個々の生産者ごとに仕込み樽を分けて行い、さらに酒のラベルには酒米の生産者名も表示している。これは山根酒造場が掲げる「醸は農なり」という精神の現れ。また5代目蔵主の山根正紀氏が目指すものとして、「食を邪魔しない酒」という理想がある。これは現蔵主の祖父、3代目蔵主にあたる山根正徳氏が遺した「食の邪魔をする酒だけは造ってくれるな」という言葉が契機となった。選び抜いた最適の米で造った醪の甘みを、徹底的に酵母に喰い切らせてできた渋い酒を、じっくり熟成させ重層的な旨みを出す。それが山根酒造が目指す「食を邪魔しない甘くない酒」である。

# 株式会社 赤名酒造

水源 神戸川水系

〒690-3511 島根県飯石郡飯南町赤名23番地　TEL.0854-76-2016
E-mail: akanasakebrewing@vega.ocn.ne.jp https://kinunomine.localinfo.jp/

# 地元飯南と
# 歩む純米蔵

## 幾度も訪れた経営危機にめげず
## 再スタートを切った純米蔵

　株式会社赤名酒造は経営破綻した赤名酒造合名会社を、現社長含めた新たな経営陣が買い取り免許を保持した状態で廃止、設立した酒造所。米は極力地元産にこだわり、純米酒のみを製造している。とくに島根県飯南町が1億6000万円をかけて整備した設備を借り受けて酒を製造していることもあり、飯南町産の米にこだわった造りを行っている。6年前の設立時から国内、海外に積極的に販路を拡大しており、設立1年半でタイへの輸出を開始。飯南町長もバンコクでの新商品発表会に駆けつけて、飯南町産米で造った酒をアピールした。在タイ日本国大使館が主催する天皇誕生日レセプションでも、3度連続で出展依頼を受けてタイの高官に日本酒を提供している。

### 純米大吟醸酒

**絹乃峰 純米大吟醸35**

「丁寧に醸された奥行きある味わい」
芳醇な香り、柔らかな甘みとキレの良さが特長。島根県の良質な米産地、飯南町産の五百万石を使用。

| 純米大吟醸酒 | 1,800ml ／ 720ml |
|---|---|
| アルコール分 | 16% |
| 原料米 | 五百万石 |
| 日本酒度 | ＋2.0 |
| 酸度 | 1.6 |

### 純米吟醸酒

**絹乃峰 純米吟醸55 無濾過原酒**

「マイナス10℃で保管した原酒」
柔らかで甘い果実香。飲むとドライでキレがある。開栓して空気に触れると、味と香りが柔らかになってくる。

| 純米吟醸酒 | 1,800ml ／ 720ml |
|---|---|
| アルコール分 | 16% |
| 原料米 | 島根県産米 |
| 日本酒度 | ＋6.0 |
| 酸度 | 1.9 |

| 水源 | 自社井戸 |
|------|---------|
| 水質 | 軟水 |

# 隠岐酒造株式会社

〒685-0027 島根県隠岐郡隠岐の島町原田 174 番地　TEL.08512-2-1111
E-mail: info@okishuzou.com　https://okishuzou.com

# 酒質の向上に
# 天井なし

### 純米大吟醸酒
### 隠岐誉 純米大吟醸 斗瓶囲い

「一滴一滴、斗瓶に集めた雫の酒」
袋吊りした醪から、自然に滴る酒の雫を集めた酒。華やかで香りが高く、柔らかく上品な甘みで後味すっきり。

| 純米大吟醸酒 | 1,800ml／720ml |
|------|------|
| アルコール分 | 16% |
| 原料米 | 山田錦 |
| 日本酒度 | − 2.0 |
| 酸度 | 1.3 |

### 純米酒
### 隠岐誉 室町の純米酒 90

「貴腐ワインを思わせる味わいの酒」
室町時代の文献を元に復元した琥珀色の酒。生酛仕込で醸造し、非常に濃潤で甘みが強いがキレがいい。

| 純米酒 | 1,800ml／720ml |
|------|------|
| アルコール分 | 17% |
| 原料米 | 神の舞 |
| 日本酒度 | − 60.0 |
| 酸度 | 3.0 |

## 歴史と観光の島「隠岐」で
## 伝統の酒造業を未来に伝える

　古来、隠岐は石器として利用された良質の黒曜石の産地として知られ、その歴史は 3 万年前に遡る。『古事記』や『日本書紀』に「天之忍許呂別」あるいは「隠岐之ニ子島」と記され、中世には後鳥羽、後醍醐両帝が配流された歴史の島でもある。また奇岩や海礁などの風光に恵まれ国立公園に指定された観光の島で、さらにユネスコ世界ジオパークにも登録されている。そんな隠岐の島は、対馬暖流のもたらす雨や霧が育んだ豊かな森に恵まれ、良質の水が島の至る所に湧き出ている。環境省選定の「名水百選」に選ばれた名水もあり、その清冽な水は酒造りに欠かせない仕込水となる。この自然豊かな環境のなかで、隠岐酒造は多種多様な酒を造り続けている。

# 奥出雲酒造株式会社

| 水源 | 玉峰山系伏流水 |
| --- | --- |
| 水質 | 軟水 |

〒699-1701 島根県仁多郡奥出雲町亀嵩 1380-1 TEL.0854-57-0888
E-mail: f-terado@okuizumosyuzou.com https://okuizumosyuzou.com/

# 飲み手の笑顔が
# 造り手の笑顔

## 古来、米作りが盛んな奥出雲で
## 地元産米にこだわった酒を造る

　島根県出雲地方は、古くから酒造りが盛んな土地で、その歴史は日本書記の記述にも出てくる。中でも奥出雲酒造がある奥出雲町は、ヤマタノオロチ伝説の地としても知られ、ヤマタノオロチが「八塩折の酒」を飲んだエピソードが有名だ。平成16年（2004）にこの地で誕生した奥出雲酒造は、奥出雲町が出資する第3セクターとして新設された。古代のたたら製鉄から由来する地域の稲作（日本農業遺産）が盛んで、さまざまな品種の酒造好適米を栽培しており、奥出雲酒造でもその優良な酒造米を使った酒造りを行っている。また、酒造好適米以外にコシヒカリを使用したブランドを立ち上げ、地域のPRを含め販売を行っている。

### 純米酒
**奥出雲の一滴 One drop**
「米の味わいの違いを楽しむ純米酒」
現在試験販売中。2021年春より
単一品種にて3種類発売予定。

| 純米酒 | 1,800ml ／ 720ml |
| --- | --- |
| アルコール分 | 15% |
| 原料米 | 県産米 |
| 日本酒度 | ±0 |
| 酸度 | 1.7 |

### 純米大吟醸酒
**仁多米コシヒカリ 純米大吟醸**
「さっぱりした前菜や酢の物に」
柔らかな吟醸香とともに広がる米の
旨味、さらに使用米ならではのキレの
良さが感じ取れる。冷やがおススメ。

| 純米大吟醸酒 | 1,800ml ／ 720ml |
| --- | --- |
| アルコール分 | 15% |
| 原料米 | 仁多米コシヒカリ |
| 日本酒度 | ＋1.0 |
| 酸度 | 1.4 |

| 水源 | 三隅川水系 |
|---|---|
| 水質 | 中軟水 |

# 日本海酒造株式会社

〒699-3224 島根県浜田市三隅町湊浦80　TEL.0855-32-1221
E-mail: info@kan-nihonkai.com　https://www.kan-nihonkai.com/

# "日本酒発祥の地"
## 地元に愛される酒を

### 環日本海 純米大吟醸 水澄みの里

「水澄みの里、三隅町で醸す大吟醸」
山田錦を精米歩合40%まで磨き、
芳醇な香りとやわらかな口当たり
が特徴の純米大吟醸酒。

| 純米大吟醸酒 | 1,800ml / 720ml |
|---|---|
| アルコール分 | 16% |
| 原料米 | 山田錦 |
| 日本酒度 | +3.0 |
| 酸度 | 1.2 |

### 純米吟醸 渦山田錦

「香りの渦、味わいの渦」
口中で広がる芳醇な香りとしっか
りとした旨味、奥深いコクが味わ
える純米吟醸酒。

| 純米吟醸酒 | 1,800ml / 720ml |
|---|---|
| アルコール分 | 16% |
| 原料米 | 山田錦 |
| 日本酒度 | +2.0 |
| 酸度 | 2.0 |

### 酒造りを通して地域貢献と情報発信
### モットーは「人と人との心をつなぐ酒」

　明治21年（1888）創業の日本
海酒造。島根県は"日本酒発祥の地"
と伝えられて、また"神々の国"と
も言われ、神事でのお供え物として
「日本酒」もよく使われるなど、古来
より地域の伝統や食文化と深く結び
ついている。当蔵は島根県西部の石
見地方にあり、社名が表すとおり日
本海沿岸に構える。中国山脈・弥畝（や
うね）山系の伏流水が流れ込む三隅
川のある三隅町は、昔から「水澄み
の里」と言われ風光明媚な場所とし
て知られる。酒造りを通して地域貢
献や情報の発信を目指し、「人と人と
の心をつなぐ酒」がモットー。原料
米は地元で契約栽培した五百万石を
中心に使いながら、味わいの濃淡は
幅広くキレの良い、地元に愛される
酒造りを行っている。

# 富士酒造合資会社

| 水源 | 斐伊川伏流水 |
|---|---|
| 水質 | 軟水 |

〒693-0001 島根県出雲市今市町1403 TEL.0853-21-1510
E-mail: sake@izumofuji.com http://www.izumofuji.com/

# 富士山のように
# 愛される日本一の酒

## 出雲杜氏の伝統の技術を尊重
## 人と人、人と食の緑を結ぶ地酒を

昭和14年（1939）創業の富士酒造がある島根県出雲市は、日本の太古の秘密が多く眠る地で、日本で初めてお米からお酒が造られた日本酒発祥の地としても有力な場所。北には日本海、南には中国山地、東には宍道湖、西には神西湖、中心にはヤマタノオロチ伝説の舞台となった斐伊川が流れ、四季折々の自然の恵みに囲まれ、豊かな食文化が育まれてきた。出雲富士の名は、「出雲の地で富士山のように愛される日本一の清酒を造りたい」という熱い想いから命名された。現在は「出雲を醸し、富士を志す」という想いも込めている。出雲杜氏の伝統の技術を尊重し、人と人、人と食などの良き縁を結ぶ出雲の地酒として、素直で清い酒造りを目指している。

### 純米酒

**出雲富士 純米 白ラベル**

「冷からぬる燗までがおススメ」
白く清らかに、島根県産の山田錦の柔らかく上質な旨味を醸し出し、人と食を優しく結ぶ純米酒。

| 純米酒 | 1,800ml／720ml |
|---|---|
| アルコール分 | 15% |
| 原料米 | 山田錦 |
| 日本酒度 | ＋7.0 |
| 酸度 | 1.8 |

### 特別純米酒

**出雲富士 特別純米 黒ラベル**

「人と食をつなぐ特別純米酒」
特別契約栽培の出雲産佐香錦を使用し、佐香錦の持つコクとキレを最大限に生かした特別純米酒。

| 特別純米酒 | 1,800ml／720ml |
|---|---|
| アルコール分 | 15% |
| 原料米 | 佐香錦 |
| 日本酒度 | ＋6.0 |
| 酸度 | 1.8 |

| 水源 | 井戸水 |
|------|--------|
| 水質 | 中硬水 |

# 李白酒造有限会社

〒690-0881 島根県松江市石橋町 335　TEL.0852-26-5555
E-mail: rihaku@rihaku.co.jp　http://rihaku.co.jp/

# 伝統と新技術を 島根から世界へ

### 純米吟醸酒

**李白 純米吟醸 WANDERING POET**

「世界で飲まれている日本酒」

山田錦を 55%に精米し、じっくり
と低温発酵。まろやかな味わいと
コクがあり、爽やかでキレが良い。

| 純米吟醸酒 | 1,800ml／720ml |
|------------|----------------|
| アルコール分 | 15～16% |
| 原料米 | 山田錦 |
| 日本酒度 | ＋3.0 |
| 酸度 | 1.6 |

### 純米大吟醸酒

**李白 純米大吟醸**

「料理との相性が良い純米大吟醸」

酒造好適米「山田錦」を 45%まで
精米し、低温長期発酵。おだやか
な香りで、料理との相性は抜群。

| 純米大吟醸酒 | 1,800ml／720ml／300ml |
|--------------|------------------------|
| アルコール分 | 16～17% |
| 原料米 | 山田錦 |
| 日本酒度 | ＋4.0 |
| 酸度 | 1.5 |

## 愛されてきた酒文化を守り、 海外販売にも挑戦し続ける

　李白酒造は明治 15 年（1882）創
業。「酒文化を普及し、正しく後世に
継承する」を経営理念に、島根から
日本のみならず世界で挑戦し続けて
いる。現在の売上げの３割を占める
海外販売は香港、アメリカ、韓国、
シンガポールなど幅広い。田中裕一
郎社長は「伝統にも進歩が必要」と
語る。大吟醸から普通酒まで、どの
グレードにも一切の妥協はない。銘
柄「李白」は、酒を称えた詩を数多
く詠んだ中国の詩人・李白にちなん
で命名された。李白酒造は今、東京
農大醸造科学科が分離した花酵母を
使用するなど、新しい時代の技術と
出雲杜氏の伝統的な技術を融合させ
た酒造りに力を注いでいる。時代の
先を行くチャレンジが、この蔵の伝
統を進化させていく。

# 磯千鳥酒造株式会社

| 水源 | 地下水 |
|---|---|
| 水質 | 軟水 |

〒719-0302 岡山県浅口郡里庄町新庄 306　TEL.0865-64-3456
E-mail: info@isochidori.co.jp　https://www.isochidori.co.jp

# 「万葉集」にも語られる
# 吉備の酒

## 日本酒発祥の地で
## 250年の伝統の味を守る

　創業は江戸中期の宝暦元年(1751)。古くから吉備の国として知られる岡山では、さまざまな文化が栄えてきた。酒についても『万葉集』に「吉備の酒」の記述があり、奈良とはまた別の日本酒発祥の地とも言われている。実際、この地の酒は平安時代には備前焼の壺に入れられ、京都まで運ばれていたという。岡山の花崗岩を多く含んだ砂質土壌は、良質米の生産に適しているとされ、その米で造られる酒は雑味がなく、口にやさしく飲みやすい旨口酒という特徴を持つ。磯千鳥酒造の社名は、その昔、周辺の海が千鳥が飛ぶ風光明媚な場所であったことから命名したと伝わる。以来、この日本酒発祥の地で250年以上伝統の味を守り続けている。

### 本醸造酒

### 生貯蔵酒 自然の恵み

「生のまま貯蔵した辛口酒」
生のまま低温で貯蔵し、瓶詰め時に一度だけ加熱処理した酒。飲み口は淡麗辛口。冷やで飲むのがお勧め。

| 本醸造酒 | 720ml |
|---|---|
| アルコール分 | 15〜16% |
| 原料米 | アケボノ |
| 日本酒度 | ＋3.0 |
| 酸度 | 1.2 |

### 大吟醸酒

### 大吟醸 瀬戸のさざ波

「芳香芳醇な最高のお酒」
精米歩合50%以下の朝日で作られた大吟醸酒。淡麗辛口でワインにも似た芳香芳醇な最高のお酒。

| 大吟醸酒 | 1,800ml |
|---|---|
| アルコール分 | 15〜16% |
| 原料米 | 朝日 |
| 日本酒度 | ＋2.0 |
| 酸度 | 1.3 |

| 水源 | 高梁川の伏流水 |
| 水質 | 中軟水 |

# 嘉美心酒造株式会社

〒714-0101 岡山県浅口市寄島町7500-2 TEL.0865-54-3101
E-mail: info@kamikokoro.co.jp https://www.kamikokoro.co.jp/

# 品質を売る蔵として「米旨口」を追求

純米吟醸酒

### 嘉美心 純米吟醸無濾過生酒 冬の月

「一般米の酒造特性に注目」

とれたての新米、切れ味抜群の独自酵母「岡山白桃酵母」を使用。月からしたたり落ちる絹のような酒。

| 純米吟醸酒 | 1,800ml / 720ml |
| アルコール分 | 16% |
| 原料米 | 岡山県産アキヒカリ |
| 日本酒度 | −3.0 |
| 酸度 | 1.6 |

純米吟醸酒

### 神心 純米吟醸 瓶囲い

「米本来の旨味を引き出す」

嘉美心酒造の真髄「旨口」をベースに絶妙な酸を織り交ぜた。旨みとキレのコントラストが楽しめる。

| 純米吟醸酒 | 1,800ml / 720ml |
| アルコール分 | 15% |
| 原料米 | 岡山県産アケボノ |
| 日本酒度 | −2.0 |
| 酸度 | 1.4 |

## より良い麹と安定した発酵が
## 米の旨味を残した酒造りを実現

　嘉美心酒造は大正２年（1913）、初代・藤井長十郎により岡山県の寄島町に創業。戦後に急速に普及した「三倍増醸法」による甘口酒の路線とは一線を画し、「米旨口」を追求、現在も「品質を売る蔵」としての姿勢を脈々と受け継いでいる。嘉美心酒造の特徴は大きく分けて二つ。一つは米の旨みを引き出す丁寧な酒造り。岡山県産の米を60kg単位、秒単位で浸漬し、適正な量の水を吸わせることで、より良い麹が作られる。二つ目は常に冷涼クリーンな空気を保ち、安定した発酵を促すこと。このことにより、米の旨味を残した酒造りを実現している。これからも受け継いできた伝統の味わい、「米旨口」の新たな可能性を追求していく。

# 三光正宗株式会社

| 水源 | 神代川伏流水 |
|---|---|
| 水質 | 中硬水 |

〒719-3702 岡山県新見市哲西町上神代 951 TEL.0867-94-3131
E-mail: info@sake-sanko.co.jp  http://www.sake-sanko.co.jp

# 米にこだわった
# 備中の地酒

## 技と水と米にこだわり
## 三つの「粋」が光る酒を造る

　創業者である宮田重五郎は、明治35年（1902）に一念発起し、単身アメリカに渡ってイチゴ農園を起業した。幾多の苦労はあったものの多くの財を築き、明治45年に帰国。そして大正2年（1913）、その財をもとに岡山県県北の哲西町上神代で宮田酒造場（現・三光正宗）を創業。当時としては珍しい、「アメリカンドリーム」で生まれた酒蔵だった。三光正宗の酒は地元の味と原料にこだわり、酒米にも岡山県産米を使用。とくに酒米「山田錦」とその原種にあたる「雄町」は、地元哲西町矢田地区にて栽培会を作り、農家と対話をしながら「永谷農法」で特別に契約栽培している。「雄町」が岡山発祥の米ということもあり、「雄町」にこだわった純米酒も造っている。

### 大吟醸酒

**三光正宗 大吟醸**

「華やかな吟醸香、キレのある辛口」
食中でも香りが華やかすぎないよう、絶妙なバランスで醸した旨みのある大吟醸。筋の通った酸味が際立つ。

| 大吟醸酒 | 1,800ml／720ml |
|---|---|
| アルコール分 | 16% |
| 原料米 | 山田錦 |

### 本醸造酒

**冷やして飲む缶入りの生原酒**

「冷やして飲む缶入りの生原酒」
濃醇辛口の酒。生原酒のフレッシュな香りと原酒のコクのある味わいが人気。凍らせて凍結酒で飲んでも美味。

| 本醸造酒 | 200ml |
|---|---|
| アルコール分 | 20% |
| 原料米 | 国産米 |

| 水源 | 旭川 |
| 水質 | 軟水 |

# 宮下酒造株式会社

〒703-8258岡山県岡山市中区西川原184 TEL.086-272-5594
E-mail: info@msb.co.jp  https://www.msb.co.jp/

## 岡山の名酒
# 極聖
きわみひじり

### 総合酒類メーカーとして
### 地域社会への貢献を果たす

大吟醸酒

**大吟醸 極聖 昔搾り斗瓶どり**

「すっきりしたやや辛口の酒」

現代の名工・中浜昭夫氏の指導で若手杜氏が丹精込めた酒。吟醸香と味の均衡、爽やかさとまろやかさを追求した。

| 大吟醸酒 | 1,800ml ／ 720ml |
| --- | --- |
| アルコール分 | 17〜18% |
| 原料米 | 山田錦 |
| 日本酒度 | ＋5.0 |
| 酸度 | 1.4 |

純米大吟醸酒

**極聖 純米大吟醸「高島雄町」**

「うま味のあるやや辛口の酒」

幻の酒米「高島雄町」で造る純米大吟醸。華やかで上品な吟醸香と、ふくらみのあるまろやかな味わいが特長。

| 純米大吟醸酒 | 1,800ml ／ 720ml |
| --- | --- |
| アルコール分 | 16〜17% |
| 原料米 | 雄町 |
| 日本酒度 | ＋1.0 |
| 酸度 | 1.3 |

幼くして両親を亡くした創業者・宮下亀蔵、元三郎兄弟が、酒造業を営む親戚に預けられて経験を積み、大正4年（1915）に岡山県玉野市で宮下酒造を創業した。昭和42年（1967）には、岡山三大河川の一つ旭川のほとりへ蔵を移転。岡山県産の米と旭川の伏流水を原料に、伝統的な備中杜氏の技術を用いた酒造りを始めた。酒蔵近くで栽培される酒造好適米の一つ雄町は、かつては栽培の難しさから「幻の酒米」とも呼ばれた。その雄町発祥の地・中区高島地区で収穫した元祖雄町、「高島雄町」を使った純米大吟醸「極聖（きわみひじり）」は、宮下酒造の代表銘柄である。そして現在、宮下酒造はあらゆる酒類を製造する総合酒類メーカーを目指している。

# 株式会社 落酒造場

| 水源 | 旭川支流 備中川伏流水 |
|---|---|
| 水質 | 中硬水 |

〒716-1433 岡山県真庭市下呰部664-4　TEL.0866-52-2311
E-mail: tisntr26@ka2.so-net.ne.jp

# 五感で感じる
# 旨さを届けたい

## 手作り伝来の技と味にこだわり
## 品質を一番に考えた酒造り

明治26年（1893）、岡山県真庭市に良質な美味しい水を求めて初代・落眞太郎が創業した落酒造場。こだわりは、岡山県産の米と水。主に多くの一般米のルーツでもある「朝日」を使用し、ミネラル豊富な備中川の伏流水で力強く、キレのある酒質となる純米酒造りをおこなっている。さらなる旨さの秘密は、酒質と状態に合わせた蔵内タンク貯蔵やマイナス5℃からプラス5℃の範囲内による徹底した温度管理にある。酒造りで人間の役割は、微生物をサポートすることにあると考えている。4代目蔵元の泰明氏は「毎年蓄積したデータと五感を働かせ、これからも日本酒の良さと感動を一人でも多くの人に伝えていきたい」と語る。

特別純米酒
### 大正の鶴 RISING 60 特別純米
「米の旨み、キレのある酒質を目指す」
岡山の代表米「朝日」の旨みを活かし、造り手「落昇」が醸す、キレのある特別純米酒。

| 特別純米酒 | 1,800ml／720ml |
|---|---|
| アルコール分 | 16% |
| 原料米 | 朝日 |
| 日本酒度 | +2.0 |
| 酸度 | 1.5 |

特別純米酒
### 特別純米（原酒）大正の鶴
「蔵元の主張が詰まった一本」
無濾過の生原酒。朝日と中硬水から引き出された優しくフルーティーな香りと旨味が口に広がる。

| 特別純米酒 | 1,800ml |
|---|---|
| アルコール分 | 18% |
| 原料米 | 朝日 |
| 日本酒度 | +4.0 |
| 酸度 | 1.8 |

画像提供「写真の新田」

| 水源 | 吉井川水系の地下水 |
|---|---|
| 水質 | 軟水 |

# 利守酒造株式会社

〒701-2215 岡山県赤磐市西軽部 762-1　TEL.086-957-3117
E-mail: hitosuji@sakehitosuji.co.jp　https://www.sakehitosuji.co.jp/

# "本物"を造るため 幻の米を復活

### 純米大吟醸酒

### 赤磐雄町 純米大吟醸

**「幻の米で、精魂こめて」**

雄町を使用し、精魂こめて醸した
純米大吟醸。口の中で広がる雄町
ならではの旨みを堪能。

| 純米大吟醸酒 | 720ml |
|---|---|
| アルコール分 | 15.5% |
| 原料米 | 雄町 |
| 日本酒度 | +4.0 |
| 酸度 | 1.3 |

### 純米吟醸酒

### 酒一筋 純米吟醸（金麗）

**「江戸時代からの技で醸す」**

すっきりとした味わいの中に、しっ
かりとした米の味が感じられる純
米吟醸の逸品。

| 純米吟醸酒 | 720ml |
|---|---|
| アルコール分 | 15.5% |
| 原料米 | 雄町 |
| 日本酒度 | +3.0 |
| 酸度 | 1.6 |

## 幻の米を復活させる心意気
## 地元にこだわる真の地酒を

　岡山県赤磐市軽部地域は、かつて
酒造好適米「雄町」の最高品質が収
穫できる地域だったが、昭和40年
代後半、農業の近代化にあわせて栽
培面積が減少してしまった。「雄町」
が幻の米となってしまう危機を救っ
たのが、現在の社長の利守忠義氏で
ある。農家に所得保障をするなど働
きかけて「雄町」の栽培を推進すると、
やがて農協や行政とも一体となり、
現在全国で知られるようになった「赤
磐雄町」を復活させたのだ。さらに
忠義氏は500年前に行われていた大
甕を使用した酒造りに挑戦。500リッ
トルもの大甕で仕込んだ酒は手間暇
をかけた分の豊かな風味と味を生み
出す。「地元の米、水、気候と風土で
醸してこそ、真の地酒」と、利守酒
造の心意気に迷いはない。

# 有限会社 渡辺酒造本店

| 水源 | 高梁川の伏流水 |
|---|---|
| 水質 | 軟水 |

〒712-8002 岡山県倉敷市連島町亀島新田170　TEL.086-444-8045
E-mail: minenohomare@mx8.kct.ne.jp　https://watanabeshuzou.shop/

# 倉敷市連島にある
# 昔ながらの造り酒屋

## 「倉敷純米酒新時代」と銘打ち
## 国内外に自信の酒を知らしめていく

　明治42年（1909）、江戸時代に干拓によって開けた倉敷市連島町亀島新田で創業した渡辺酒造本店。2021年に創業112年を迎え、なまこ壁の酒造、レンガを積み上げた煙突、店頭に下がる酒林（杉玉）など昔ながらの造り酒屋の姿そのままを残している。昭和初期に酒銘を統一し、代表酒銘となった「嶺乃誉」は、富士山の裾野に朝日が昇るがごとく雄大な姿を表すと同時に、商売の繁栄を願って命名されたもの。現在の4代目渡辺英気氏は「多品種、少量化」で原価をかけた良い酒造りを実践している。平成最後の年には新たなる酒造りへの挑戦を開始。「倉敷純米酒新時代」と銘打ち、国内や海外に向けて自信の酒を展開していく。

### 純米大吟醸酒
### 純米大吟醸 夢倉敷39

「渡辺酒造史上最高峰」

「雄町」を39%まで精米し、米と米麹と倉敷に流れ込む清流「高梁川」の伏流水で造った純米大吟醸。

| 純米大吟醸酒 | 1,800ml／720ml／300ml |
|---|---|
| アルコール分 | 16〜17% |
| 原料米 | 雄町 |
| 日本酒度 | − 1.0 |
| 酸度 | 1.8 |

### 純米酒
### 生酛純米酒 夢倉敷60

「自然界の味わいが生きる」

江戸時代伝承の「生酛」造り。辛味・酸味・甘味・苦味・渋味の五味を引き出すコクのある味わい。

| 純米酒 | 1,800ml／720ml／300ml |
|---|---|
| アルコール分 | 15〜16% |
| 原料米 | 朝日 |
| 日本酒度 | ＋3.0 |
| 酸度 | 2.2 |

| 水源 | 蔵内井戸 |
|------|----------|
| 水質 | 軟水 |

# 株式会社今田酒造本店

〒739-2402 広島県東広島市安芸津町三津 3734　TEL.0846-45-0003
E-mail: hon-ten@muf.biglobe.ne.jp　http://www2u.biglobe.ne.jp/~mi-yuki/

# 「百試千改」の志

**純米吟醸酒**

**富久長 純米吟醸 八反草**

「幻の米の味わいを引き出した酒」
最古の在来品種「八反草」を使用。綺
麗な酸と旨みのバランスが絶妙。ス
カッと切れる後口の良さは唯一無二。

| 純米吟醸酒 | 1,800ml / 720ml |
|-----------|------------------|
| アルコール分 | 16% |
| 原料米 | 八反草 |
| 日本酒度 | 非公開 |
| 酸度 | 非公開 |

## 吟醸酒のふるさと安芸津にて美味い酒を造る努力を重ねる

　瀬戸内海に臨む広島杜氏の里、安
芸津町三津に在する今田酒造の創業
は明治元年（1868）。蔵の規模は小
さいが、吟醸造りに徹底して高品質
の日本酒だけを醸す蔵である。地元
広島県産の酒米を主な原料としてお
り、とくに地元最古の在来品種であ
る酒米「八反草」の復活に力を注い
でいる。蔵がある安芸津町は、日本
で初めて軟水での醸造を行ったこと
で「吟醸酒の父」と呼ばれた三浦仙
三郎翁を輩出した土地。三浦翁は広
島杜氏の育成に力を注ぎ、今田酒造
本店の代表銘柄「富久長」も三浦翁
の命名によるものである。三浦仙三
郎翁の座右の銘は「百試千改」。その
情熱と由緒ある酒銘を引き継ぎ、今
田酒造は「広島吟醸」の魅力を世界
へと発信している。

# 金光酒造合資会社

| 水源 | 不明 |
|---|---|
| 水質 | 中硬水 |

〒739-2622 広島県東広島市黒瀬町乃美尾 1364-2　TEL.0823-82-2006
E-mail: info@kamokin.com　https://www.kamokin.com

# こころに残る
# おいしいを求めて

## 真に心を込めた酒造りを行い
## 飲み手に感動と安らぎを与える

　明治13年（1880）創業の蔵元。創業当時は「賀茂の露」「鬼酔」「桜吹雪」など多数のブランドを醸造していたが、時代の流れとともに蔵人の季節雇用が困難になり、平成初期に自動プラントを導入し蔵人を大幅に削減することとなる。その当時、蔵元の息子である金光秀起氏は、自社のものも含めて日本酒が美味いと思ったことがなかったという。だがあるとき、東北のある蔵元の酒を飲んで、思わず「旨い」と言葉がこぼれた。そんな感動を呼ぶ酒を自分の蔵でも造りたいという想いで、社員蔵人による手造り路線へと転換。今は純米酒を中心に高品質な酒を造るため、地元栽培の雄町や広島産の米を80％以上使用し、地域が誇れる酒蔵を目指している。

### 特別純米酒

**賀茂金秀 特別純米**

「フレッシュでしっかりした味わい」

程よい原料米由来の香りに、しっかりした麹のコクと甘み。スッキリしつつ膨らむ旨みが料理を引き立たせる。

| 特別純米酒 | 1,800ml ／ 720ml |
|---|---|
| アルコール分 | 16% |
| 原料米 | 雄町／八反錦 |
| 日本酒度 | ＋3.0 |
| 酸度 | 1.4 |

### 純米吟醸酒

**賀茂金秀 純米吟醸 雄町**

「雄町の魅力100％の純米吟醸」

綺麗な吟醸香と酒米「赤磐雄町」の深い味わいで、さまざまな食との相性抜群。爽やかな酸味で心地よい後味。

| 純米吟醸酒 | 1,800ml ／ 720ml |
|---|---|
| アルコール分 | 16% |
| 原料米 | 雄町 |
| 日本酒度 | ＋3.0 |
| 酸度 | 1.5 |

| 水源 | 中国山地の伏流水 |
|------|----------------|
| 水質 | 軟水 |

# 株式会社小泉本店

〒733-0861 広島県広島市西区草津東 3-3-10　TEL.082-271-4004
E-mail: hon-ten@muf.biglobe.ne.jp　http://www2u.biglobe.ne.jp/~mi-yuki/

# 広島の風土に根ざした
# 180年以上の歴史

### 大吟醸酒
### みゆき小泉 大吟醸
「地元産米で醸した大吟醸」
広島県産の好適米「千本錦」を使用した大吟醸。小泉総理大臣誕生時は、本人にも進呈した。

| 大吟醸酒 | 720ml |
|---------|-------|
| アルコール分 | 16〜17% |
| 原料米 | 千本錦 |
| 日本酒度 | +3.0 |
| 酸度 | 1.5 |

### 本醸造酒
### みゆき 広島特撰
「まろやかな味わい」
豊かな清水と厳選した酒米で仕込み、恵まれた気候と杜氏の技が磨いた逸品。お燗が最適。

| 本醸造酒 | 720ml |
|---------|-------|
| アルコール分 | 15〜16% |
| 日本酒度 | +5.5 |
| 酸度 | 1.5 |

### 嚴島神社の御神酒を造るなど
### 地元の人々から大きな信頼

　小泉本店の創業時期ははっきりしないものの、天保年間（1830年代）にはすでにあったことが記録に残っており、180年以上の歴史をもつ。また、古くから日本三景の一つである宮島・嚴島神社の御神酒を造るなど、広島の風土に根ざした酒造りを行っている。創業当時から「延寿菊」など幾つかの酒銘があったが、明治天皇行幸を記念して「御幸（みゆき）」と命名した。平成19年には構想20年の末に「みゆきギャラリー」（迎賓館兼日本酒文化情報研究館）を完成させ、愛好家を喜ばせている。広島の酒は、きめ細かい、のどごしがよい、コクと旨みがある、飲み飽きしないといった特徴がある。広島地方の人々に味覚を鍛えられ、これからも旨い酒を造り続けていく。

# 西條鶴醸造株式会社

| 水源 | 籠王山伏流水 |
|---|---|
| 水質 | 中硬水 |

〒739-0011 広島県東広島市西条本町9-17　TEL.082-423-2345
E-mail: saijoutsuru4232345@saijotsuru.co.jp　https://saijotsuru.co.jp/

# 口福と幸福を
# 届けたい

## 創業より使っている酒蔵や母屋は
## 国の登録有形文化財に指定

　伊野本市松が明治37年（1904）に創業した西條鶴醸造。地名の「西條」と、めでたい「鶴」を合わせて「西條鶴」と命名。創業より使っている酒蔵や母屋などは平成28年に国の登録有形文化財に指定されている。平成18年秋の酒造りから前杜氏の引退にともない、季節杜氏を廃止、社員での酒造りへ移行した。伝統の広島杜氏の技を受け継ぎ、38歳で杜氏となった宮地充宣と「地酒は慈酒、西條鶴を飲んでくださるお客様に口福と幸福をお届けする」をテーマに日々精進を心がける。宮地杜氏は言う。「私は基本的に型にはまりたくないタイプなので、それをお酒に表現し、どこにもない味わいの酒、それが西條鶴の味になれば」。小さい蔵だが、酒を造る思いは熱い。

### 純米大吟醸酒
**西條鶴 純米大吟醸原酒 神髄**
「酒米の中の酒米千本錦」
香り、旨味、酸味のバランスがよく、一杯で日本酒の醍醐味を味わえる広島を代表する逸品。

| 純米大吟醸酒 | 1,800ml／720ml |
|---|---|
| アルコール分 | 16% |
| 原料米 | 山田錦・千本錦 |
| 日本酒度 | ±0 |
| 酸度 | 2.0 |

### 純米大吟醸酒
**西條鶴純米大吟醸 日々精進酒醸**
「色々な温度帯で楽しめる」
酒米「中生千本錦」を50%まで精米。伝統的に使用している「協会6号・酵母」で醸したプレミアムな日本酒。

| 純米大吟醸酒 | 1,800ml／720ml |
|---|---|
| アルコール分 | 16% |
| 原料米 | 中生新千本 |
| 日本酒度 | − 2.0 |
| 酸度 | 2.1 |

| 水源 | 賀茂川伏流水 |
| 水質 | 中硬水 |

# 中尾醸造株式会社

〒725-0026 広島県竹原市中央5丁目9番14号　TEL.0846-22-2035
E-mail: sake@maboroshi.co.jp　http://www.maboroshi.co.jp

# 美酒追求は
# 蔵人の誠意

### 誠鏡 純米吟醸 雄町

「深みのある雄町の真骨頂」

日本最古の酒造好適米・雄町で醸した。味に最も影響する麹作りに52時間をかけ、深みを引き出した。

| 純米吟醸酒 | 720ml |
| --- | --- |
| アルコール分 | 15.4% |
| 原料米 | 雄町（地元契約農家で無農薬栽培） |
| 日本酒度 | ＋3.0 |
| 酸度 | 1.4 |

### 誠鏡 幻 黒箱 純米大吟醸

「リンゴ酵母による華やかな香り」

洗米から貯蔵まで、全工程に手間をかけた最高峰。リンゴ酵母による芳醇な香りと山田錦の旨み。

| 純米大吟醸酒 | 720ml |
| --- | --- |
| アルコール分 | 16.5% |
| 原料米 | 山田錦 |
| 日本酒度 | ±0 |
| 酸度 | 1.6 |

## 歴史ある酒造りの町で研究の末に生まれた、誠意ある銘酒

平安の昔より、京都・下鴨神社の荘園として栄えた竹原は、日照時間が長い地域。良質の米と賀茂川の伏流水が豊富だったこともあり、早くから酒造りが盛んであった。中尾醸造は明治4年（1871）、廣島屋という屋号で創業。蔵人の誠意を映し出す鏡の意で銘酒「誠鏡」（せいきょう）が生まれた。蔵人の誠意の代表的なものが、独自開発のリンゴ酵母である。四代目当主の中尾清磨が昭和15年（1940）、リンゴの表皮から採取された酵母が発酵時に高い香りを生み出すことを発見。7年後、高温糖化酒母製造法を開発し、その性能を100％活かすことに成功した。酸味とフルーティーな香り、強い発酵力のこの酵母により、中尾醸造の酒は国内外から高い支持を受けている。

# 中野光次郎本店

| | |
|---|---|
| 水源 | 蔵内井戸水 |
| 水質 | 超軟水 |

〒737-0853 広島県呉市吉浦中町 2-7-10 TEL.0823-31-7001
E-mail: suiryu@rapid.ocn.ne.jp http://jizake-suiryu.jp/

# 地元で愛される
# 生粋の地酒

## 中野光次郎の名を継ぐ
## 襲名制に責任と歴史を背負う

　この蔵の創立は明治4年（1871）。当時の吉浦村にいた初代・中野光次郎は、ある夜、吉浦の地に龍が飛び込み、その地からは懇々と酒が湧き溢れる夢を見た。この夢見から、光次郎は吉浦の地に井戸を掘り酒蔵を完成させ、酒の銘柄を「水龍」とした。そして現代、東京農業大学醸造学科を卒業し、西条の国立醸造研究所での勤務の後、蔵に入った若き4代目の中野光次郎は、幼い頃から家業の酒造りと向き合ってきた。地元の "ほとんど顔の見える範囲で出荷している" という蔵の酒は、呉市内だけで約8割を消費する生粋の地酒。水龍中野光次郎本店では、地酒を通して生活に楽しみを届けたいという強い思いで、地元に根差した酒造りを行っている。

吟醸造り本醸造酒原酒
**水龍 原酒 ひや（夏季）**
「五臓六腑に染み渡る味わい」
コクがあって、まったりと旨口。オンザロックで氷が溶け切る前にじっくり楽しむのも良い。

| 吟醸造り本醸造酒原酒 | 1,800ml／720ml |
|---|---|
| アルコール分 | 18～18.9% |
| 原料米 | 国産米 |
| 日本酒度 | － 1.0 |
| 酸度 | 1.5 |

吟醸造り本醸造酒
**水龍 黒松**
「蔵内井水で醸された定番酒」
水龍の定番酒。創業以来変わらない "地酒" を意識した味わいは、日本酒度±0と、さっぱりとした旨口。

| 吟醸造り本醸造酒 | 1,800ml／720ml |
|---|---|
| アルコール分 | 15～15.9% |
| 原料米 | 国産米 |
| 日本酒度 | ±0 |
| 酸度 | 1.2 |

| 水源 | 賀茂川上流伏流水 |
| 水質 | 軟水 |

# 藤井酒造株式会社

〒725-0022 広島県竹原市本町3-4-14　TEL.0846-22-2029
E-mail: info@fujiishuzou.com　http://www.fujiishuzou.com

# 自然との対話で醸し出す
# 伝統の純米酒

### 純米大吟醸酒

### 龍勢 別格品 生酛純米大吟醸

「数量限定の生酛仕込み」
気高く爽やかで透明感のある果実
香が心地よく、口に含むと奥深く
品格ある味わいが広がる最高傑作。

| 純米大吟醸酒 | 1,800ml／720ml |
|---|---|
| アルコール分 | 17% |
| 原料米 | 山田錦 |
| 日本酒度 | ＋11.0 |
| 酸度 | 2.2 |

### 特別純米酒

### 夜の帝王 Forever 特別純米

「純米酒を超えた限界スペック」
純米酒の限界に挑戦した20%を超
える高アルコール酒で、甘みがある
濃醇な味。ロックや水割りでも美味。

| 特別純米酒 | 1,800ml／720ml |
|---|---|
| アルコール分 | 20.5% |
| 原料米 | 山田錦 |
| 日本酒度 | － 8.0 |
| 酸度 | 2.4 |

## 創業当時からの蔵で造る酒は
## 瀬戸内海の魚介類と相性抜群

　藤井酒造は江戸時代の町並みが今
も残る瀬戸内海に面した広島県・竹
原市で文久３年（1863）に創業、現
存も当時のままの蔵で酒造りを行っ
ている。創業銘柄の「龍勢」は、蔵
の裏山「龍頭山」の麓から湧き出る
井戸水から醸し、素晴らしい酒がで
きたことから名づけられた。この「龍
勢」は明治40年（1907）に行われ
た第一回全国清酒品評会で、日本一
の名誉に輝き、広島酒の素晴らしさ
を知らしめた。この快挙は当時、独
自の軟水醸造法を確立した三浦仙三
郎の功績が大きい。藤井酒造が現在
醸しているのは純米酒のみ、中でも
酵母無添加の「伝統生酛」の魅力は
計り知れない。瀬戸内で獲れる魚介
類とともに冷やも良いが燗で飲むと
相性が抜群である。

# 宝剣酒造株式会社

| 水源 | 酒蔵内湧水 |
|------|-----------|
| 水質 | 軟水 |

〒737-0152 広島県呉市仁方本町1丁目11番2号　TEL.0823-79-5080

# 広島に宝剣あり
# 土井鉄也あり

## 広島産「八反錦」を主軸とし
## 杜氏が美味いと思える酒を造る

明治4年（1871）創業の宝剣酒造は、山と海に囲まれた広島県呉市仁方町に蔵を構える造造所。蔵内には野呂山をくぐり、ろ過された伏流水「宝剣名水」が湧く。現在、蔵元杜氏を務めるのは土井家7代目土井鉄也氏。21歳の若さで蔵を継いだ当初は素人同然だったが、酒造家が集まる試飲会で宝剣の評価を思い知り一念発起。現在では唯一無二の広島杜氏として知られている。宝剣酒造では広島県産の酒造好適米「八反錦」が主力だが、これは宝剣酒造も協力した地元呉市による休耕田対策の一環。収穫された八反錦の質は極上で、鉄也氏により「呉未希米」と命名。宝剣酒造ではそれを醸造し「呉未希米 八反錦 純米酒」という銘柄で販売して地域貢献を行っている。

### 純米酒
**純米酒 宝剣**

「幅がある味わいで食事と好相性」
食事と一緒に美味しく飲める酒質を品質目標とした酒。口当たりは穏やかで、全体的に味のバランスがいい。

| 純米酒 | 1,800ml／720ml |
|--------|----------------|
| アルコール分 | 15% |
| 原料米 | 八反錦 |
| 日本酒度 | ＋5.0～＋7.0 |
| 酸度 | 1.5 |

### 純米吟醸酒
**純米吟醸 宝剣 八反錦**

「落ち着いた大人の味わい」
香りを抑えた繊細できれいな米の旨みがある。あと口のキレもよく、わずかな辛さが料理を引き立てる。

| 純米吟醸酒 | 1,800ml／720ml |
|-----------|----------------|
| アルコール分 | 15% |
| 原料米 | 八反錦（呉未希米） |
| 日本酒度 | ＋4.0～＋6.0 |
| 酸度 | 1.5 |

| 水源 | 蔵の裏山 |
|------|---------|
| 水質 | 軟水 |

# 澄川酒造場

〒759-3203 山口県萩市大字中小川611番地　TEL.08387-4-0001

# 色気ある酒
# 「東洋美人」の蔵

### 純米大吟醸酒

**東洋美人 壱番纏 純米大吟醸**

「プーチン大統領も楽しんだ銘酒」

フルーティーで透明感が高く、柔らかな舌触りの酒。後味もすっきり上品。初代蔵元の亡き妻への想いから命名。

| 純米大吟醸酒 | 1,800ml／720ml |
|---|---|
| アルコール分 | 15.8% |
| 原料米 | 山田錦 |
| 日本酒度 | ±0 |
| 酸度 | 1.4 |

### 純米大吟醸酒

**東洋美人 純米大吟醸 プリンセス・ミチコ**

「気品あふれる香りと上品な甘さ」

東京農業大学の花酵母「プリンセス・ミチコ」特有の余韻の長い華やかな香りが特徴の純米大吟醸。

| 純米大吟醸酒 | 720ml |
|---|---|
| アルコール分 | 16% |
| 原料米 | 山田錦／西都の雫 |
| 日本酒度 | −5.0 |
| 酸度 | 1.6 |

**豪雨災害を奇跡的に乗り越え
地域に根差した酒造りを目指す**

今年2021年に100周年を迎える、大正10年（1921）創業の蔵。平成25年7月28日の「萩市東部集中豪雨災害」で、2メートル近い土砂に飲み込まれ壊滅的な被害を受けたが、県内外から多くの支援が集まり、懸命の復旧作業によって奇跡的に酒造りを再開できるようになった。現在の4代目蔵元で杜氏も兼任する澄川宜史氏は、かの「十四代」醸造元高木酒造で修行した若手ナンバーワンの杜氏。彼が醸した「東洋美人」は「稲をくぐり抜けた水」でありたいとの思いから、主に地元萩産、山口県産の酒米を使用し醸造している。また最近では、地元萩の酒蔵6蔵との共同企画商品の発売や、地元高校生の研究への参画など、地域に根差した活動・酒造りを行っている。

297

# 永山酒造合名会社

| 水源 | 厚狭川 |
|---|---|
| 水質 | 硬水 |

〒757-0001 山口県山陽小野田市大字厚狭 367-1　TEL.0836-73-1234
E-mail: nsg@ymg.urban.ne.jp　https://www.yamanosake.com/

# 山口県産酒のブームを
# リードした蔵

## 農家とともに幻の酒米を復活
## 地域の風土に根付いた酒造り

明治20年（1887）創業。蔵がある山口県厚狭地区での酒造りの特徴は、秋吉台から流れてくる厚狭川由来の仕込み水。しっかりした飲み口の酒になる中硬水である。また地域の農家と密接につながり、契約農家栽培で山口の幻の酒米「穀良都」を再生。「山猿」誕生のきっかけとなった。またベテラン杜氏引退に伴い、6代目蔵元の永山源太郎氏が杜氏に就任。県の最年少杜氏として、山口の風土・食文化を活かした酒造りを展開し、山口県新酒鑑評会、全国新酒鑑評会、全米日本酒歓評会などを受賞した。目指す酒質は、山口県の甘い醤油に合う旨味とキレを意識している。甘い醤油に合うため、その応用でデミグラスソースやトマトソースなど洋食との相性もいい。

### 特別純米酒 山猿

「芳醇にして馥郁たる味わい」
山口県産の幻の酒米「穀良都」を使用した純米酒。旨みとキレがあり、幅広い食事の味を引き立てる。

| 特別純米酒 | 1,800ml ／ 720ml |
|---|---|
| アルコール分 | 15～16% |
| 原料米 | 穀良都 |
| 日本酒度 | ＋3.0 |
| 酸度 | 1.7 |

### 純米焼酎 寝太郎 43度

「人呼んで和風ブランデー」
清酒酵母で作ったもろみを減圧蒸留したそのままの焼酎原酒。クリアな飲み口と酵母の豊かな香りが特長。

| 純米焼酎 | 1,800ml ／ 720ml |
|---|---|
| アルコール分 | 43% |
| 原料米 | 国産米 |

| 水源 | 水乃尾山 |
|------|---------|
| 水質 | 硬水 |

# 有限会社堀江酒場

〒740-0724 山口県岩国市錦町広瀬6781番地　TEL.0827-72-2527

# 酒はもっと
# おいしくなる

**Premium 金雀 純米大吟醸**
「世界に誇れる優れた日本酒」
IWCで2年連続世界一の日本酒。フルーツのような華やかさがあり、酸味とキレの均整が取れていると評された。

| 純米大吟醸酒 | 750ml |
|------------|-------|
| アルコール分 | 16～17% |
| 原料米 | 山田錦 |

## 家伝の技法に最新の技術を
## 織り交ぜて世界へと羽ばたく

　江戸中期の明和元年（1764）創業。山口県下で最古となる堀江酒場がある岩国市錦町は、県内最高峰の寂地山をはじめ1,000メートル級の山々が周囲にそびえる、中国山脈の西部に位置する。町の中央を県下最大の清流「錦川」が貫流するこの町は、まさに「山紫水明」の地。良質な水が豊富で昼夜の寒暖差が大きな気候は、酒米作りはもとより酒造りにも最適な土地である。この蔵の主要銘柄「金雀」は、農薬使用を抑え、独自の厳しい基準をクリアした最高ランクの酒米だけを使用した酒。雀が豊作を象徴する神の遣いと崇められていたことで、このように命名されたもの。近年、造り始めた超高級銘柄「Premium 金雀」は、世界的にも高い評価を受けている。

# 中国地方

## 中国地方の食文化

**鳥取**：日本海に接した大きな漁港と砂地を利用した食材が豊富で、ズワイガニの水揚げが多く、夏には天然のイワガキがとれる。海沿いの砂丘や砂地では、ラッキョウやネギ、二十世紀梨など砂地にあった作物が作られている。

**島根**：宍道湖は川の水と海の水が入り混じる湖で、シジミやスズキなど多くの種類の魚介類が採れる。また、日本海側では、ノドグロ、アジやカレイをはじめ、イワノリの産地でもある。民謡「安来節」の「ドジョウすくい踊り」でも知られているように、ドジョウの養殖でも有名である。

**岡山**：温暖な気候で野菜やモモ、ブドウなどの果物作りも盛んで、瀬戸内海で水揚げされる豊富な魚介類を使った「ばらずし」、「ままかり」や「さばずし」がある。カキやノリも養殖されている。

**広島**：広島湾でのカキの養殖が盛んで、タイを一尾つける「タイそうめん」もお祝い膳で伝えられている。また、サメやフカなどの魚を「ワニ」とよんだことから、海から離れた県の北部では、昔は「ワニ料理」として刺身や吸い物など、さまざまな料理にした。

**山口**：江戸時代から栽培されてきたナツミカンが県の特産で、日本海側と瀬戸内海側で水揚げされる多様な魚料理がある。下関、萩や長門では、フグをはじめアジ、ウニやイカが有名で塩漬けのクジラの尾びれの身を熱湯にさらして酢味噌で食べる料理もある。

## 中国地方の郷土料理

## 中国地方の代表的使用酒米

**アケボノ**：農林 12 号と朝日との交配により生まれた飯米。1953 年に東海農業試験場で生まれた古い品種で、主な生産地は岡山であるものの作付面積は非常に少ない。

**朝日（あさひ）**：明治期に京都の日ノ出という品種からの選抜で生まれた旭（京都旭）を、大正期に岡山で品種改良した飯米。その際、朝日（備前朝日）と名付けられた。

**雄町（おまち）**：1859 年、備前国上道郡高島村雄町の岸本甚造が発見した品種・日本草を、1922 年に純系分離して生まれた優秀な酒造好適米。

**神の舞（かんのまい）**：五百万石と美山錦との交配により、島根で開発された酒造好適米。五百万石の弱点である耐冷性と収量性が改良されている。

**強力（ごうりき）**：在来品種から選抜・系統分離を経て 1921 年に鳥取で生まれた酒造好適米。戦後に途絶えたが、昭和末期に中川酒造、山根酒造場らによって復刻された。

**穀良都（こくりょうみやこ）**：1889 年、山口県の伊藤音市が兵庫の在来種・都を品種改良して生まれた酒造好適米。

**佐香錦（さかにしき）**：山田錦に代わる島根県オリジナルの純米吟醸用酒米を目指し、改良八反錦と金紋錦との交配で生まれた酒造好適米。

**千本錦（せんぼんにしき）**：山田錦と中生新千本との交配で生まれた広島オリジナルの酒造好適米。広島の気候風土に適しており、2000 年から奨励品種となった。

**中生新千本（なかてしんせんぼん）**：農林 22 号と隼との交配で生まれた一般品種。交配は愛知で行われたが、甘口仕上げの広島の酒にはかかせない酒米。

**仁多米コシヒカリ（にたまいこしひかり）**：島根県仁多郡奥出雲町の棚田で収穫されるコシヒカリの産地ブランド。食味は魚沼産コシヒカリに匹敵する高評価の良質米とされる。

**八反草（はったんそう）**：八反錦などの酒米のルーツとなった在来種。草丈が高く育成が難しかったため絶滅状態にあったが、2001 年から地元の今田酒造と農家が共同で復刻に成功した。

**八反錦（はったんにしき）**：八反草をルーツとする八反 35 号とアキツホとの交配により、広島で生まれた酒造好適米。

**山田錦（やまだにしき）**：酒米の最高峰にして生産量トップを誇る酒造好適米。山田穂と短稈渡船との交配で生まれた。兵庫県産が全生産量の 6 割を占めるが、全国的に栽培されている。

掲載企業以外にも東京農業大学卒業生が関係している酒蔵

## 中国地方

| | |
|---|---|
| **鳥取県** | 中井酒造株式会社 |
| | 有限会社大岩酒造本店 |
| **島根県** | 株式会社右田本店 |
| **岡山県** | 有限会社田中酒造場 |
| | 赤木酒造株式会社 |
| | 平喜酒造株式会社 |
| **広島県** | 小野酒造株式会社 |
| | 相原酒造株式会社 |
| | 白牡丹酒造株式会社 |
| **山口県** | 株式会社中島屋酒造場 |

## 四国地方

| | |
|---|---|
| **徳島県** | 那賀酒造有限会社 |
| | 花乃春酒造株式会社 |
| | 可楽智酒造株式会社 |
| **愛媛県** | 水口酒造株式会社 |
| | 協和酒造株式会社 |
| | 千代の亀酒造株式会社 |
| | 中城本家酒造合名会社 |
| | 武田酒造株式会社 |
| **高知県** | 有限会社仙頭酒造場 |
| | 土佐鶴酒造株式会社 |

## 九州地方

| | |
|---|---|
| **福岡県** | 株式会社小林酒造本店 |
| | 有限会社白糸酒造 |
| | 株式会社花の露 |
| | 合資会社若竹屋酒造場 |
| | 株式会社いそのさわ |
| **佐賀県** | 合資会社基山商店 |
| | 東鶴酒造株式会社 |
| | 有限会社馬場酒造場 |
| | 五町田酒造株式会社 |
| | 松浦一酒造株式会社 |
| **長崎県** | 重家酒造株式会社 |
| | 壱岐の蔵酒造株式会社 |
| **大分県** | 藤居酒造株式会社 |
| | 佐藤酒造株式会社 |
| | 二階堂酒造有限会社 |
| | 亀の井酒造合資会社 |

各社の都合により掲載は割愛しております。

# 蔵元&銘酒案内

## 四国地方

徳島県・香川県・愛媛県・高知県

川鶴酒造
P307

三芳菊酒造
P306

近藤酒造
P309

司菊酒造
P304

成龍酒造
P312

本家松浦酒造場
P305

桜うづまき酒造
P310

高木酒造
P314

亀泉酒造
P313

石鎚酒造
P308

司牡丹酒造
P315

首藤酒造
P311

# 司菊酒造株式会社

| 水源 | 四国山系竜王山伏流水 |
|------|---------------------|
| 水質 | 軟水 |

〒771-2106 徳島県美馬市美馬町字妙見93　TEL.0883-63-6061
E-mail: tsukasagiku@novil.co.jp http://www.tsukasagiku.co.jp/

# 四国一の清流で醸す
# 徳島の美酒

## 同じ条件で同じ様に造っても、同じ味にはならないから面白い

蔵がある徳島県西部美馬市美馬町は、日本百名山の「剣山」、四国最大の「吉野川」、国内指折りの清流「穴吹川」など、豊かな自然に恵まれた地。鎌倉時代に遡ると「喜来（きらい）」と呼ばれたこの地で、明治29年（1896）に蔵を開き、伝統の技を受け継いだ阿波杜氏が、手間を惜しまない昔ながらの技法で酒を造っている。「毎年同じ条件で同じ様に造っても、同じ味にはならない。だからこそ酒造りは面白く、難しい」。そう語る4代目蔵元杜氏は、気候と素材の状態を見極め、百有余年の時を先人達が刻んだ蔵で酒と対話しながら酒を醸す。原料米は地元産米のみを厳選し、全国的にも数少ない「米と米麹のみで造る蔵」として、純米酒造りを追求している。

### 純米大吟醸酒

**純米大吟醸 きらい 銀（わたしへ、銀）**

「わたしへ、ご褒美のお酒」

清々しく、香り高く、それでいて米の旨みとのバランス良し。一口飲むと思わず笑顔になる優しい酒。

| 純米大吟醸酒 | 720ml |
|------------|-------|
| アルコール分 | 16% |
| 原料米 | 山田錦 |
| 日本酒度 | ＋2.0 |
| 酸度 | 1.4 |

### 特別純米酒

**特別純米酒 貴吹川（あなぶきがわ）**

「貴方のための穴吹川の酒」

杜氏自らが、穴吹川源流から汲んできた水で醸した酒。澄みやかな香り、瑞々しき旨み、香味は清々し。

| 特別純米酒 | 1,800ml／720ml |
|------------|---------------|
| アルコール分 | 15% |
| 原料米 | 吟のさと |
| 日本酒度 | ±0 |
| 酸度 | 1.5 |

| 水源 | 阿讃山脈伏流水 |
|------|------------|
| 水質 | 弱軟水 |

# 株式会社本家松浦酒造場

〒779-0303 徳島県鳴門市大麻町池谷字柳の本19 TEL.088-689-1110
E-mail: shop@shumurie.co.jp https://narutotai.jp/

# 創業より二百余年
# ただ、ひたむきに

**純米大吟醸酒**

### 鳴門鯛 純米大吟醸

「繊細な和食を引き立てる絶品」

純米大吟醸ならではの、果物を彷彿とさせる上品な香り。芳醇な米の旨味ときめ細やかな酸味を味わえる。

| 純米大吟醸酒 | 1,800ml ／ 720ml |
|-----------|-----------------|
| アルコール分 | 16～17% |
| 原料米 | 山田錦 |
| 日本酒度 | ＋2.5 |

**純米大吟醸酒**

### ナルトタイ Onto the table

「冷やしてワイングラスで楽しむ酒」

熟れたバナナを連想させる芳醇な香りで旨口タイプの酒質。少し冷やすとシャープさも加わり味わいが増す。

| 純米大吟醸酒 | 720ml ／ 180ml |
|-----------|----------------|
| アルコール分 | 15～16% |
| 原料米 | 徳島県産米 |
| 日本酒度 | － 1.0 |

## 地元・徳島の発展に貢献しつつ
## 酒と酒文化を世界へ届ける

文化元年（1804）、2代目・松浦直蔵由往により創業。以来、同じ土地で醸造を続けている。この蔵の主力ブランド「鳴門鯛」は、明治19年（1886）時の県令・酒井明氏と5代目蔵主・松浦九平によって、魚族の王、鯛の如く端麗優雅であるようにとの想いを込めて名付けられた。現在の酒造りの体制は、酒米は全量徳島県産米、仕込み水は地元の水を使用、そして職人は徳島県人という、名実ともに徳島の地酒を醸している。また、毎月「KuraKura たちきゅう」という地元民が集う語らいの場のようなイベントを開催。さらには日本酒好きな顧客のため、酒蔵を核とした観光化をも目指し、地域の神社・寺・企業とも連携して未来を見据えた取り組みを行っている。

# 三芳菊酒造株式会社

| 水源 | 吉野川伏流水 |
|------|------------|
| 水質 | 軟水 |

〒778-0003 徳島県三好市池田町サラダ1661　TEL.0883-72-0053
https://miyoshikiku.shop/

# 地元の水、地元の米
# 地元の酵母

## 日本三大河川の吉野川上流は
## 酒造りに最適の寒冷地

　三芳菊酒造がある阿波池田は、日本三大河川の一つ吉野川の上流で、北は阿讃の山波、南は剣山山系四国山脈の連峰に抱かれた、酒造りに最適の寒冷地だ。仕込み水はその吉野川伏流水の湧水を、酒米は地元農家の協力により、山田錦、雄町、五百万石など、徳島県産を使用している。目指すのは水と米の旨みのある酒だ。また、地元の池田高校では授業に発酵コースがあり、三芳菊酒造では毎年高校生を招いて酒造りを行って12年になる。大人になって飲む三芳菊酒造の酒はどんな味がするのだろうか、理想の地酒がここにある。「およそ日本酒らしくないラベル」の数々が、「三芳菊ネットショップ」で楽しめる。

### 純米大吟醸酒
### 三芳菊 純米大吟醸 綾音
「山田錦を50%磨いたキレ」
徳島県との共同開発による徳島酵母の使用でフルーティーな酸のある味わいと香り。

| 純米大吟醸酒 | 720ml |
|------------|-------|
| アルコール分 | 16% |
| 原料米 | 山田錦 |
| 日本酒度 | +5.0 |
| 酸度 | 1.6 |

### 純米吟醸酒
### 三芳菊 純米吟醸 織絵
「無濾過原酒火入れ」
口に含んだ時の酸味や辛み・苦味、後味にやわらかさがある個性的な味わい。

| 純米吟醸酒 | 720ml |
|----------|-------|
| アルコール分 | 15% |
| 原料米 | 山田錦 |
| 日本酒度 | 非公開 |
| 酸度 | 非公開 |

| 水源 | 財田川伏流水 |
|------|------------|
| 水質 | 中硬水 |

# 川鶴酒造株式会社

〒768-0022香川県観音寺市本大町836 TEL.0875-25-0001
E-mail: kura@kawatsuru.com https://kawatsuru.com/

# 川の流れの如く
# 素直な気持ちで

### 特別純米酒

### 川鶴 特別純米酒 オオセト

「酒米オオセトを旨く飲む酒」
メロンのような甘い香りと、しっかりした旨みと甘み。キレがよくどんな料理にも合わせやすい酒。

| 特別純米酒 | 1,800ml／720ml |
|-----------|------------------|
| アルコール分 | 16% |
| 原料米 | オオセト／山田錦 |
| 日本酒度 | ±0 |
| 酸度 | 1.8 |

### 大吟醸酒

### 川鶴 大吟醸 吉祥翔鶴

「天高く羽ばたく川鶴の姿」
40%まで研いだ山田錦を、蛍が来る自家湧水で仕込んだ大吟醸。上品でふくらみのある味わい。

| 大吟醸酒 | 1,800ml／720ml |
|---------|------------------|
| アルコール分 | 17% |
| 原料米 | 山田錦 |
| 日本酒度 | +4.5 |
| 酸度 | 1.3〜1.4 |

## 原料米それぞれの個性的な味と明日への活力を引き出す酒

　明治24年（1891）創業以来、「川の流れの如く、素直な気持ちで呑み手に感動を」の精神を脈々と引き継いでいる川鶴酒造は、四国の香川県にある。讃岐平野の水田地帯で原料となる酒米が収穫され、ホタルが飛び交う財田川の伏流水を仕込水として醸した「川鶴」は、芳醇で旨味が最大限に引き出され、力強くて爽やか、そして奥深く心地よい余韻が楽しめる。原料米は地元讃岐産の「オオセト」や「さぬきよいまい」、契約栽培米の「山田錦」などを使用し、それぞれの個性的な味を引き出している。ただ日本酒を醸すだけではなく、お酒とともに食する食材の生産者、調理する料理人など、酒に関わるすべての人々の努力に報いるため、全力で酒造りに取り組んでいる。

309

# 石鎚酒造株式会社

| 水源 | 石鎚山系伏流水 |
|---|---|
| 水質 | 軟水 |

〒793-0073 愛媛県西条市氷見丙402-3 TEL.0897-57-8000
E-mail: sake@ishizuchi.co.jp　https://www.ishizuchi.co.jp

# 食中に活きる酒造り

## 大型の仕込みではできない
## 手造りだからこそ伝わる情熱

　石鎚酒造の創業は大正9年(1920)。平成11年に杜氏制を廃止して、蔵元家族中心での酒造りへと体制を変えた。この石鎚酒造が目標とするのは「食中に活きる酒造り」。蔵内のスローガンは、「石鎚を愛して頂くお客様の為に造る」だ。純米酒、純米吟醸酒を中心に、「3杯目から旨くなる酒」を目指している。酒蔵が位置する愛媛県西条市は、西日本最高峰「石鎚山」のふところで名水の町として呼び声の高い地。酒造りの仕込み水にも、もちろんこの石鎚山系の清冽な水を使用している。また西条・周桑平野の穀倉地帯を控えており、酒造りに非常に適した気候、風土の中にある。大型の仕込みではできない手造りの酒で、蔵元の姿勢と情熱を酒に表現している。

### 純米吟醸酒
**石鎚 純米吟醸 緑ラベル**
「IWC 2018でSilver受賞の名酒」
スタンダードな蔵イチ推しのお酒。穏やかながら凛とした気品漂う食中酒で淡麗辛口の味わい。冷やか常温で。

| 純米吟醸酒 | 1,800ml ／ 720ml |
|---|---|
| アルコール分 | 16% |
| 原料米 | 山田錦 |
| 日本酒度 | +4.0 |
| 酸度 | 1.6 |

### 純米吟醸酒
**石鎚 純米吟醸 山田錦50**
「ANAファーストクラス提供酒」
日本酒「石鎚」シリーズの人気銘柄。淡麗辛口で、山田錦独特の気品高く幅のある深い味わいが楽しめる。

| 純米吟醸酒 | 1,800ml ／ 720ml |
|---|---|
| アルコール分 | 16% |
| 原料米 | 山田錦 |
| 日本酒度 | +4.0 |
| 酸度 | 1.6 |

| | |
|---|---|
| 水源 | 地下水 |
| 水質 | 軟水 |

# 近藤酒造株式会社

〒792-0802 愛媛県新居浜市新須賀町1-11-46 TEL.0897-33-1177
E-mail: info@kondousyuzou.com  https://www.kondousyuzou.com/

# 愛媛県新居浜で
# 唯一地酒を醸す

純米酒

### 華姫桜 純米酒

「冷酒で良し、少し温めの御燗も」

新居浜産の酒米、松山三井を
100%使用した純米酒。米の旨み
がのったすっきりした味わい。

| 純米酒 | 1,800ml |
|---|---|
| アルコール分 | 15～16% |
| 原料米 | 松山三井 |
| 日本酒度 | ＋2.0 |
| 酸度 | 1.3 |

大吟醸酒

### 華姫桜 大吟醸酒

「すっきりとした喉ごし」

山田錦を40%まで磨き上げ、限定
給水の原料処理・吟醸酒用麹造り・
長期低温発酵による吟醸酒。

| 大吟醸酒 | 1,800ml |
|---|---|
| アルコール分 | 15～16% |
| 原料米 | 山田錦 |
| 日本酒度 | ＋3.0 |
| 酸度 | 1.2 |

## 地元の「太鼓祭り」の力水
## 銘柄「華姫桜」は2度の金賞

近藤酒造は、愛媛県新居浜市に唯
一残る明治11年（1878）創業の
小さな蔵元。地下110メートルの深
井戸から汲み上げた柔らかな軟水と、
新居浜市内の契約農家が生産する地
元産米の松山三井を中心に新居浜唯
一の地酒を醸している。新年には献
酒祭を開いて地元の方々にふるまい
酒などのイベントを開催。毎年、小
学生の蔵見学による勉強会、中学校、
高校にはサマースクールなどセミ
ナーを開いている。代表の近藤嘉郎
氏は、2018年から新居浜市観光協
会の会長に就任し、地元メディアで
PR活動を積極的に行っている。銘柄
「華姫桜」は年一回開催される太鼓祭
りで力水として欠かせない逸品。こ
れまでに全国新酒鑑評会では2度の
金賞、3度の入賞に輝いている。

# 桜うづまき酒造株式会社

| 水源 | 高輪山系伏流水 |
|---|---|
| 水質 | 軟水 |

〒799-2424 愛媛県松山市八反地甲71番地　TEL.089-992-1011
E-mail: uzumaki@mocha.ocn.ne.jp　https://www.sakurauzumaki.com

# 酒造りは
# 天と地と人の恵み

## 桜の名所と愛読していた新聞小説から
## 社名「桜うづまき」とされた

　国津比古命神社の宮司を起源に持つ篠原家が酒造業を始めたのが明治4年（1871）。現社名の桜うづまき酒造には昭和26年（1951）に変更された。「桜うづまき」という社名は、所有していた山林の八竹山が桜の名所であったこと。また、3代目が愛読していた新聞小説が「うづまき」だったことから使用されるようになった。酒蔵があるのは愛媛県のちょうど中心部に位置する松山市北部。立岩川の伏流水と高縄山の地下水が合流するという、酒造りに適した水に恵まれている。「酒は天と地と人の恵みによりできあがる」という信念を大切にし、与えられた環境に感謝の気持ちを忘れずに酒造りに励んでいる。

### 大吟醸酒

**大吟醸 坂の上の雲**
「最高級の日本酒」
地元立岩地区の提携農家により大切に育てられた愛媛県産山田錦を35%精白で使用した大吟醸。

| 大吟醸酒 | 720ml |
|---|---|
| アルコール分 | 17% |
| 原料米 | 山田錦 |
| 日本酒度 | ＋5.0 |
| 酸度 | 1.2 |

### 純米大吟醸酒

**咲くら 純米大吟醸**
「無濾過、無加熱で瓶詰め」
48%精白の山田錦を使用した純米大吟醸を無濾過、無加熱でそのまま瓶詰めした風味豊かなお酒。

| 純米大吟醸酒 | 1,800ml／720ml |
|---|---|
| アルコール分 | 16% |
| 原料米 | 山田錦 |
| 日本酒度 | ＋4.0 |
| 酸度 | 1.4 |

| 水源 | 石鎚山系伏流水 |
|---|---|
| 水質 | 軟水 |

# 首藤酒造株式会社

〒799-1106 愛媛県西条市小松町大頭甲 312-2　TEL.0898-72-2720
E-mail: suto@sukigokoro.co.jp http://sukigokoro.co.jp/

# 阿吽の呼吸の
# 兄弟仕込み

### 寿喜心 しずく媛 純米吟醸

「柔らかく果実のようにジューシー」

フルーティーで上品な香りで、アルコール度数のわりにやや甘口。酸味を抑え、味わい深く柔らかい仕上がりの酒。

| 純米吟醸酒 | 1,800ml／720ml |
|---|---|
| アルコール分 | 15% |
| 原料米 | しずく媛 |

### 寿喜心 雄町 純米吟醸

「甘味と酸味の絶妙なバランス」

口に含んだ瞬間は柔らかく、米の酸味と甘みがうまく融合してしっかりした仕上がり。寿喜心イチ押しの品。

| 純米吟醸酒 | 1,800ml／720ml |
|---|---|
| アルコール分 | 16% |
| 原料米 | 雄町 |

## 和気あいあいとした雰囲気でも
## 一切の妥協を許さぬ兄弟蔵

明治34年（1901）に創業した首藤酒造は、兄弟3人で酒造りに勤しむ蔵。西日本最高峰となる霊峰石鎚山の麓，伊予西条市に蔵を構え、蔵内の井戸から湧く石鎚山系の名水を使い、代表銘柄の「寿喜心（すきごころ）」を丁寧に仕込んでいる。首藤酒造の造りは「添」「仲」「留」の三段仕込みだが、通常の蔵ならば複数の樽ごとに効率よくそれぞれの行程を進めていくところを、この蔵では一品種の仕込みを終えてから、あらためて次の樽の仕込みを始めるようにしている。それもひとえに愛情をかけて見守りながら、地元に愛され自慢に思えるような美味しい酒を造りたいという気持ちから。地元に根付いた郷土料理と相性のいい酒を、今も目指し研鑽を積んでいる。

# 成龍酒造株式会社

| 水源 | 石鎚山系伏流水 |
|---|---|
| 水質 | 弱軟水 |

〒799-1371 愛媛県西条市周布1301-1　TEL.0898-68-8566
E-mail: info@seiryosyuzo.com　http://www.seiryosyuzo.com

# 酒を醸すということは
# 人の心を醸すこと

## 蔵人たちのチームワークで
## 昔ながらの製法にこだわる酒蔵

　明治10年（1877）の創業以来「酒は夢と心で造るもの」をモットーに成龍酒造は多くの人の手によって歴史の渦の中で生き抜いてきた。日々時代は流れ、文明は進化してゆく。しかしその陰で、先代が築き上げてきた文化が少しずつ失われつつある現代。「過去があるから今があり、今があるから未来もある」との想いで、杜氏以下4名でしっかりとしたチームワークを組み、酒造りに邁進。昔ながらの手作業を多く取り入れた醸造スタイルで、毎日の気温を見ながら、その年収穫されたお米で毎年最高の酒を造る事だけを考え、夢と心で酒を醸している。春と秋には蔵開き（入場無料）が開催され、春は新酒・秋は熟成酒を楽しむことができる。

### 純米大吟醸酒

**伊予賀儀屋 無濾過 純米大吟醸 緑ラベル**

「冷酒でもぬる燗でも楽しめる」

味とコクの両面から追求を重ね、純米酒を好む人への最上級品に仕上がった、ちょっと贅沢なお酒。

| 純米大吟醸酒 | 1,800ml |
|---|---|
| アルコール分 | 16～17% |
| 原料米 | しずく媛 |
| 日本酒度 | ＋5.0 |
| 酸度 | 1.6 |

### 大吟醸酒

**清酒 御代栄 大吟醸**

「お祝い事などの贈答用に」

贈答品として一番人気の大吟醸。高い芳香と喉越しのキレ、そしてコクのある味わいのバランスが自慢。

| 大吟醸酒 | 1,800ml |
|---|---|
| アルコール分 | 15～16% |
| 原料米 | 山田錦 |
| 日本酒度 | ＋5.0 |
| 酸度 | 1.3 |

| 水源 | 製造場地下水 |
|---|---|
| 水質 | 軟水 |

# 亀泉酒造株式会社

〒781-1142 高知県土佐市出間 2123-1　TEL.088-854-0811
E-mail: contact@kameizumi.co.jp

# 酒豪の県民が支持する
# 南国土佐の酒

**亀泉 特別純米**

「飽きの来ない土佐の辛口」

甘み、酸味、苦み、旨みのバランスがよく、品のよい辛口で飲み飽きない万人向けの純米酒。

| 特別純米酒 | 1,800ml |
|---|---|
| アルコール分 | 15% |
| 原料米 | 高知産土佐錦 |
| 日本酒度 | ＋5.0〜＋7.0 |
| 酸度 | 1.4〜1.5 |

**亀泉 純米吟醸 生原酒 CEL-24**

「香り高い白ワインのような味」

酸味と甘みが絶妙のバランスでフルーティーな生原酒。日本酒が苦手な人や女性にもおススメ。

| 純米吟醸酒 | 720ml |
|---|---|
| アルコール分 | 14% |
| 原料米 | 広島産八反錦 |
| 日本酒度 | −5.0〜−16.0 |
| 酸度 | 1.5〜2.2 |

## 先人から受け継ぐ心と技術
## 高知県産の米と水で醸す酒

　亀泉酒造が蔵を構えるのは、海の幸と山の幸に恵まれた、清流仁淀川の河口に開ける土佐市。近くを通る宿毛街道の脇に湧き出る清水はどんな旱魃（かんばつ）にも涸れることがなく、「万年の泉」と呼ばれており、その水を仕込水に使ったことに因んで「亀泉」と名付けられた。明治30年（1897）、11人の同志によって「ふもと酒店」として発足。以来、「亀泉」を守り続け、高知県産の米、酵母、水にこだわった酒造りを目指し、バラエティーに富んだ酒を醸して現在に至る。南国土佐という、日本酒製造の難しい南国の温暖な地で、長年に渡り高い製造技術を培ってきた情熱は、創業者たちの「自分たちの飲む酒は自分たちで造ろう」という思いを受け継いでいる。

# 高木酒造株式会社

| 水源 | 物部川水系 |
|------|-----------|
| 水質 | 中軟水 |

〒781-5510 高知県香南市赤岡町 443　TEL.0887-55-1800
E-mail: takagi@toyonoume.com　https://toyonoume.com/

# 高知の魅力満載の
# 土佐体感地酒

## 高知酵母と高知県産酒米で
## 高知100%の最高の酒を目指す

　高知市から東へ約20kmに位置する、かつて商人の町として栄えた赤岡町。小さいながら「どろめ祭り」や「絵金祭り」など全国規模の祭りを抱え、観光と町おこしを頑張っているユニークな町だ。この町で明治17年（1884）に創業した高木酒造は、地元とともに歩んできた酒蔵で、例えば4月のどろめ祭りで大杯に注がれる淡麗辛口の「豊能梅」も、高木酒造の伝統的な酒のひとつ。酒どころ高知県では高知オリジナル酵母の育種や、高知県産酒造好適米の育種に力を入れており、酒米でいえば「吟の夢」「土佐麗」といった成果が上がっている。高木酒造でもそれら高知県産にこだわった酒造りを続け、100%高知素材で洗練された最高の酒を醸すことを目標としている。

### 純米大吟醸酒

**豊能梅 純米大吟醸 龍奏**

「ワイングラスで香りをより楽しむ」
青りんご系の香りと米の旨みが楽しめる。米のほろ苦さがアクセント。「龍奏」の名の由来は酒蔵を襲った竜巻。

| 純米大吟醸酒 | 1,800ml／720ml |
|------|------|
| アルコール分 | 16% |
| 原料米 | 吟の夢 |
| 日本酒度 | － 1.0 |
| 酸度 | 1.8 |

### 特別純米酒

**土佐金蔵 特別純米酒**

「高知県産『土佐麗』の味の冴え」
軽やかなバナナ系の吟醸香とクリアな味わい、キレのある酸が特徴。冷やとぬる燗それぞれ違う味が楽しめる。

| 特別純米酒 | 1,800ml／720ml |
|------|------|
| アルコール分 | 15% |
| 原料米 | 土佐麗 |
| 日本酒度 | ＋3.0 |
| 酸度 | 2.0 |

| 水源 | 仁淀川水系 |
|------|-----------|
| 水質 | 軟水 |

# 司牡丹酒造株式会社

〒789-1201 高知県高岡郡佐川町甲1299 TEL.0889-22-1211
E-mail: ainet@tsukasabotan.co.jp http://www.tsukasabotan.co.jp/

# 百花の王・牡丹の
# 司たるべし

### 特別純米酒

### 司牡丹 純米 船中八策

「どんな料理も引き立てる力」

上品でナチュラルな香りとなめらか
に膨らむ味わい、そして潔いほど抜
群のキレを誇る完成度の高い食中酒。

| 特別純米酒 | 1,800ml／720ml |
|------------|----------------|
| アルコール分 | 15.4% |
| 原料米 | 山田錦ほか |
| 日本酒度 | ＋8.0 |
| 酸度 | 1.4 |

### 大吟醸酒

### 司牡丹 大吟醸 黒金屋

「口中に至高の調和をもたらす酒」

最高ランクの大吟醸の、最高の部分
のみを抜き取った究極の大吟醸。華
やかな吟醸香と比類無きまろやかさ。

| 大吟醸酒 | 720ml |
|----------|-------|
| アルコール分 | 17.8% |
| 原料米 | 山田錦 |
| 日本酒度 | ＋2.0 |
| 酸度 | 1.2 |

## 土佐に根付いて400年余り
## 酒の王たるべしと技を尽くす

　土佐・佐川の地での酒造りは、慶
長8年(1603)に土佐24万石を賜っ
た山内一豊と家臣たちが、酒屋を含
む商家を伴ったのが始まり。そして
大正7年（1918）、株式会社設立の
際に、佐川出身の維新志士・田中光
顕伯爵によって「牡丹は百花の王、
さらに牡丹の中の司たるべし」と、「司
牡丹」が命名された。現在の司牡丹
酒造では、環境に負荷を与えない「永
田農法」で栽培した「山田錦」など
を酒米に、仁淀川水系の湧水を仕込
み水に使用している。四国山脈の連
峰を源とする仁淀川は、「日本最後の
清流」として有名な四万十川を凌駕
する水の透明度を誇り、「日本一水の
きれいな川」とも言われている。そ
の水が、古くから酒造りの町として
佐川が栄えた要因となっている。

# 四国地方

## 四国地方の食文化

徳島：温暖な平野が広がるためスダチとユズの有数な生産地。沿岸部では一年を通してワカメやノリが採れ、瀬戸内海ではタイやカニ、エビなどの海産物が豊富に採れ、吉野川のアユ料理や甘味が強いサツマイモの「鳴門金時」が和三盆とともに和菓子などにも使われている。

香川：温暖で雨が少ない気候で、小豆島ではオリーブの栽培が盛んである。また、平野では小麦がよく採れたことから「讃岐」で作られたうどんとして「讃岐うどん」が知られている。日本で始めてハマチの養殖に成功した県で、「出世魚」としてお祝いの膳でも食べられる。

愛媛：山地と平野で特徴のある気候を利用して、瀬戸内海に面した段々畑ではミカンの栽培が盛んで、伝統野菜の栽培やキウイも生産されている。また、漁業が盛んでサバやタイなどの料理の他にも、小魚をまるごとすり身にして揚げた「じゃこ天」や、佐田岬での岬アジ、岬サバの一本釣りが知られている。

高知：山地がつらなり土佐湾沿いの平野と黒潮による暖かい気候を利用して、ナス、ショウガ、ユズ、ブンタンなどの多くの農作物が作られている。カツオ漁が盛んで、カツオ料理が多く、鰹節を作るときにあまった内臓を半年ほど塩漬けにして酒やみりんで味付けをした「酒盗」もこの地域の郷土料理である。四万十川などの清流が多く、アユの焼き物などの料理がある。

## 四国地方の郷土料理

## 四国地方の代表的使用酒米

**オオセト**：香川県の在来品種で、一般米（飯米）に分類される。ただし生産年によって米の力が違い、高い醸造適性を示すこともある。

**雄町（おまち）**：1859年、備前国上道郡高島村雄町の岸本甚造が発見した品種・日本草を、1922年に純系分離して生まれた優秀な酒造好適米。

**しずく媛（しずくひめ）**：愛媛県で初めて開発された酒造好適米で、2010年に品種登録された。酒造向けの一般米・松山三井を、カルス培養という手法で突然変異させて生み出された。

**土佐錦（とさにしき）**：中国55号と中系419との交配で生み出された品種。当初、飯米として検討されていたが、高知独自の酒米をとの声に応え、酒造適性試験を経て開発された。

**八反錦（はったんにしき）**：八反草をルーツとする八反35号とアキツホとの交配により、広島で生まれた酒造好適米。

**松山三井（まつやまみい）**：近畿25号と大分三井120号との交配で生まれた品種。飯米としては1990年代に一時衰退したが、大粒で砕けにくく端麗辛口の酒造りに向いている酒米として復権を果たした。

**山田錦（やまだにしき）**：酒米の最高峰にして生産量トップを誇る酒造好適米。山田穂と短稈渡船との交配で生まれた。兵庫県産が全生産量の6割を占めるが、全国的に栽培されている。

# 九州地方

福岡県・佐賀県・長崎県・熊本県・大分県・宮崎県・鹿児島県

石蔵酒造
P321

天吹酒造
P325

森酒造場
P333

小柳酒造
P327

福田酒造
P332

天山酒造
P328

幸姫酒造
P326

窓乃梅酒造
P329

大和酒造
P330

あい娘酒造
P331

吉田屋
P334

亀萬酒造
P335

旭菊酒造
P320

三和酒類
P342

小松酒造場
P341

中野酒造
P343

八鹿酒造
P345

クンチョウ酒造
P340

ぶんご銘醸
P344

比翼鶴酒造
P323

河津酒造
P336

杜の蔵
P324

高橋商店
P322

千代の園酒造
P338

瑞鷹酒造
P337

通潤酒造
P339

# 旭菊酒造株式会社

| 水源 | 筑後川水系 |
|---|---|
| 水質 | 軟水 |

〒830-0115 福岡県久留米市三潴町壱町原403　TEL.0942-64-2003
E-mail: asa2003@ruby.ocn.ne.jp　https://www.asahikiku.jp/

# 酒は純米、
# 燗ならなおよし

## 流行に左右されないよう
## 米の旨みにこだわる酒造り

　福岡県久留米市は昔から米を久しく留める地域として、筑後川の水・筑後平野の米、水運に恵まれ昔から酒蔵の多い地域だった。また久留米の中でも城島地区は、灘・伏見と合わせて日本三大酒処とされている。旭菊酒造の初代がこの城島地区で創業したのは、19世紀最後の年となる明治33年（1900）。朝日のように勢いのあるキレのよい酒をと願い、酒名を「旭菊」と命名した。時代の変化や流行に左右されない、米の旨みにこだわった酒造りを目標とし、平成6年からは無農薬山田錦での酒造りにも取り組んでいる。また毎年2月には城島酒蔵びらきを同地区8蔵で開催し、近年では来場者が11万人を超え、西日本における日本酒の一大イベントとなっている。

### 特別純米酒
### 旭菊・綾花 特別純米 瓶囲い
「舌の上でふんわり花開く繊細さ」
芳醇な香りと、優しい味わいが特徴の特別純米。瓶詰貯蔵で山田錦特有の旨味と柔らかなコクを持つ。

| 特別純米酒 | 1,800ml／720ml |
|---|---|
| アルコール分 | 15% |
| 原料米 | 山田錦 |
| 日本酒度 | ＋5.0 |
| 酸度 | 1.4 |

### 特別純米酒
### 旭菊・大地 特別純米酒
「米と酵母の味わいがマッチした酒」
福岡県糸島地区で契約栽培した無農薬・山田錦だけで醸した酒。自然の旨みと酸味が調和した深みある味わい。

| 特別純米酒 | 1,800ml／720ml |
|---|---|
| アルコール分 | 15% |
| 原料米 | 山田錦 |
| 日本酒度 | ＋5.0 |
| 酸度 | 1.6 |

| 水源 | 千代の松原水 |
| 水質 | 軟水 |

# 石蔵酒造株式会社

〒812-0043 福岡県福岡市博多区堅粕1-30-1 TEL.092-651-1986
E-mail: info@ishikura-shuzou.co.jp https://www.ishikura-shuzou.co.jp

# 博多で唯一の造り酒屋
# 愛称は「博多百年蔵」

純米大吟醸酒

### 純米大吟醸 百年蔵

「大吟醸酒ならではの香り」

福岡県糸島市産の山田錦を贅沢に使い、長期低温発酵で醸造した純米大吟醸酒。ギフトにも最適。

| 純米大吟醸酒 | 1,800ml／720ml |
| --- | --- |
| アルコール分 | 16% |
| 原料米 | 山田錦 |
| 日本酒度 | −1.0 |
| 酸度 | 非公開 |

スパークリング

### スパークリング清酒 あわゆら

「披露宴の乾杯酒としても」

「ふくおか夢酵母」による醸造で誕生したスパークリング清酒。アルコール分は7度と通常の日本酒の半分程度。

| スパークリング | 250ml |
| --- | --- |
| アルコール分 | 7% |
| 原料米 | 福岡県産米 |
| 日本酒度 | −85.0 |
| 酸度 | 非公開 |

## めずらしい通年醸造で
## いつでも新鮮な生酒を楽しめる

　明治以来、150年に亘ってその趣を受け継いできた石蔵酒造は、近年博多っ子から「博多百年蔵」の愛称で呼ばれることが多い。2020年に築150年を迎えた昔ながらの白壁土蔵に赤茶色の煉瓦の煙突、そして軒先に造り酒屋の象徴・酒林を掲げた佇まい。平成23年には国の登録有形文化財に登録された。酒蔵は酒造りだけでなく、オープンな交流の場として披露宴、パーティ、コンサート、文化活動など幅広く活用されている。石蔵酒造の日本酒のイメージは「フレッシュ」。酒蔵としてはめずらしい通年醸造のため、いつでも搾りたての生酒を楽しむことができるからだ。博多で唯一の造り酒屋はこれからも博多っ子に愛され、美味しい酒を造り続ける。

# 株式会社高橋商店

| 水源 | 矢部川 |
|------|--------|
| 水質 | 中硬水 |

〒834-0031 福岡県八女市本町 2-22-1 TEL.0943-23-5101
E-mail: info@shigemasu.co.jp  http://www.shigemasu.co.jp

# 米どころ八女
# 300年の伝統

## 若き蔵人を育成することで
## 継承の技を守り、研鑽を重ねる

「繁桝」の銘柄で親しまれている高橋商店は、享保2年（1717）創業で300年以上の歴史を刻み続ける蔵元。八女・筑後地方を中心に地元の人々に広く愛され、辛口にこだわった日本酒を醸すのが蔵の伝統である。仕込みに使用する矢部川の伏流水は、カリウム、リン酸、マグネシウムを適度に含んだ中硬水で辛口に適している。また酒米には福岡県産米にこだわり、山田錦・雄町・吟の里・夢一献といった酒造好適米を使用。伝統ある銘酒を守り続けるため、効率化だけを求めるのではなく、昔ながらの木製の麹室など環境を整えながら、研ぎ澄まされた感性を持つ若き蔵人たちを育成。若手を育てることで、蔵全体の技をさらに高いステージへ押し上げている。

### 大吟醸酒
### 大吟醸 箱入娘
「愛娘のように大事に育てた酒」
大吟醸特有のフルーティーな吟醸香、上品な味わいとキレのよさが、福岡の淡白でさっぱりとした刺身に合う。

| 大吟醸酒 | 1,800ml ／ 720ml |
|----------|------------------|
| アルコール分 | 16% |
| 原料米 | 山田錦 |
| 日本酒度 | ＋4.0 ～ 5.0 |
| 酸度 | 1.2 ～ 1.3 |

### 特別純米酒
### 繁桝 クラシック 特別純米酒
「やや辛口でふくよかな旨み」
米の旨みとともに高めの酸が特徴。45度くらいの上燗にすると甘みが強くなり、酸とのバランスが絶妙。

| 特別純米酒 | 1,800ml ／ 720ml |
|------------|------------------|
| アルコール分 | 16% |
| 原料米 | 夢一献 |
| 日本酒度 | ＋1.0 ～ 2.0 |
| 酸度 | 1.4 ～ 1.5 |

| 水源 | 筑後川水系 |
|---|---|
| 水質 | 軟水 |

# 比翼鶴酒造株式会社

〒830-0204 福岡県久留米市城島町内野 466-1　TEL.0942-62-2171
E-mail: info@hiyokutsuru.co.jp　https://www.hiyokutsuru.co.jp/

# しあわせの酒
# 比翼鶴

## 本醸造酒

### 上撰 比翼鶴

「がめ煮とよく合う晩酌向きの酒」
比翼鶴の代表銘柄で、飲み飽きしない優しい口当たりの酒。しっかりした酒質で、冷やでも燗でも美味しい。

| 本醸造酒 | 1,800ml／720ml |
|---|---|
| アルコール分 | 15% |
| 原料米 | 国産米 |
| 日本酒度 | ＋2.0 |
| 酸度 | 1.5 |

## 特別純米酒

### 特別純米 耶馬寒梅

「醤油味と相性抜群の特別純米酒」
しっかりした味わいで後味がよく、料理を引き立てる食中酒として人気が高い。キレの良さは揚げ物とも好相性。

| 特別純米酒 | 1,800ml／720ml |
|---|---|
| アルコール分 | 15% |
| 原料米 | 国産米 |
| 日本酒度 | ±0 |
| 酸度 | 1.8 |

## 仲睦まじい比翼の鳥のように
## 飲み手の心にそっと寄り添う酒

　福岡県久留米市に蔵を構える比翼鶴酒造は、明治28年（1895）の創業。当時の社名は「二宮銘酒醸造部」で、「比翼鶴」は酒銘としてのみ使用されていたが、大正8年（1919）に株式会社となった際、社名も合わせて「比翼鶴酒造」とした。「比翼鶴」の由来は、蔵元の先祖である蒲地家に鎌倉時代から伝わる家紋から。「天にありては願わくば 比翼の鳥となり、地にありては願わくば 連理の枝とならん」という、楊貴妃の故事にちなんだ夫婦鶴の別称であるため、昔から婚礼や結納など慶事に重宝されてきた。地元で取れる酒米を自家精米で丹念に研ぎ、地下200mから汲みあげる筑後川の伏流水を仕込み水に、口あたりの柔らかな飲み飽きのしないお酒造りを目指している。

# 株式会社 杜の蔵

| 水源 | 高良山水系伏流水 |
|------|------------------|
| 水質 | 中軟水 |

〒830-0112 福岡県久留米市三潴町玉満 2773　TEL.0942-64-3001
E-mail: welcome@morinokura.co.jp

# 酒の文化を
# 磨きあげる

## 伝統的な酒粕焼酎造りの蔵から
## 県産米100%使用の純米酒蔵に

　福岡県久留米市は、九州一の河川である筑後川の恵みを受けた広大な穀倉地であると同時に、古くから酒造りが盛んな土地。そこに蔵を構える「杜の蔵」の創業は明治31年（1898）。2005年には製造する日本酒の全量でアルコール添加を止めて九州初の純米酒酒蔵となった。現在の杜の蔵は福岡県産米100%の純米造りのみの蔵で、地下から汲み上げる清く澄んだ水と、親子代々受け継ぐ三潴杜氏（みずまとうじ）の技とを合わせて、蔵元が誇りとする地酒の三要素を大切にした酒造りを続けている。個性的な取り組みとして、以前は地域農村文化の特徴だった「酒米作り→純米酒造り→粕取り焼酎造り→焼酎粕の堆肥化→酒米作り」という循環型の酒造りにも挑んでいる。

### 純米吟醸酒
**杜の蔵 純米吟醸 翠水（すいすい）**

「あっさり料理に合う上品な甘み」
上品でやや甘い香りと、柔らかくスッキリとした旨みがある軽い後口のお酒。冷やして飲むのがおススメ。

| 純米吟醸酒 | 1,800ml／720ml／300ml |
|------------|------------------------|
| アルコール分 | 15% |
| 原料米 | 夢一献 |
| 日本酒度 | ＋3.0 |
| 酸度 | 1.4 |

### 純米吟醸酒
**独楽蔵 玄（げん） 円熟純米吟醸**

「福岡名物『ごまさば』と相性抜群」
独自の熟成法で、ゆったりとした柔らかな旨みと香り、温かな滋味が溢れる酒。少し温めるとより味わい深く。

| 純米吟醸酒 | 1,800ml／720ml |
|------------|-----------------|
| アルコール分 | 15% |
| 原料米 | 山田錦 |
| 日本酒度 | ＋6.0 |
| 酸度 | 1.9 |

| 水源 | 脊振山系伏流水 |
| 水質 | 軟水 |

# 天吹酒造合資会社

〒849-0013 佐賀県三養基郡みやき町東尾 2894　TEL.0942-89-2001
E-mail: info@awabuki.co.jp　https://www.amabuki.co.jp/

# 「この酒は旨いね」
## そのひと言のために

### 純米大吟醸酒
**天吹 生酛純米大吟醸 雄町**

「白ワインのような味わい」

雄町をしゃくなげの花酵母で醸した生酛造りの酒。米の旨みを酸が受け止め、料理ともしっかりマッチ。

| 純米大吟醸酒 | 1,800ml ／ 720ml |
| --- | --- |
| アルコール分 | 16% |
| 原料米 | 雄町 |
| 日本酒度 | ＋3.0 |
| 酸度 | 1.8 |

### 純米吟醸酒
**天吹 純米吟醸 いちご酵母 生**

「イチゴの酵母で醸した酒」

名前の通り、イチゴの花から分離培養した酵母で醸した女性好みのお酒。油脂を使った料理にも合う。

| 純米吟醸酒 | 1,800ml ／ 720ml |
| --- | --- |
| アルコール分 | 16～17% |
| 原料米 | 山田錦／雄町 |
| 日本酒度 | ＋2.0 |
| 酸度 | 1.6 |

### 300年間、一貫して"味一筋"
### 若き杜氏と蔵人が情熱を燃やす

創業が元禄年間（1688年～1704年）で、およそ300年間という古い歴史をもつ天吹酒造。現在の蔵元は11代目木下壮太郎。長兄が社長を継承し、弟が杜氏を務めている。蔵人の平均年齢が30代という熱気あふれる酒蔵で、常に研究と新規探求には余念がない。「天吹」の銘柄で日本酒と焼酎を製造販売しているが、この名は蔵元の北東にある天吹山にちなんでのものだ。また当蔵は、東京農大中田久保名誉教授が花から採取した花酵母を使用し、清酒を醸している日本有数の酒蔵。花酵母で育まれた天吹は冷蔵庫や地下貯蔵庫の中で静かに熟成され、天然のコクと風味を増していく。一貫しているのは"味一筋"。「この酒は旨いね」のために今日も精進している。

# 幸姫酒造株式会社

| | |
|---|---|
| 水源 | 多良岳山系伏流水 |
| 水質 | 軟水 |

〒849-1321 佐賀県鹿島市古枝甲599　TEL.0954-63-3708
E-mail: sachi-2@po.asunet.ne.jp　http://www.sachihime.co.jp

# 愛娘のように
# 大切に酒を造る

## 米どころ佐賀県鹿島市で
## 郷土観光の役割も担う蔵

　昭和9年（1934）の創業以来、九州の佐賀県鹿島市に蔵を構える幸姫酒造。佐賀県は古くから米の生産が盛んな米どころで、清酒の製造も多く行われてきた。鹿島市もその例にもれず酒造業が盛んな地域で、人口わずか3万人の小さな市で6軒の蔵元が自社製造を続けている。幸姫酒造の代表銘柄である「幸姫」は、創業者が自身の一人娘に幸せに育ってほしいという願いを込めて名付けられたものだとか。食中酒として楽しめる純米酒の製造に力を入れており、近年では酒蔵ツーリズムの発祥となった「鹿島酒蔵ツーリズム」の一員としても活動。観光客向けの蔵見学とテイスティングも行っている。昨今の新型コロナ禍以降は、オンラインツアーにも対応している。

### 純米大吟醸酒

**純米大吟醸 幸姫**

「フルーティーでキレの良い辛口」

山田錦100％使用の純米大吟醸。フルーティーな香りで、甘みをしっかり持たせた酒質。冷やで飲むのがおススメ。

| 純米大吟醸酒 | 720ml |
|---|---|
| アルコール分 | 16% |
| 原料米 | 山田錦 |
| 日本酒度 | −1.0 |
| 酸度 | 1.3 |

### 純米吟醸酒

**純米吟醸 幸姫 DEAR MY PRINCESS**

「リンゴやブドウを思わせる香り」

欧州の酒のようにミディアムボディでフルーティーな甘口タイプ。よく冷やせば佐賀牛ステーキに合う食中酒に。

| 純米吟醸酒 | 1,800ml / 720ml |
|---|---|
| アルコール分 | 16% |
| 原料米 | 山田錦 |
| 日本酒度 | −1.0 |
| 酸度 | 1.4 |

| 水源 | 天山系伏流水 |
| 水質 | 軟水 |

# 小柳酒造株式会社

〒845-0001 佐賀県小城市小城町903 TEL.0952-73-2003
E-mail: taka3n5@agate.plala.or.jp　http://www.ogi-cci.or.jp/kigyou/koyanagi/

# 九州の小京都
# 酒どころ小城の酒蔵

原酒

### 清酒 庫出し原酒 高砂

「最も旨いときを逃さず」

厳しい冬に丹念に仕込んだ原酒を
じっくり熟成させ、最も旨くなっ
た時期に瓶詰めした自慢の逸品。

| 原酒 | 1,000ml / 000ml |
| 原酒 | 1,000ml / 000ml |
| アルコール分 | 19% |
| 原料米 | レイホウ |
| 日本酒度 | −2.0〜＋0.0 |
| 酸度 | 1.7 |

大吟醸酒

### 大吟醸 高砂 金漿 <small>たかさご</small>

「"高砂"シリーズの最高峰」

淡麗辛口で上品でフルーティーな
吟醸香と軽快な切れ味を持つ味わ
いの柔らかさと透明感が特徴。

| 大吟醸酒 | 1,800ml / 720ml |
| 大吟醸酒 | 1,800ml / 720ml |
| アルコール分 | 17% |
| 原料米 | 山田錦 |
| 日本酒度 | ＋3.5〜＋4.5 |
| 酸度 | 1.7 |

## 江戸時代の風情が残る酒造
## 酒好きが唸る酒造りを目指す

　城下町の風情が色濃く残る九州の
小京都、小城にある小柳酒造の創
業は江戸時代の文化年間（1804〜
1818年）とされている。この酒蔵
には明治から昭和にかけての酒造工
程の一連の建物群が現存し、小柳酒
造の建物全体が国登録文化財および
佐賀県遺産に登録されている。白い
漆喰の壁が眩い商家造りの建物を訪れ
る人も多い。「高砂」がこの蔵のブラ
ンドの銘酒。天山の伏流水と地場産
米で造られるこれらの銘酒は、いず
れも"酒どころ小城"を代表する逸
品ぞろい。酒好きが旨いと唸る酒を
造りたいという創業当時からの思い
を受け継ぎ、若い人や女性に喜んで
もらえるよう、辛口志向を取り入れ
つつ流行に流されることなく、味に
こだわる酒造りを心がけている。

# 天山酒造株式会社

| 水源 | 天山水系伏流水 |
| --- | --- |
| 水質 | 中硬水 |

〒845-0003 佐賀県小城市小城町大字岩蔵1520番地　TEL.0952-73-3141
E-mail: info@tenzan.co.jp　https://tenzan.co.jp

# 「不易流行」の
# 酒造り

## 佐賀平野で採れる良質な酒米と蛍の名水で知られる水で醸す酒

文久元年（1861）から佐賀県小城の地で、水車を用いた製粉製麺業を始めた七田家が天山酒造のルーツ。地元の造り酒屋から、酒米の精米を頼まれることもあったという。だが明治8年（1875）、廃業する蔵元に強く乞われて酒造道具一式と蔵をまとめて買い取ってしまったところ、「七田家は造り酒屋を始めるらしい」との風評が広まり、酒造業を始めざるをえなくなったという嘘のような本当の話。それでも創業時から今日まで、地元の豊かな自然の恵みを活かした品質本位の酒造りを、守るべき伝統として引き継いできた。最近の酒蔵では春と秋の年2回、蔵開きを開催して多くの地域住民と交流し、天山の日本酒をより広く楽しんでもらえるよう活動を行っている。

### 純米吟醸酒

**天山 純米吟醸**

「ANA国際線の機内酒にもなった酒」
ラ・フランスのような香り、県産山田錦の上品な米の旨み・甘み、そして酸味とのバランスがいい。冷やで。

| 純米吟醸酒 | 1,800ml／720ml／300ml |
| --- | --- |
| アルコール分 | 16% |
| 原料米 | 山田錦 |
| 日本酒度 | ＋1.0 |
| 酸度 | 1.4 |

### 純米酒

**七田 純米**

「特約店限定酒『七田』の代表選手」
軽やかな味わいの中に、米由来の旨みも感じる万能タイプの純米酒。和洋中問わずさまざまな料理と好相性。

| 純米酒 | 1,800ml／720ml／300ml |
| --- | --- |
| アルコール分 | 17% |
| 原料米 | 山田錦／レイホウ |
| 日本酒度 | ＋1.0 |
| 酸度 | 1.7 |

| 水源 | 三瀬峠の湧水 |
|---|---|
| 水質 | 軟水 |

# 窓乃梅酒造株式会社

〒849-0203佐賀県佐賀市久保田町大字新田1640 TEL.0952-68-2001
E-mail: koga@madonoume.co.jp　http://www.madonoume.co.jp

# 伝統を活かして生み出す
# 九州らしさ

## 純米大吟醸酒

### 純米大吟醸 花乃酔

「すっきりとしたまろやかな旨さ」

最高の酒米山田錦を、精米歩合45%で長期低温発酵した純米大吟醸。2020年福岡国税局酒類鑑評会金賞。

| 純米大吟醸 | 720ml |
|---|---|
| アルコール分 | 16% |
| 原料米 | 山田錦(佐賀県産) |
| 日本酒度 | ±0 |
| 酸度 | 1.4 |

## 特別純米酒

### 窓乃梅 特別純米

「お燗にするとより旨さが際立つ」

純米酒らしい芳醇で深い味わいの旨さが特徴。JR九州クルーズトレイン「ななつ星」で提供されている。

| 特別純米酒 | 720ml |
|---|---|
| アルコール分 | 15% |
| 原料米 | さがの華(佐賀県産) |
| 日本酒度 | − 1.0 |
| 酸度 | 1.7 |

## 佐賀の地で300年以上の歴史
## 目指すは味わい深い旨さ

　窓乃梅酒造は元禄元年（1688）の創業で、300年以上の長い歴史を持つ。その特徴は九州らしい「味わい深い旨さ」を持った酒造り。伝統を活かした伝承技術の「生もと仕込」で造り、日本に1台しかない兜釜蒸留器を使用して個性的な麦焼酎も製造している。現在の代表銘柄は「窓乃梅」だが、創業当時の酒名は「寒菊」であった。しかし安政7年（1860）に、鍋島藩主に「年々にさかえさかえて名さえ世に香りみちたる窓乃梅が香」とその酒質をたたえられたことにより改称したとされる。近年、「花乃酔」が国際線ファーストクラスに採用されたり、特別純米酒がJR九州・クルーズトレイン「ななつ星」に採用されるなど窓乃梅酒造の知名度は上がるばかりである。

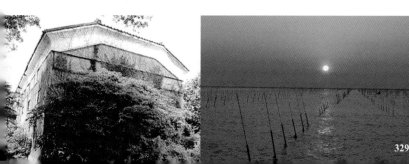

# 大和酒造株式会社

| | |
|---|---|
| 水源 | 脊振山系伏流水 |
| 水質 | 中硬水 |

〒840-0201 佐賀県佐賀市大和町尼寺2620　TEL.0952-62-3535
https://sake-yamato.co.jp/

# 五つの系譜が伝える技と心

## 古くから受け継いできた心と技、そして革新への飽くなき追求

　昭和50年（1975）、佐賀市内にあった4蔵（窓の月酒造、あかかべ酒造、森田酒造、北島酒造）が合併。これに灘の老舗である「大関」が資本提携して、大和町の県酒造試験場跡に大和酒造を設立した。5つの老舗蔵元が持つ伝統の技を引き継ぎ、近代設備を導入して酒造を行うこの蔵は、まさに伝統と革新の融合である。昭和59年には焼酎部門に参入し、竹炭ろ過の本格焼酎を開発。平成25年には1640年創業の田中酒造合資会社と業務統合し、世界でひとつの菱（ミソハギ科の水草。種子が食用）焼酎を造り上げた。平成26年には観光酒蔵「ぎゃらりー大和」を開設し、毎年4月には1日限定の蔵開きを行い、日本酒を愛する観光客とともに地域振興を行っている。

### 純米酒

**肥前杜氏 純米酒**

「佐賀の水・米・技の三位一体」
米の旨みを引き出した純米酒。食中酒として最適。和食はもちろん、中華のように味が濃い料理にもよく合う。

| 純米酒 | 1,800ml ／ 720ml |
|---|---|
| アルコール分 | 15% |
| 原料米 | 佐賀県産米 |
| 日本酒度 | ＋5.0 |
| 酸度 | 1.8 |

### 純米大吟醸酒

**和 純米大吟醸**

「伝統の技と新たな技術の融合」
芳醇で気品ある香りと、柔らかで丸みのある味わいの、端麗な飲み口の酒。蒸し物や魚の煮つけなどと好相性。

| 純米大吟醸酒 | 1,800ml ／ 720ml |
|---|---|
| アルコール分 | 15% |
| 原料米 | 山田錦 |
| 日本酒度 | ＋5.0 |
| 酸度 | 1.8 |

| 水源 | 雲仙岳伏流水 |
| 水質 | 軟水 |

# あい娘酒造合資会社

〒854-0301 長崎県雲仙市愛野町甲1378　TEL.0957-36-0025

# 愛しい娘を
# 育てるように

## 清澄な水に杜氏の技が冴える
## 水どころ雲仙の麓にある酒蔵

　あい娘（むすめ）酒造は、長崎県島原市にて明治6年（1873）に創業。のちの昭和15年（1940）に、現在蔵を構える雲仙岳の麓、愛野町へと移転した。長崎県内でも水が豊富な島原半島だが、さらに愛野町は酒蔵が多い地域で、先代までは生産性重視、現社は純米人吟醸など質の高い清酒の種類を増やしつつ、昔ながらの手造りで丁寧な少量生産を心掛ける。「あい娘」の名前は地元・愛野町にちなんだもので、同時に愛しい娘を育むように、造られた酒が広く親しまれるようにとの想いで名付けられた。実際、仕込まれた酒の8割は地元で消費され愛されているという。仕込み水は敷地内で汲みあげる雲仙岳の伏流水由来の地下水。酒造米は県産の山田錦などを使用している。

### 純米大吟醸酒

**純米大吟醸 愛**

「薫り高く深みある艶やかな飲み口」

鮮やかな香りでコクがある最高峰の酒。山田錦を長時間発酵させ、酒袋から自然に滴った酒だけを詰めている。

| 純米大吟醸酒 | 1,800ml／720ml |
| --- | --- |
| アルコール分 | 17% |
| 原料米 | 山田錦 |

### 特別純米酒

**特別純米酒 雲仙の輝**

「濃厚なのど越しで呑み飽きない酒」

爽やかな香りが広がり、濃厚かつまろやかな飲み口の芳醇辛口。焼き魚にも肉料理にも合わせやすい食中酒。

| 特別純米酒 | 1,800ml／720ml |
| --- | --- |
| アルコール分 | 15% |
| 原料米 | 国産米 |
| 日本酒度 | ＋1.0 |

# 福田酒造株式会社

| 水源 | 天然広葉樹原生林からの湧水 |
| --- | --- |
| 水質 | 中硬水 |

〒859-5533 長崎県平戸市志々伎町1475　TEL.0950-27-1111
E-mail: jagatara@vega.ocn.ne.jp　https://www.fukuda-shuzo.com

# 日本本土
# 最西端の酒蔵

## 迎賓館や博物館も人気が高い
## 先人の知恵と努力を引き継ぐ蔵

　平戸藩主の御用酒屋として、元禄元年（1688）に創業した福田酒造。創業当時からある元禄蔵は、夏場も冷房機なしで15度以下に保たれるように工夫され、先人たちの知恵と努力が今も受け継がれている。敷地内には酒蔵だけでなく試飲ができる迎賓館、貴重な酒造りの歴史が分かる博物館もあり、いつも多くの人が訪れている。銘柄の一つ「長崎美人大吟醸」は全国新酒鑑評会「最高位」金賞やカナダトロント国際酒祭純米吟醸部門第1位など輝かしい受賞歴がある。またこの蔵では日本酒だけでなく焼酎も造られており、「じゃがたらお春」や「かびたん」など、地元平戸に古くから残る歴史ある言葉をもとに命名された銘柄が特徴的である。

### 焼酎
**じゃがたらお春**
「平戸土産にもおすすめ」
長崎県産の新鮮な春じゃがいもを使用し、じゃがいも特有の香りとすっきりした後味が特徴。

| 焼酎 | 1800ml／900ml／720ml |
| --- | --- |
| アルコール分 | 25% |
| 原材料 | じゃがいも |

### 大吟醸酒
**長崎美人 大吟醸**
「冷やで旨い大吟醸酒」
県産山田錦を原料に、低温でじっくり発酵させた大吟醸酒。華やかな香りと米の旨味が調和した味わい。

| 大吟醸酒 | 1800ml／720ml |
| --- | --- |
| アルコール分 | 17～18% |
| 原料米 | 山田錦 |
| 日本酒度 | ＋2.0 |
| 酸度 | 1.2 |

| 水源 | 最教寺山麓よりの湧水 |
|---|---|
| 水質 | 軟水 |

# 有限会社 森酒造場

〒859-5115 長崎県平戸市新町31 TEL.0950-23-3131
E-mail: hiran@mx7.tiki.ne.jp https://mori-shuzou.jp/

# 異国情緒漂う
# 平戸路の酒蔵

## 純米大吟醸酒

### 飛鸞 純米40
「継ぎ絆がる酒造り」

山田錦100%の味わいが楽しめる、華やかな香りと繊細な味わいのある純米酒。冷やや常温で。

| 純米大吟醸酒 | 1,800ml / 720ml |
|---|---|
| アルコール分 | 16% |
| 原料米 | 山田錦 |
| 日本酒度 | 非公表 |
| 酸度 | 非公表 |

## 純米原酒

### フィランド 夢名酒
「ローマ法王に献上された純米」

世界遺産の春日棚田米を醸した、白ワインのように甘酸っぱい純米原酒。よく冷やしてグラスで飲みたい。

| 純米原酒 | 500ml |
|---|---|
| アルコール分 | 9% |
| 原料米 | コシヒカリ |
| 日本酒度 | 非公表 |
| 酸度 | 非公表 |

### 平戸の米と水にこだわった
### 魅力溢れるお酒を目指して

森酒造場がある平戸は、日本で最初に海外貿易の拠点として栄えた港町で、400年前にはポルトガル・オランダ・イギリスなどの商館が建ち並んでいた地。そんな異国情緒に溢れる町で、明治28年（1895）に「小松屋」の屋号で初代・森幸吉が創業した。以来、最教寺の麓から沸き出る名水と地元の米に支えられ、蔵開きや地元の祭りへの協賛で平戸観光にも貢献しつつ、故郷に親しまれる酒造りを続けている。なお大航海時代だった400年前、西洋の航海士は平戸を「フィランド」と呼び、さらに古い時代には「飛鸞（ひらん）」とも呼ばれていた。平戸のテロワールを感じてもらうため、代表銘柄を「飛鸞」とし、さらに近年、純米原酒「フィランド」も発売した。

# 合資会社 吉田屋

| 水源 | 井戸水 |
|------|--------|
| 水質 | 硬水 |

〒859-2202 長崎県南島原市有家町山川 785　TEL.0957-82-2032
E-mail: yoshidaya@bansho.info　http://bansho.info/

# 雲仙普賢岳の麓で
# 伝統の酒造り

## 代々受け継がれてきた
## 繊細な「撥ね木搾り」

　島原半島の雲仙岳近くに位置する有家町は、穏やかな気候と雲仙普賢岳の伏流水に恵まれた土地で、古くから日本酒、味噌、醤油の醸造業が盛んな土地だ。吉田屋は大正6年（1917）創業、「萬（よろず）に勝（すぐ）れる」ようにと「萬勝（ばんしょう）」と命名された。雲仙普賢岳の伏流水が湧き出る自家井戸の水を仕込み水に使い、昔ながらの撥ね木の槽で、お酒を搾っている。「撥ね木搾り」を行える酒蔵は日本でわずかである。農大醸造科学科が生んだ花酵母を使用したお酒を造る一方で、南島原市の市花「ひまわり」の花酵母を使った特別純米酒が福岡県国税局酒類鑑評会純米酒部門で、「アベリア」の花酵母を使った純米大吟醸酒が吟醸酒部門でそれぞれ金賞を受賞。伝統を守り継ぎ、本物の味を伝える老舗の酒蔵である。

### 純米酒
**萬勝 撥ね木搾り純米酒**
「ほんのりとした良い香りと米の旨み」
70% 精白米をつる薔薇の花酵母を使用して仕込み、撥ね木搾りでじっくりと搾ったやや辛口の純米酒。

| 純米酒 | 1,800ml |
|--------|---------|
| アルコール分 | 14% |
| 原料米 | 五百万石 |
| 日本酒度 | ＋5.0 |
| 酸度 | 1.4 |

### 純米大吟醸酒
**萬勝 清泉石上流 純米大吟醸**
「蔵元一番の自信作」
山田錦を40% 精米。アベリアの花酵母で丹念に醸し中取り上槽後、一切手を加えず瓶詰めしている。

| 純米大吟醸酒 | 720ml |
|--------------|-------|
| アルコール分 | 16% |
| 原料米 | 山田錦 |
| 日本酒度 | ±0 |
| 酸度 | 1.3 |

| 水源 | 中尾水源の自然湧水 |
| 水質 | 軟水 |

# 亀萬酒造合資会社

〒869-5602 熊本県葦北郡津奈木町津奈木1192　TEL.0966-78-2001
E-mail: info@kameman.co.jp　https://www.kameman.co.jp/

# 南国のハンデを
# 技と気概で乗り越える

### 純米吟醸酒

**萬坊**

「合鴨のおかげで美味しい酒」

合鴨農法の無農薬酒米を丁寧に醸した酒。上品でほのかな吟醸香と、軽い酸味が料理を引き立てる。

| 純米吟醸酒 | 1,800ml / 720ml |
|---|---|
| アルコール分 | 16% |
| 原料米 | 華錦 |

### 純米酒

**亀萬 野白金一式九号酵母**

「華錦六割磨きの味の冴え」

熊本産の九号酵母と新開発の酒米「華錦」で醸した酒。旨みと後味のバランス抜群で食中酒に最適。

| 純米酒 | 1,800ml / 720ml |
|---|---|
| アルコール分 | 16% |
| 原料米 | 華錦 |
| 日本酒度 | ＋3.0 |
| 醸度 | 非公開 |

## 「南端仕込み」という独自の方法
## 南国の日本酒造り、ここにあり

　大正5年（1916）、創業者の竹田珍珠が熊本で地産地消を志して以来、高品質の日本酒を追求してきた亀萬酒造。しかしながら、南国の温暖な気候は日本酒造りにとっては大きなハンデとなる。そのため、大量の氷を投入しながら醪の温度を調整する「南端仕込み」という工夫を凝らしてきた。さらに日本酒よりも焼酎の文化が主流の熊本では、出稼ぎ杜氏や季節労働の蔵人に頼るところが多かった。そんな中、栃木での修行から帰った次期4代目の瑠典氏が杜氏に就任した。まもなく100年を迎える歴史ある亀萬酒造だが、若い力と感性の花が開く時がやってきた。技と気概でもってハンデを覆し、この地でしか造ることができない日本酒を醸していく。

335

# 河津酒造株式会社

| 水源 | 九州筑後川源流の伏流水 |
| 水質 | 弱軟水 |

〒869-2501 熊本県阿蘇郡小国町宮原1734-2　TEL.0967-46-2311
E-mail: info@kawazu-syuzou.com　https://kawazu-syuzou.com

# 酒造りは
# 価値ある技術

## 酒造り文化を継承する蔵として
## 100年、200年後に繋いでいく

河津酒造は、約150年前に生まれた酒蔵を譲り受け、昭和7年（1932）に操業開始した熊本県下では比較的若い酒蔵。熊本県北部の小国町に蔵を構え、雄大な阿蘇の大自然に磨かれた湧水と、この地で栽培される米を使った酒造りを続けている。生産量は決して多くはないが、手仕込みならではの繊細な酒造りにプライドを持つ。こだわりの名酒は、山田錦と熊本酵母で仕込んだ、日本酒度－20を誇る純米吟醸「花雪」。超甘口なのにキレがよく、甘めの味付けが多い九州の食に合うと評判で、毎年売り切れる人気商品の一つ。チャレンジを恐れず、日本酒文化を次世代に引き継ぎ、これからもひたむきに美しい日本酒を醸していく。

純米吟醸酒

### 純米吟醸 七歩蛇（しちほだ）

「香り控えめで果実の華やかさ」

マイルドな飲み口とふくよかな旨味が広がり、程よく濃醇でキレが良い。日本酒初心者にも評判。

| 純米吟醸酒 | 1,800ml ／ 720ml |
| --- | --- |
| アルコール分 | 15% |
| 原料米 | 一本〆 |
| 日本酒度 | ＋5.0 |
| 酸度 | 1.5 |

純米吟醸酒

### 純米吟醸 花雪（はなゆき）

「綿飴のように軽やかに溶ける余韻」

日本酒度 -20と強烈にフルーティーな甘口ながら、キレがあり飲み飽きない。蒸したての米のような繊細さもある。

| 純米吟醸酒 | 1,800ml ／ 720ml |
| --- | --- |
| アルコール分 | 15% |
| 原料米 | 山田錦 |
| 日本酒度 | －20.0 |
| 酸度 | 1.8 |

| 水源 | 阿蘇源流、自社地下水 |
|---|---|
| 水質 | 軟水 |

# 瑞鷹株式会社

〒861-4115 熊本県熊本市南区川尻四丁目6-67　TEL.096-357-9671
https://www.zuiyo.co.jp

# 心のうるおい
# 醸します

## 大吟醸酒
### 瑞鷹 大吟醸 雫取り
「雑味のない澄んだ味わいの逸品」
大吟醸のもろみ入り酒袋を吊るし、滴り落ちた雫を集めた雫取りの酒。圧力をかけないので雑味が非常に少ない。

| 大吟醸酒 | 1,800ml ／ 720ml |
|---|---|
| アルコール分 | 17% |
| 原料米 | 山田錦 |
| 日本酒度 | ＋3.0 |
| 酸度 | 1.1 |

## 純米吟醸酒
### 純米吟醸酒 崇薫
「地産の素材と質にこだわった酒」
自然農法栽培の酒米で醸した酒。米の旨みがほんのり乗ったスムースな口当たりと、華やかな吟醸香を楽しめる。

| 純米吟醸酒 | 1,800ml ／ 720ml |
|---|---|
| アルコール分 | 16% |
| 原料米 | 吟のさと |
| 日本酒度 | －3.0 |
| 酸度 | 1.6 |

## 郷土、熊本を代表する
## 高品質な清酒造りを目指して

江戸時代、肥後細川藩（現在の熊本）は、伝統的な製法の「赤酒」を保護し、清酒の製造および他藩からの流入を禁じていた。それが慶応3年（1867）の大政奉還を機に、人や物資の流通が自由になり、瑞鷹の初代・吉村太八は「熊本を代表する清酒を作ろう」と、いち早く清酒の製造に取り掛かった。だが、その道は険しかった。ターニングポイントとなったのは明治36年（1903）、熊本税務監督局に赴任した「酒の神様」野白金一の存在だ。野白は熊本の清酒を発展させるためには、品質改良が必要だという認識を広め、酒造研究所が設立されることとなる。それに手を挙げたのが瑞鷹だった。瑞鷹は研究所設立の中心的蔵として熊本の酒の発展を担い、地元の米と水、伝統の造りに裏づけされた、風土に根差した高品質の酒を追求し続けている。

# 千代の園酒造株式会社

| 水源 | 阿蘇山系伏流水 |
|---|---|
| 水質 | やや軟水 |

〒861-0501 熊本県山鹿市山鹿 1782　TEL.0968-43-2161
E-mail: info@chiyonosono.co.jp　https://www.chiyonosono.co.jp/

# 米へのこだわりと
# 酒造りへの挑戦

## 米問屋を営んでいた歴史を活かし
## 新品種「九州神力」を生み出す

　チブサン古墳をはじめとする装飾古墳や灯籠まつりなどで知られる熊本・山鹿は、東に阿蘇の噴煙を望む良質の肥後米の産地。阿蘇の雄大な自然が貯えた水に恵まれたこの地で、千代の園酒造は明治 29 年（1896）に創業した。山鹿市は江戸時代、米の集積地や豊前街道の宿場町として栄え、この地で米問屋を営んでいた本田喜久八が酒造りを始めた。米問屋だっただけに米に対してこだわりも強く、そのこだわりは「九州神力」という新しい品種を作り出したほど。全国で数社しか純米酒を造っていなかった頃から純米酒の製造をはじめ、1844ml 詰の生原酒、コルク栓使用の大吟醸の発売など、酒造りへの挑戦を続けている。

### 大吟醸酒
### 大吟醸 千代の園 EXCEL
**「軽く冷やしてワイングラスで」**
コルク栓を使用した独自の瓶熟成で、丸みのある落ち着いた味わい。

| 大吟醸酒 | 720ml |
|---|---|
| アルコール分 | 15% |
| 原料米 | 山田錦 |
| 日本酒度 | ＋2.0 |
| 酸度 | 1.6 |

### 純米酒
### 純米酒 朱盃
**「純米酒へのこだわりの一本」**
優しい口当たりと飲み口スッキリの純米酒。肉料理との相性も抜群。

| 純米酒 | 1,800ml ／ 720ml |
|---|---|
| アルコール分 | 15% |
| 原料米 | 山田錦 |
| 日本酒度 | ＋2.0 |
| 酸度 | 1.5 |

| 水源 | 下山水源地 |
| 水質 | 軟水 |

# 通潤酒造株式会社

〒861-3518 熊本県上益城郡山都町浜町54番地　TEL.0967-72-1177
E-mail: info@tuzyun.com　https://tuzyun.com/

# 潤いを通わして
## 250年

純米吟醸酒

### 純米吟醸酒 蟬

「やわらかな口当たりの辛口」

酒米は「山田錦」と「華錦」を使用。
ゆっくりと発酵し、蔵内で1年間
寝かせた一番人気商品。

| 純米吟醸酒 | 1,000ml／720ml |
| --- | --- |
| アルコール分 | 15% |
| 原料米 | 山田錦／華錦 |
| 日本酒度 | ＋6.0 |
| 酸度 | 1.7 |

純米吟醸酒

### オーガニック純米酒 さくや

「ぬる燗で旨みを味わう」

オーガニック純米酒「さくや」は、
地元山都町そのものを刻んだシン
グル・ヴィンテージのお酒。

| 純米吟醸酒 | 720ml |
| --- | --- |
| アルコール分 | 15% |
| 原料米 | 華錦 |
| 日本酒度 | ＋4.0 |
| 酸度 | 1.7 |

## 酒米はほぼ100%山都町で契約栽培
## すべての酒に「くまもと酵母」を使用

阿蘇外輪山の南側に位置する上益
城郡山都町。明和7年（1770）に廻
船問屋を営んでいた備前屋清九郎が、
重い年貢に困窮する集落を救う産業
として始めた酒造りが始まり。昭和
38年（1963）に「濱町酒造有限会社」
から「通潤酒造」へと社名変更後も、
「この地の米と水と人」を大切にする
酒造りの精神を受け継いでいる。自
然環境は準高冷地のため夏は涼しい
反面、冬は降雪もあり寒さが厳しく、
酒造りに最適な条件。酒米は山田錦
や華錦などを契約栽培で育て、吟醸
酒だけでなく純米酒や普通酒などす
べての酒に「くまもと酵母」を使用
している。13代目の山下愛子さんは
幼い頃から蔵を遊び場として育った。
酒造りは生業であり故郷であり家族
である。

339

# クンチョウ酒造株式会社

| 水源 | 彦山系伏流水 |
|---|---|
| 水質 | 軟水 |

〒877-0005 大分県日田市豆田町 6-31　TEL.0973-23-6262
E-mail: info@kuncho.com　https://www.kuncho.com/

# 天領日田の
# 水が育む匠の技

## 歴史が薫る大分県日田の地で
## 昔ながらの酒造りを続ける蔵

　江戸幕府直轄の天領として栄え、「九州の小京都」とも呼ばれた大分県日田市豆田町。国の「重要伝統的建造物群保存地区」に選定され、年間40〜50万人が訪れる観光地であると同時に、良質の水に恵まれ酒造りが盛んな地域でもある。この地にあるクンチョウ酒造の蔵は、元禄15年（1702）に建てられたものを始め、5棟の蔵が建築当時の姿のまま残っている全国的にも珍しいもの。もともとこの地では豪商「千原家」が酒造業を行っており、それを昭和7年に福岡県久留米市にあった酒造会社「冨安合名会社」が受け継いだのが始まり。蔵は内部を工風しながら現在も酒造りに利用され、一部は資料館として公開され、観光の拠点として地域経済に貢献している。

### 大吟醸酒
### 大吟醸 瑞華
「特別な席にふさわしい大吟醸」
山田錦を徹底した温度管理で仕込んだ大吟醸。穏やかな吟醸香と、辛口なのに柔らかく奥深い味わいが特長。

| 大吟醸酒 | 1,800ml ／ 720ml |
|---|---|
| アルコール分 | 15% |
| 原料米 | 山田錦 |
| 日本酒度 | ＋3.0 |
| 酸度 | 1.2 |

### 特別純米酒
### 特別純米酒 薫長
「飲むほどに美味さが増す特別純米」
旨みや甘み、辛みや酸味のバランスが絶妙で、食中酒に最適。冷やでも燗でも、それぞれの美味さが楽しめる。

| 特別純米酒 | 1,800ml ／ 720ml |
|---|---|
| アルコール分 | 15% |
| 原料米 | ひのひかり |
| 日本酒度 | ＋4.0 |

| 水源 | 駅館川の伏流水 |
|---|---|
| 水質 | 硬水 |

# 株式会社小松酒造場

〒872-0001 大分県宇佐市大字長洲3341　TEL.0978-38-0036
E-mail: koma2sake@gmail.com　https://hojun.jimdofree.com/

# 絶えた歴史を再び
# 繋ごうという想い

### 特別純米酒

**豊潤 特別純米 芳醇辛口**

「食中酒にぴったりな芳醇辛口」

芳醇な味わいと爽快なキレの良さがある辛口酒。冷やでもぬる燗でも美味で、幅広く楽しめる酒。

| 特別純米酒 | 1,800ml／720ml |
|---|---|
| アルコール分 | 16% |
| 原料米 | 吟のさと |
| 日本酒度 | ＋13.0 |
| 酸度 | 1.7 |

### 純米大吟醸酒

**豊潤 純米大吟醸 大分三井**

「復活した幻の酒米で醸した酒」

復活させた独自品種「大分三井」を醸した、米の旨みを最大に引き出した酒。九州の甘口醤油と好相性。

| 純米大吟醸酒 | 1,800ml／720ml |
|---|---|
| アルコール分 | 16% |
| 原料米 | 大分三井 |
| 日本酒度 | ＋3.0 |
| 酸度 | 1.7 |

### 休止した蔵を20年ぶりに再開
### 業界注目の若き杜氏の挑戦

　明治元年（1868）、初代・小松悦蔵によって創業された。蔵のある宇佐市長洲地区は、酒造りに適した水と宇佐平野でとれる米、冬の季節風という恵まれた環境により、長洲という狭い地域にかつては7軒の清酒蔵があった酒どころである。だが時流の流れか昭和63年（1988）に製造を休止し、それ以降は製造を委託しながら清酒蔵として営業を続けてきた。だが、蔵に再び活気を取り戻したいと六代目・小松潤平氏が決意し、ついに平成20年11月28日早朝、酒米を蒸す蒸気が実に20年ぶりに蘇った。さらに平成21年には大分でしか造れない酒を目指し、失われた酒米「大分三井」の復活に着手。平成30年には創業150周年と「豊潤」ブランド10周年も迎えられた。

# 三和酒類株式会社

| 水源 | 大分県宇佐市地下水 |
|---|---|
| 水質 | 中軟水 |

〒879-0495 大分県宇佐市大字山本 2231 番地の 1　TEL.0978-32-1431
https://www.iichiko.co.jp/

# 丹念に一念に
# いいものを少しだけ

## あの「いいちこ」の原点たる
## 創業銘柄「和香牡丹」を醸す蔵

　大分県宇佐市に本社を持つ三和酒類は、麦焼酎「いいちこ」で全国的に有名な酒造会社。焼酎以外にも酒類全般を幅広く手掛けているが、昭和33年（1958）に地元の酒蔵3社が合併し、共同で瓶詰めを行える「清酒蔵置所」を設置して統一銘柄「和香牡丹」を世に送り出したのが始まり。現在の日本酒部門「虚空乃蔵（こくうのくら）」は高品質少量生産を基本とし、八幡社の総本宮・宇佐神宮の御神酒も醸造している。地元で愛される食米「ひのひかり」を中心に、徹底した手造り蔵として「丹念に一念に」酒造りに励んでいる。酒質コンセプトは「地元の食文化、鶏の唐揚げや海の幸に合うよう、旨味と酸味のバランスを大切にした、食事と寄り添う酒」である。

### 純米酒
**和香牡丹 純米酒**

「旨みがあり、スーッと消えていく」
米の旨味と酸味が調和した、香り穏やかな酒質。冷やでも燗でも美味。脂の乗った魚や揚げ物、肉料理とも合う。

| 純米酒 | 1,800ml ／ 720ml |
|---|---|
| アルコール分 | 16〜17% |
| 原料米 | ひのひかり |
| 日本酒度 | ＋0.4 |
| 酸度 | 2.0 |

### 純米吟醸酒
**和香牡丹 純米吟醸 ヒノヒカリ50**

「低めの度数でクイクイ進む酒」
華やかな香りに甘味と酸味が感じられる酒質。冷やしてワイングラスに注ぎカルパッチョやマリネに合わせたい。

| 純米吟醸酒 | 1,800ml ／ 720ml |
|---|---|
| アルコール分 | 14〜15% |
| 原料米 | ひのひかり |
| 日本酒度 | － 1.7 |
| 酸度 | 1.7 |

| 水源 | 酒蔵敷地内地下水 |
| 水質 | 中硬水 |

# 有限会社中野酒造

〒873-0002 大分県杵築市大字南杵築2487番地の1 TEL.0978-62-2109
E-mail: info@chiebijin.com http://chiebijin.com

# 命の仕込み水は
# 六郷満山の御霊泉

## 純米酒

### ちえびじん 純米酒

「仏Kura Master で最高位を受賞」

名に違わず美女を思い起こさせるクリアーな含み香、米の優しい甘みと酸味のバランスも絶妙。よく冷やして。

| 純米酒 | 1,800ml ／ 720ml |
|---|---|
| アルコール分 | 16% |
| 原料米 | 山田錦／国産米 |
| 日本酒度 | ±0 |
| 酸度 | 1.8 |

## 純米吟醸酒

### ちえびじん 純米吟醸 山田錦

「国際的評価も高い蔵自慢の酒」

フルーティーで優しい甘みときれいな酸が魅力。米の旨みとのバランスもいい。よく冷やしてワイングラスで。

| 純米吟醸酒 | 1,800ml ／ 720ml |
|---|---|
| アルコール分 | 16% |
| 原料米 | 山田錦 |
| 日本酒度 | ＋1.0 |
| 酸度 | 1.8 |

## 焼酎人気の九州・大分の地で国酒の誇りを持った酒造り

仏教の里・大分県国東半島の南東部、杵築市にある中野酒造。江戸時代の杵築市は杵築藩松平氏3万2000石の城下町として栄えた街で、そんな城下町にて明治7年（1874）より酒造業を営んでいる。創業時からの代表銘柄「智恵美人」は、創業当時の女将「智恵」の名にあやかったもの。2007年からは地酒専門店への蔵元直送や輸出用として、平仮名の「ちえびじん」ブランドを立ち上げ、全国約50店舗の特約店と取引を行っている。また杵築は海あり山ありで自然に恵まれており、最高級酒米「山田錦」のみならず、リキュールの主原料となる紅茶・南高梅・レモンも地元産を使用し、地元に誇れて地元に愛される企業を目指し、中野酒造は酒造りに邁進している。

343

# ぶんご銘醸株式会社

| 水源 | 番匠川 |
|---|---|
| 水質 | 硬水 |

〒879-3105 大分県佐伯市直川大字横川字亀の甲789-4　TEL.0972-58-5855
E-mail: kika-bungo@saiki.tv　http://www.bungomeijyo.co.jp/

# "ホタルが飲む水"で仕込まれる美酒

## 九州屈指の清流・番匠川の水で丁寧に根気良く醸された酒

　九州の大分県にあるぶんご銘醸は、明治43年（1910）の創業。雄大な山々に囲まれた山間部にあり、美しい緑豊かな自然に囲まれた環境で酒を造り続けている。その財産のひとつは九州屈指の清流である番匠川の水だ。初夏になると番匠川の水面には、数万匹のホタルが乱舞する幻想的な光景が見られるという。この"ホタルが飲む清冽な水"が、美味い酒を生み出しているのだ。日本酒の代表銘柄は「鶴城」。味と香りのバランスが良く、女性にもおすすめ。またこの蔵は、日本酒のみならず焼酎の旨さでも知られる。"ホタルが飲む水"はもちろん焼酎とも相性が良い。丁寧に根気よく、一粒一粒に心を込め、これからも美味い日本酒、焼酎を造り続けるだろう。

### 純米吟醸酒

**鶴城 純米吟醸**

「味と香りの絶妙なバランス」

味と香りのバランスが取れた純米吟醸酒。ゆっくり発酵させて雑味を押さえている。女性にもおすすめ。

| 純米吟醸酒 | 1,800ml |
|---|---|
| アルコール分 | 15～16% |
| 原料米 | 国産米 |
| 日本酒度 | +2.0 |
| 酸度 | 1.3 |

### 麦焼酎

**香吟のささやき**

「フルーティーな香りの麦焼酎」

50%まで磨き上げた麦で醸した麦焼酎。日本酒の吟醸香を思わせる、柑橘系のフルーティーな香りが特徴。

| 麦焼酎 | 720ml |
|---|---|
| アルコール分 | 28% |
| 原料米 | 国産麦 |

| 水源 | 九重連山伏流水 |
|---|---|
| 水質 | 中軟水 |

# 八鹿酒造株式会社

〒879-4692 大分県玖珠郡九重町大字右田 3364番地　TEL.0973-76-2888
http://www.yatsushika.com/

# 理想の酒は
# 酌めどもつきぬ酒

### 純米大吟醸酒

**八鹿 純米大吟醸【金】**

「極みの、八鹿。」

口に含むと、じんわり広がる米の旨みと雅なキレ。吟醸香よりも日本酒本来の旨みを極めた純米大吟醸酒。

| 純米大吟醸酒 | 1,800ml／720ml |
|---|---|
| アルコール分 | 17% |
| 原料米 | 山田錦 |
| 日本酒度 | ＋2.0 |
| 酸度 | 1.3 |

### 純米酒

**八鹿 スパークリング Niji**

「特別な日の乾杯を華やかに演出」

純米酒ならではの米の旨みと優しい香り、そして瓶内二次発酵による爽やかな炭酸が絶妙な、新しい日本酒。

| 純米酒 | 720ml |
|---|---|
| アルコール分 | 8% |
| 原料米 | 県産米 |

## 美しい人の心をつくるように
## 美しい酒を造る九重の酒蔵

九州の屋根、九重連山に囲まれたこの土地の冬は厳しく、年間の平均気温は新潟とほぼ同じ。温暖な九州にありながら、酒造りに適した気候に恵まれたこの土地で、創業の元治元年（1864）以来150年に渡り酒造りを営む蔵、それが八鹿酒造である。この蔵の酒造りに欠かせないのが九重の水。冬、山々に注いだ雪は、やがて地下を流れる豊かな伏流水となってこの土地を潤す。その清冽な湧き水は、蔵人の技と醸造の時を経て、やがて、ここ九重の地でしか育むことが出来ない一献へと生まれ変わる。また酒造りに必要な、風土、水、米、技術に加え、八鹿酒造では「美しい酒造りは、美しい心づくりである」という精神のもと、真摯な酒造りに取り組んでいる。

# 九州地方

## 九州地方の食文化

福岡：とりの骨（ガラ）スープの水炊きやラーメンなど、人の行き来が盛んだった国や朝鮮半島から伝わった料理や、江戸時代から親しまれてきたオゴノリを使った「おきゅうと」が伝えられている。また、タイやフグなどの多くの海産物にも恵まれている。

佐賀：有明海の干潟でとれるムツゴロウの料理や、玄界灘ではサバやエビの水揚げやアワビの養殖など豊富である。また、ざる豆腐は江戸時代から作られ伝えられている。

長崎：出島で外国貿易で伝わった文化から「ちゃんぽん」、「カステラ」などが生まれた。温暖な気候でビワが生産され、クエ、フグやワタリガニの水揚げや、スッポンの養殖も行われている。また、ボラの卵巣の塩漬けを乾燥させた「からすみ」はお祝い事に使われている。

熊本：火山灰の土で栽培されるタカナをはじめ、トマト、デコポンなどの栽培が盛んで、レンコンを使った「辛子レンコン」や、馬の肉を刺身にして食べる「馬刺し」などの郷土料理がある。

大分：ポルトガルからかぼちゃを取り入れ「宗麟カボチャ」と呼ばれている。佐賀関で一本釣りされる関サバや関アジ、城下カレイなど漁業も盛んで、漁師が食べてきた多くの魚料理が郷土料理として伝わっている。

宮崎：魚のすり身を使った「飫肥点」は日南地方の郷土料理のひとつである。温暖な気候を活かして野菜や果物、南国のマンゴーも栽培されており、宮崎地頭鶏や宮崎牛などの畜産も盛んである。

鹿児島：火山灰にあうサツマイモや、枕崎沿岸のカツオ漁、キビナゴ、イワシ、トビウオ漁など漁業も盛んで料理も多い。また、薩摩シャモや黒豚などの畜産品も知られている。

## 九州地方の郷土料理

## 九州地方の代表的使用酒米

**一本〆（いっぽんじめ）**：五百万石と豊盃との交配により新潟で開発された酒造好適米。高精米でも砕けにくく、米の旨みを感じる酒が造れる。

**大分三井（おおいたみい）**：福岡県三井郡で栽培されていた神力と愛国から品種改良された三井神力を、1925年に大分県がさらに品種改良したもの。2009年に復刻され酒米として使用。

**吟のさと（ぎんのさと）**：1996年、九州農業試験場が山田錦と西海222号を交配した品種。地域に適して育てやすく、高品質な酒造用の米を目指して開発された。

**さがの華（さがのはな）**：米どころ佐賀では酒造好適米として山田錦を栽培していたが、より風土に適した県産品種を目指し、若水と山田錦の交配で生み出された。

**華錦（はなにしき）**：熊本県産の酒造好適米を目指し、夢いずみと山田錦との交配で生まれた品種。耐倒伏性に優れ、高冷地が多い熊本では山田錦より多収となる。

**山田錦（やまだにしき）**：酒米の最高峰にして生産量トップを誇る酒造好適米。山田穂と短稈渡船との交配で生まれた。兵庫県産が全生産量の6割を占めるが、全国的に栽培されている。

**夢一献（ゆめいっこん）**：山田錦の栽培量が多かった福岡で、より草丈が短く台風に強い品種を目指し、北陸160号と県産の夢つくしとの交配で生まれた酒米。

**レイホウ**：1969年に西海62号と綾錦との交配から生まれた九州の品種。栽培しやすい大粒品種で酒造適性があるため、佐賀、福岡、長崎で栽培されている。

※「蔵元＆銘酒案内」に掲載され
ているすべての酒米をリスト
アップしたのがこの索引です。
そのなかで代表的な酒米につ
いては文章で解説し、太字の
ページがそれに該当します。

**日本酒　世界を魅了する国酒たち**
東京農業大学 蔵元&銘酒案内

2021 年 4 月 1 日　第一刷発行

発行人　　　学校法人東京農業大学
　　　　　　理事長　大澤 貫寿

発　行　　　学校法人東京農業大学 経営企画部
　　　　　　〒156-8502 東京都世田谷区桜丘1-1-1
　　　　　　電話: 03-5477-2300

　　　　　　https://www.nodai.ac.jp/hojin/

発　売　　　世音社
　　　　　　〒173-0037 東京都板橋区小茂根 4-1-8-102
　　　　　　電話/FAX: 03-5966-0649

印刷・製本　株式会社あーす

通販サイト　株式会社農大サポート

　　　　　　https://utsusemi-agriport.shop/

© Tokyo University of Agriculture Educational Corporation 2021
ISBN 978-4-921012-41-0　Printed in Japan